U0197658

"十三五"国家重点出版物出版规划项目

高性能高分子材料丛书

高分子气凝胶复合材料

刘天西　樊　玮　著

科　学　出　版　社

北　京

内 容 简 介

本书为"高性能高分子材料丛书"之一。本书深入总结了高分子气凝胶复合材料理论基础、关键核心技术和重点应用等相关研究成果,系统地介绍了酚醛树脂气凝胶、生物质气凝胶、聚酰亚胺气凝胶、异氰酸酯气凝胶等高分子气凝胶及其复合材料的成型原理、制备方法、表征手段、结构及性能,最后对高分子气凝胶复合材料在保温隔热、吸附、吸声/隔音、药物缓释、能源存储和电磁屏蔽等领域的应用和发展前景进行论述。

本书适合材料、化工领域,尤其是气凝胶技术与材料研发工作者和工程技术人员阅读,也可供新材料科研院所、高等学校、新材料产业界、政府相关部门等领域的人员参考。

图书在版编目(CIP)数据

高分子气凝胶复合材料 / 刘天西,樊玮著. —北京:科学出版社,2024.6
(高性能高分子材料丛书 / 蹇锡高 总主编)
"十三五"国家重点出版物出版规划项目
ISBN 978-7-03-078120-8

Ⅰ. ①高… Ⅱ. ①刘… ②樊… Ⅲ. ①气凝胶-高分子材料-复合材料 Ⅳ. ①TB324

中国国家版本馆 CIP 数据核字(2024)第 047066 号

丛书策划:翁靖一
责任编辑:翁靖一 高 微 / 责任校对:杜子昂
责任印制:赵 博 / 封面设计:东方人华

科 学 出 版 社 出版
北京东黄城根北街 16 号
邮政编码:100717
http://www.sciencep.com
北京建宏印刷有限公司印刷
科学出版社发行 各地新华书店经销
*
2024年6月第 一 版 开本:720×1000 1/16
2025年1月第二次印刷 印张:17 1/2
字数:335 000
定价:168.00 元
(如有印装质量问题,我社负责调换)

编 委 会

学 术 顾 问：毛炳权　曹湘洪　薛群基　周　廉　徐惠彬

总 主 编：蹇锡高

常务副总主编：张立群

丛书副总主编(按姓氏汉语拼音排序)：

　　陈祥宝　李光宪　李仲平　瞿金平　王锦艳　王玉忠

丛 书 编 委(按姓氏汉语拼音排序)：

　　董　侠　傅　强　高　峡　顾　宜　黄发荣　黄　昊

　　姜振华　刘孝波　马　劲　王笃金　吴忠文　武德珍

　　解孝林　杨　杰　杨小牛　余木火　翟文涛　张守海

　　张所波　张中标　郑　强　周光远　周　琼　朱　锦

自 20 世纪初，高分子概念被提出以来，高分子材料越来越多地走进人们的生活，成为材料科学中最具代表性和发展前途的一类材料。我国是高分子材料生产和消费大国，每年在该领域获得的授权专利数量已经居世界第一，相关材料应用的研究与开发也如火如荼。高分子材料现已成为现代工业和高新技术产业的重要基石，与材料科学、信息科学、生命科学和环境科学等前瞻领域的交叉与结合，在推动国民经济建设、促进人类科技文明的进步、改善人们的生活质量等方面发挥着重要的作用。

国家"十三五"规划显示，高分子材料作为新兴产业重要组成部分已纳入国家战略性新兴产业发展规划，并将列入国家重点专项规划，可见国家已从政策层面为高分子材料行业的大力发展提供了有力保障。然而，随着尖端科学技术的发展，高速飞行、火箭、宇宙航行、无线电、能源动力、海洋工程技术等的飞跃，人们对高分子材料提出了越来越高的要求，高性能高分子材料应运而生，作为国际高分子科学发展的前沿，应用前景极为广阔。高性能高分子材料，可替代金属作为结构材料，或用作高级复合材料的基体树脂，具有优异的力学性能。这类材料是航空航天、电子电气、交通运输、能源动力、国防军工及国家重大工程等领域的重要材料基础，也是现代科技发展的关键材料，对国家支柱产业的发展，尤其是国家安全的保障起着重要或关键的作用，其蓬勃发展对国民经济水平的提高也具有极大的促进作用。我国经济社会发展尤其是面临的产业升级以及新产业的形成和发展，对高性能高分子功能材料的迫切需求日益突出。例如，人类对环境问题和石化资源枯竭日益严重的担忧，必将有力地促进高效分离功能的高分子材料、生态与环境高分子材料的研发；近 14 亿人口的健康保健水平的提升和人口老龄化，将对生物医用材料和制品有着内在的巨大需求；高性能柔性高分子薄膜使电子产品发生了颠覆性的变化等。不难发现，当今和未来社会发展对高分子材料提出了诸多新的要求，包括高性能、多功能、节能环保等，以上要求对传统材料提出了巨大的挑战。通过对传统的通用高分子材料高性能化，特别是设计制备新型高性能高分子材料，有望获得传统高分子材料不具备的特殊优异性质，进而有望满足未来社会对高分子材料高性能、多功能化的要求。正因为如此，高性能高分子材料的基础科学研究和应用技术发展受到全世界各国政府、学术界、工业界的高度重视，已成为国际高分子科学发展的前沿及热点。

因此，对高性能高分子材料这一国际高分子科学前沿领域的原理、最新研究进展及未来展望进行全面、系统地整理和思考，形成完整的知识体系，对推动我国高性能高分子材料的大力发展，促进其在新能源、航空航天、生命健康等战略新兴领域的应用发展，具有重要的现实意义。高性能高分子材料的大力发展，也代表着当代国际高分子科学发展的主流和前沿，对实现可持续发展具有重要的现实意义和深远的指导意义。

为此，我接受科学出版社的邀请，组织活跃在科研第一线的近三十位优秀科学家积极撰写"高性能高分子材料丛书"，其内容涵盖了高性能高分子领域的主要研究内容，尽可能反映出该领域最新发展水平，特别是紧密围绕着"高性能高分子材料"这一主题，区别于以往那些从橡胶、塑料、纤维的角度所出版过的相关图书，内容新颖、原创性较高。丛书邀请了我国高性能高分子材料领域的知名院士、"973"计划项目首席科学家、教育部"长江学者"特聘教授、国家杰出青年科学基金获得者等专家亲自参与编著，致力于将高性能高分子材料领域的基本科学问题，以及在多领域多方面应用探索形成的原始创新成果进行一次全面总结、归纳和提炼，同时期望能促进其在相应领域尽快实现产业化和大规模应用。

本套丛书于 2018 年获批为"十三五"国家重点出版物出版规划项目，具有学术水平高、涵盖面广、时效性强、引领性和实用性突出等特点，希望经得起时间和行业的检验。并且，希望本套丛书的出版能够有效促进高性能高分子材料及产业的发展，引领对此领域感兴趣的广大读者深入学习和研究，实现科学理论的总结与传承，以及科技成果的推广与普及传播。

最后，我衷心感谢积极支持并参与本套丛书编审工作的陈祥宝院士、李仲平院士、瞿金平院士、王玉忠院士、张立群院士、李光宪教授、郑强教授、王笃金研究员、杨小牛研究员、余木火教授、解孝林教授、王锦艳教授、张守海教授等专家学者。希望本套丛书的出版对我国高性能高分子材料的基础科学研究和大规模产业化应用及其持续健康发展起到积极的引领和推动作用，并有利于提升我国在该学科前沿领域的学术水平和国际地位，创造新的经济增长点，并为我国产业升级、提升国家核心竞争力提供理论支撑。

中国工程院院士

大连理工大学教授

前　言

　　气凝胶是由胶体粒子或者高聚物分子相互聚集形成多孔网络结构,并在孔隙中充满气态分散介质的一种固体材料。气凝胶曾被《科学》杂志誉为"可改变世界的神奇材料",因其具有超低密度、高孔隙率、低热导率、高比表面积等优异独特的性质被广泛应用于隔热、隔音、储能、催化、吸附等领域,尤其是在航空航天飞行器的防/隔热系统及宇航服隔热等领域具有巨大的应用前景,被视为"未来最具潜力的十大材料之一"。

　　近年来,随着科技的发展,气凝胶材料快速发展,从传统的无机气凝胶到新型有机气凝胶,各种具有新的物理化学性质和功能的气凝胶材料应运而生。与传统的无机气凝胶相比,高分子气凝胶具有分子结构多样性、可设计性等优势,可以通过分子结构设计实现性能多元化的发展。另外,高分子气凝胶具有良好的力学性能、环境稳定性及生物相容性等,在航空航天、极寒地区等特殊环境中具有良好的应用前景。因此,高分子气凝胶复合材料有望成为下一代高性能、低密度、低热导的气凝胶材料,是当代新兴材料的研究重点之一。

　　本书作者及其团队在高分子气凝胶复合材料领域有十余年的工作积累,创新性地提出纳米颗粒实现气凝胶孔径调控的新策略,研发了高柔弹性聚酰亚胺纳米纤维气凝胶新材料。本书是作者团队在高分子气凝胶复合材料领域的部分创新性研究成果的总结性专著,同时全面系统地总结了现阶段高分子气凝胶复合材料的国内外研究进展及成果,为研发高性能、多功能的高分子气凝胶复合材料提供理论指导与技术支撑,对高分子材料学科的发展具有一定促进作用。

　　本书深入总结了高分子气凝胶复合材料理论基础、关键核心技术和重点应用等相关研究成果。全书共10章,第1章从气凝胶的历史出发,介绍气凝胶的种类、制备过程和基本性质,并引出高分子气凝胶的诞生和发展;第2章介绍高分子气凝胶复合材料的表征方法;第3~8章依次介绍酚醛树脂气凝胶、生物质气凝胶、聚酰亚胺气凝胶、异氰酸酯气凝胶、导电高分子气凝胶和其他高分子气凝胶,主要介绍各自的合成策略、制备方法、结构及其化学、机械、电学和光学等性质;第9章介绍高分子气凝胶纤维及织物;最后,第10章集中介绍高分子气凝胶复合材料在保温隔热、吸附、吸声/隔音、药物缓释、能源存储和电磁屏蔽等领域的应用和发展前景。

本书由刘天西教授和樊玮教授负责全书的撰写、统稿和校对，其主要素材来自作者课题组十多年来的理论及应用研究成果，特别感谢团队中薛甜甜、张巧然、田婧、杨溢、朱晨宇、马卓成、边爱强、于瑶、付志鹏、耿淼淼等的科研贡献和在本书撰写、修改过程中给予的大力支持。感谢国家自然科学基金重点项目（4D打印形状记忆聚酰亚胺气凝胶复合材料，项目编号：52233006）；国家自然科学基金面上项目（动态溶胶-凝胶策略构筑聚酰亚胺气凝胶纤维及其常压连续成纤机制研究，项目编号：52373076；3D打印一体成型构筑轻质、高强、隔热聚酰亚胺复合气凝胶蜂窝材料，项目编号：52073053；具有多级孔结构的聚合物基纳米复合气凝胶的可控构筑及其隔热阻燃性能研究，项目编号：21674019）；上海市教育委员会科研创新计划重大项目（3D打印聚酰亚胺气凝胶复合材料，项目编号：2021-01-07-00-03-E00108）对本书出版的支持。

由于本书成稿时间较为仓促，加之作者水平有限，并且高分子气凝胶复合材料发展迅速，书中疏漏之处在所难免，敬请同行专家和广大读者批评指正。

刘天西

2024 年 3 月于无锡

目　录

第1章

气凝胶概述

　　"气凝胶"一词源于"凝胶"，一种具有液体填充孔的三维（3D）固体网络，由溶胶-凝胶法制备。当凝胶孔隙中的液体被空气取代时，产生的轻质纳米骨架结构称为气凝胶。"气凝胶"代表结构的广义描述，不包括对材料成分和制备过程的限制。国际纯粹与应用化学联合会（IUPAC）将凝胶定义为"非流体胶体网络或聚合物网络，通过流体扩展到整个体积"。气凝胶则是一种"凝胶"，由微孔固体组成，其中分散相为气体，微孔二氧化硅、微孔玻璃和沸石是气凝胶的常见例子[1]。但这个定义太宽泛，有时会引起混淆，让大众误以为具有微孔结构的材料均可称为气凝胶材料，然而对材料的孔隙率（孔隙占总体积的体积分数）没有特定的数值限制。Kistler 最初给气凝胶的定义为"凝胶中的液体被空气所取代，且固体骨架不发生明显收缩"，Hüsing 和 Schubert 给出了类似的定义"当材料孔隙中的液体被空气取代时，材料的孔结构和骨架几乎不发生变化"[2]。Leventis 等给出了更详细的定义，认为"气凝胶是充满气体的开放的胶体或聚合物网络，是凝胶中的液体去除后且体积不发生明显收缩形成的"[3]。这些定义都认为气凝胶是由凝胶干燥而来的，但是对于干燥过程中的变化没有给出定量化的指标。Pierre 和 Pajonk 认为气凝胶是一种具有高孔隙率（＞90%）的干凝胶[4]。Ziegler 等认为气凝胶是一种分散相为气体的固体，具有介孔（2～50 nm）和大孔（＞50 nm）且孔径最大可达几百纳米，孔隙率超过95%[5]。目前，工业界普遍认为气凝胶是一种由相互连接的纳米结构网络组成的开孔介孔固体，孔隙率不低于50%。然而，随着具有多孔结构的纳米材料的快速发展，最近也出现了将由均匀分散的一维（1D）纳米纤维或二维（2D）纳米片（如石墨烯纳米片或金属纳米线）组成的低密度块体材料描述为气凝胶的趋势。这些一维和二维纳米材料气凝胶显示出高度多孔的网络，其孔径在几百纳米到几微米的范围内，这比介孔结构大得多。可以看出，目前对于气凝胶没有统一的定义，孔径大小从微孔到几微米范围，孔隙率从50%到95%及以上。起初气凝胶是根据最先发现的二氧化硅气凝胶定义的，但是随着气凝胶材料的发展，多种新型气凝胶材料不断被开发，气凝胶的定义也在不断更新和完善。

为了明确本书的范围，将从结构和孔隙率的角度对气凝胶进行定义。气凝胶是由胶体粒子或者高聚物分子相互聚集形成多孔网络结构，并在孔隙中充满气态分散介质的一种固体材料。满足以下两个条件的材料可称为气凝胶：①固体均匀分散在整个结构中，并通过纳米结构（如纳米颗粒、纳米纤维或纳米薄片）连接在一起。②固体之间形成的孔是开放的且充满气体，孔隙率不小于 50%。这一定义涵盖了本书中讨论的所有例子。

1.1 气凝胶的发展历程 ◀◀◀

气凝胶诞生于 1931 年，Kistler 在《自然》杂志上发表了标题为 "Coherent expanded aerogels and jellies" 的文章[6]。该文章介绍以水玻璃（硅酸钠）为硅源，盐酸为催化剂水解得到了硅酸水凝胶，然后通过乙醇（能溶解原凝胶液相但不溶解凝胶骨架）反复洗涤，达到溶剂置换的目的得到醇凝胶，最后在高温高压下将乙醇由液体转化为超临界流体去除，就得到了干燥的二氧化硅气凝胶。气凝胶（aerogel）一词就是由 Kistler 提出，该词中 "aero" 词缀可理解为空气的/充气的，可简单理解为 "充气的凝胶"，即将凝胶中的液体替换为气体得到的产物。在之后的几年内，Kistler 用同样的超临界干燥方法还成功制备了铝、钨、锡等多种金属氧化物气凝胶，以及纤维素、明胶、琼脂等有机气凝胶，并开发了多种超临界流体干燥体系。在 20 世纪 40 年代早期，为了让气凝胶材料得到更广泛的应用，Kistler 与美国孟山都公司（Monsanto Corp.）签订了一份二氧化硅气凝胶的生产许可协议。从此，孟山都公司开始在马萨诸塞州埃弗雷特的一家工厂进行生产，并以 "Santocel"、"Santocelc-c"、"Santocel-54" 和 "Santocelz-z" 命名，但由于高昂的售价，当时的市场难以接受，孟山都公司的气凝胶项目很快就夭折了。图 1.1（a）显示了气凝胶发展的几个关键节点。

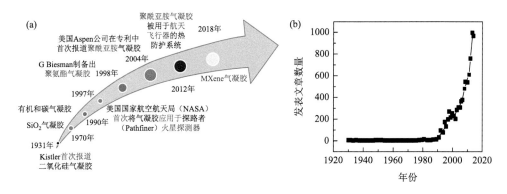

图 1.1　（a）气凝胶发展的关键时间点；（b）气凝胶相关的文章数量

　　二氧化硅气凝胶获得学术界关注是在 20 世纪 70 年代后期，法国政府为获得液态燃料的储存材料，向法国里昂第一大学的 Teichner 教授寻求储存氧气和火箭燃料的多孔材料。Teichner 教授课题组以正硅酸甲酯（TMOS）代替 Kistler 教授使用的水玻璃，在甲醇溶液中通过 TMOS 水解一步法得到醇凝胶，选用甲醇作为干燥介质，成功制备了二氧化硅气凝胶。该方法避免了烦琐的溶剂置换过程，大大缩短了整体制备时间，从此大量学者开始投身于二氧化硅气凝胶的研究领域。

　　20 世纪 80 年代后期，美国 Lawrence Berkeley 国家实验室的微结构材料研究所首次采用正硅酸四乙酯（TEOS，水解小分子产物为乙醇）代替毒性较大的正硅酸甲酯（TMOS，水解小分子产物为甲醇）制备凝胶，采用二氧化碳替代乙醇作为干燥介质，成功制备了二氧化硅气凝胶。该方法的优势在于原料毒性小，二氧化碳超临界干燥温度低，操作相对安全，对人体危害小。该方法的出现大大推动了气凝胶的研究进程。

　　在 Kistler 利用超临界干燥技术成功制备出二氧化硅气凝胶后，为了进一步验证超临界干燥技术，Kistler 还尝试干燥明胶等高分子骨架的凝胶并取得了成功。但这只是技术性的验证，且当时高分子学科刚刚起步，在之后数十年间高分子气凝胶并未得到重视。直到 1989 年 Pekala[7] 以间苯二酚和甲醛为原料，碳酸钠催化聚合，丙酮溶剂置换后超临界干燥得到间苯二酚-甲醛（resorcinol-formaldehyde，RF）气凝胶，提出了有机气凝胶的概念。之后，通过聚合过程的溶胶凝胶转变，结合超临界干燥或真空冷冻干燥技术，包括聚氨酯、聚脲等聚合物气凝胶相继诞生。

　　21 世纪以来对气凝胶的研究呈井喷式发展，高分子气凝胶从原料上进一步拓展到聚酰亚胺（polyimide，PI）气凝胶、异氰酸酯气凝胶、聚乙烯醇（polyvinyl alcohol，PVA）气凝胶等。后来，纤维素作为一种绿色环保可再生的材料得到推广使用，也推动了纤维素基气凝胶的迅速发展，被称为第三代新型气凝胶（第一代气凝胶为无机气凝胶、第二代气凝胶为聚合物气凝胶）。2010 年以后，石墨烯、碳纳米管等气凝胶的出现标志着气凝胶的研究进入了一个新阶段。时至今日，高分子气凝胶的发展除了注重自身材料的设计，性能优化，拓宽应用范围外，也以其多功能化、柔性载体的特点与无机材料复合，组成新型的高分子复合气凝胶进一步发挥自身价值。

　　从有关气凝胶论文的发表数量 [图 1.1（b）] 来看，20 世纪 30 年代气凝胶正式进入研究人员视野，到 2020 年，随着高分子气凝胶和碳纳米管、石墨烯气凝胶的出现与发展，气凝胶相关的论文数量呈指数型增长。

1.2　气凝胶的种类　◀◀◀

　　可用于制造气凝胶的材料范围很广，气凝胶的典型类型及应用如图 1.2 所示。气凝胶可根据化学组成分为氧化物气凝胶、碳基气凝胶、聚合物气凝胶、生物质气凝胶、金属气凝胶、非氧化物陶瓷气凝胶、半导体气凝胶等。氧化物气凝胶如 SiO_2 气凝胶、Al_2O_3 气凝胶、ZrO_2 气凝胶和 TiO_2 气凝胶，通常是以金属醇盐、硝酸盐或氯化物为原料通过溶胶-凝胶法制备。由于氧化物通常具有高熔点，在环境中不被氧化，其气凝胶通常具有良好的热稳定性。碳基气凝胶主要包括无定形炭气凝胶以及各种碳纳米结构，如碳纳米管（CNTs）、石墨烯和氧化石墨烯气凝胶。无定形炭气凝胶通常是由有机聚合物气凝胶碳化形成的，而碳纳米管、石墨烯和氧化石墨烯气凝胶通常是以这些纳米材料为骨架通过胶体方法制备的。一般而言，碳基气凝胶具有导电性，并能很好地抵抗酸或碱的腐蚀。聚合物气凝胶，如间苯二酚-甲醛、聚酰亚胺、芳纶和聚苯并噁嗪气凝胶，通常通过单体聚合获得。一些有机聚合物气凝胶（如聚酰亚胺和芳纶气凝胶）具有良好的柔性，然而，聚合物气凝胶通常具有较差的热稳定性。利用这一点，某些聚合物气凝胶，如酚醛树脂气凝胶，通过在惰性气体中热解，被用作碳基气凝胶的前驱体。生物质气

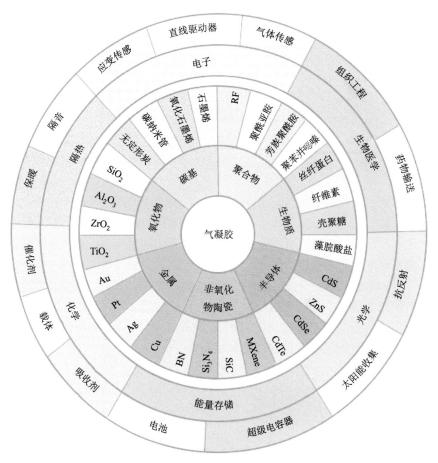

图 1.2   气凝胶的典型类型及应用

凝胶（如丝素蛋白、纳米纤维素和海藻酸盐气凝胶）通常以从生物中提取的生物质和蚕茧、木材、贝壳等天然材料为原料，通过交联反应合成。生物质气凝胶通常具有非常好的生物降解性和生物相容性。金属气凝胶，如金（Au）、铂（Pt）、银（Ag）和铜（Cu）气凝胶，通常由它们的金属硝酸盐或氯化物通过溶胶-凝胶化制成，并以硼氢化钠为还原剂。这些气凝胶通常表现出高催化活性和耐久性。一些具有纳米线结构的金属气凝胶表现出良好的导电性和机械柔韧性。非氧化物陶瓷气凝胶包括氮化物（如氮化硼、氮化硅）和碳化物（如碳化硅）以及同属于这一组的 MXene（过渡金属的二维碳化物和氮化物族，其中 X 代表碳或氮）气凝胶。非氧化物陶瓷气凝胶的制备通常采用气凝胶模板法，通过高温下的气-固相反应，或者采用胶体分散法直接以相应的纳米材料为构件。由于非氧化物陶瓷具有出色的热稳定性，这些气凝胶通常可以在比氧化物气凝胶更高的温度下使用。半导体气凝胶，如硫化镉（CdS）、硫化锌（ZnS）、硒化镉（CdSe）和碲化镉（CdTe）气凝胶，通常通过胶体分散法制备，然后通过失稳或冷冻浇铸进行凝胶化。这些气凝胶保留了原始材料的半导体和发光性质，而其高度多孔的结构有利于提高光催化、光伏和传感性能。根据组成和微观结构的不同，不同类型的气凝胶可能会表现出不同的特性，因而具有不同的应用领域。

1.2.1 无机气凝胶

无机气凝胶骨架为不含有机组分的无机非金属材料，常见的有氧化物气凝胶、非氧化物陶瓷气凝胶、金属气凝胶、碳基气凝胶等。得益于高孔隙率、微孔结构、高的比表面积，无机气凝胶在隔热、污染净化、催化等领域有广阔的应用，但由于无机材料不易旋转的分子结构，无机气凝胶宏观的力学性质显脆性。目前通过组分改性、微观结构设计、添加增强相等手段可以使无机气凝胶具有较高的抗压缩弯折性能，但由于多孔结构的存在，无机气凝胶目前尚不具备令人满意的拉伸性能。

氧化物气凝胶的研究起步早，发展种类多。SiO_2 气凝胶是最早制备成功的无机气凝胶，具有极低的密度和热导率，是目前世界上最轻的材料。之后研究者通过类似 SiO_2 气凝胶的制备方法得到了一系列的氧化物气凝胶，如 ZrO_2 气凝胶[8-10]、Al_2O_3 气凝胶[11-14]等。相比于氧化物气凝胶，非氧化物陶瓷气凝胶在环境中具有更优异的稳定性，吸引了研究者的广泛关注。非氧化物陶瓷气凝胶主要包括氮化物（Si_3N_4[15, 16]、BN[17-19]、C_3N_4[20, 21]等）和碳化物（SiC[22-26]、$SiOC$[27-32]、ZrC[33, 34]等）气凝胶。

碳基气凝胶可由有机气凝胶作为前驱体材料，经过高温热解碳化得到；也可由低维全碳材料（如石墨烯、碳纳米管、碳量子点等）通过自下而上组装制备。目前碳量子点、碳纳米管往往作为添加相，或者与高组分的其他材料复合制备气凝胶，而石墨烯气凝胶则可以通过少量的添加剂（如海藻酸钠等交联剂）实现自组装。石墨烯气凝胶大多数以氧化石墨烯（GO）为原料成型，之后通过各种手段还原除去氧化石墨烯表面的含氧官能团制备得到。由于 GO 片层上含有大量的含氧官能团，能在水相中均匀分散，在一定条件下可组装成水凝胶，然后经超临界干燥或者冷冻干燥制成气凝胶材料[35-37]。目前，石墨烯气凝胶的制备方法主要有原位组装法[38-40]、诱导组装法[41-44]、模板法[45-47]和化学交联法[48, 49]。

1.2.2　有机气凝胶

有机气凝胶的正式研究始于 R. W. Pekala 以间苯二酚和甲醛为原料得到的间苯二酚-甲醛气凝胶。之后研究人员又依据同样的原理制备了苯酚-呋喃甲醛、甲酚-甲醛等有机气凝胶。近年来随着高分子材料的广泛研究，高分子基的有机气凝胶开始被人们重视。不同于传统的二氧化硅气凝胶，有机气凝胶高分子链的物理缠结或者化学交联赋予了气凝胶高强度的网络结构，其模量和韧性均优于无机二氧化硅气凝胶，且具有与二氧化硅气凝胶相近的密度和热导率。并且有机气凝胶拥有分子结构多样性、可设计性的优势，可以通过多元化的分子设计获得多元化的产品[50]。目前报道较多的有机气凝胶有高强度的酚醛类气凝胶，耐高温且力学性能优异的聚酰亚胺（PI）气凝胶，可导电的聚吡咯和聚苯胺气凝胶，低密度、形状记忆的聚氨酯气凝胶等合成高分子气凝胶，以及来源广泛、生物相容、可降解的生物质气凝胶（表 1.1）。

表 1.1　常见有机气凝胶的特点及应用

有机气凝胶种类		特点	应用
酚醛类（RF）		原料成本低，结构易于调控	碳基气凝胶前驱体
聚烯烃	聚间规苯乙烯（sPS）	多晶型，选择性吸收特性	有机物探测器，有机物吸附净化
	聚偏氟乙烯（PVDF）	生物相容性好，药物负载能力强，超疏水	药物载体，潮湿环境隔热
异氰酸酯	聚氨酯（PU）	高压缩回弹，抗弯曲特性，低热导率	隔热
	聚脲（PUA）	优良的力学性质，防湿热，耐摩擦	防撞、隔热、隔音材料
聚酰胺（PA）		低介电常数，成本低廉，原料易得	摩擦纳米发电机
聚酰亚胺（PI）		力学性能优异，低介电常数，耐辐射、耐热性优异	隔热绝缘结构，航空航天领域应用
聚吡咯（PPy）		导电气凝胶代表	电磁屏蔽，柔性可穿戴传感器
生物质气凝胶	纤维素	生物相容性好；官能化程度高，易于改性；来源广泛，价格低廉	吸附除油，组织工程，碳基气凝胶前驱体
	木质素		
	壳聚糖		
	葡甘聚糖		
	海藻酸钠		

1.2.3　有机–无机杂化气凝胶

　　杂化材料的概念最早由日本理化学研究所提出，意图在分子层面，通过物理化学手段使两种及两种以上的有机无机金属材料杂化以期得到新型原子分子聚集态的物质。有机-无机杂化气凝胶正是在这种思想下设计而出的。

　　Liu 等[51]将有机-无机杂化气凝胶按不同组分的聚集形态划分成三类，如图 1.3 所示：分子-分子水平（molecular-molecular level），分子-聚集体水平（molecular-aggregate level），聚集体-聚集体水平（aggregate-aggregate level）。其中分子指的是构成凝胶骨架的有机或无机高分子链，聚集体包括纳米纤维、纳米颗粒、量子点等纳米材料。这三类有机-无机杂化气凝胶是指凝胶骨架与其他分子（单体分子或高分子），凝胶骨架与聚集体，甚至是不同形态的聚集体间通过化学键结合形成气凝胶。其中分子层面和聚集体的区分在于，分子-分子水平的杂化气凝胶在宏观上连续，多相之间无法从宏观区分；分子-聚集体杂化的气凝胶，主要骨架是分子级组分构成的连续相，其中的聚集体组分可观察到但不连续；而聚集体-聚集体杂化的气凝胶的骨架是一种聚集体，而另一种聚集体往往不是构成骨架的连续相，仅仅以松散的形貌附着于骨架聚集体上。下面对这三种有机-无机杂化气凝胶进行简单介绍。

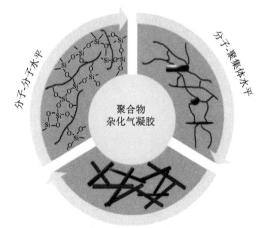

图 1.3　杂化气凝胶分类

　　分子-分子水平的有机-无机杂化气凝胶包括广泛研究的，用聚脲[52-54]、丙烯酸酯类[55-58]、聚酰亚胺[59, 60]等高分子交联改性的二氧化硅气凝胶，改性目的是改善二氧化硅气凝胶的脆性，提高其力学性能。此种杂化气凝胶的制备方法主要分为两种：第一种是先制得硅氧凝胶骨架再通过化学修饰、高分子原位聚合的两步凝胶法；第二种则是将聚合物前驱体原料与凝胶骨架原料混合同步形成凝胶的一步凝胶法[61]［也称为共凝胶法（co-gel）］。除了无机骨架与有机分子这种分子层面杂化的有机-无机气凝胶外，还有将有机骨架与无机分子进行杂化，如使用笼状分子八（氨基）-笼状倍半硅氧烷（OAPS）交联聚酰亚胺气凝胶，以改善气凝胶的耐湿性[62]。

分子-聚集体类杂化气凝胶是将聚集体，如零维的纳米颗粒、量子点，一维的纳米纤维、纳米线，二维的纳米片，经过化学修饰，直接加入高分子溶液中通过氢键或化学键等分子间作用力形成稳定的凝胶网络结构，经干燥以后得到有机-无机杂化气凝胶。由于与不同维度及不同功能性的材料复合从而能够赋予有机-无机杂化气凝胶更多功能。

聚集体-聚集体类杂化气凝胶的有机相和无机相均是由聚集体组成的。最典型的例子是将聚酯纳米短纤分散在 TEOS 溶胶中后，通过溶胶-凝胶法，再常压干燥得到聚酯短纤-二氧化硅杂化气凝胶。形成骨架结构的是聚酯短纤，经常压干燥后二氧化硅网络破裂形成纳米片层或颗粒的形貌附着于聚酯纤维表面，形成如图 1.4 所示的聚集体混合型的杂化气凝胶[63]。

图 1.4　聚酯短纤-二氧化硅杂化气凝胶的微观形貌图[63]

1.3　气凝胶的制备过程　◀◀◀

气凝胶的微观结构决定了其宏观应用时的性能，其微观结构与制备流程密切相关，可以通过调控制备过程中的参数和条件构筑不同微观结构的气凝胶，因此，在制备过程中实现微观结构控制非常重要。通常，气凝胶的制备过程包括以下三个步骤（图 1.5）。

（1）溶胶-凝胶转变（凝胶化）：纳米级胶体粒子通过水解或缩合反应自发或由催化剂催化交联并分层组装成湿凝胶。

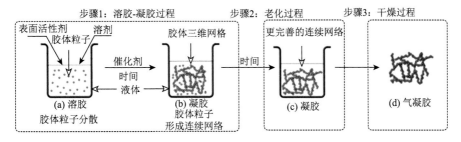

图 1.5　气凝胶的制备过程

（2）网络完善（老化）：机械强化溶胶-凝胶过程中产生的纤细固体骨架。

（3）凝胶-气凝胶转变（干燥）：湿凝胶内的溶剂被空气替换，而不会造成严重的微观结构损伤。

这三个步骤都可以确定气凝胶的微观结构，并影响其性能和应用。在后续章节中，将详细介绍气凝胶的基本制备过程，包括溶胶-凝胶过程、老化过程和干燥过程。

1.3.1　溶胶-凝胶过程

溶胶-凝胶过程是指溶胶溶液向无序而多支连续的网络结构转化的过程。对于无机气凝胶，该过程是通过控制水解速率水解醇盐等前驱体得到胶体粒子，再通过调节 pH 等手段使胶体粒子缩合形成充满溶剂的凝胶网络；对于聚合物气凝胶而言，往往通过聚合反应，将聚合物分子量逐渐提高，使高分子链互相接触缠结，或者通过氢键、极性相互作用等强分子间作用力形成物理交联的凝胶网络。另外，如果是可溶性的聚合物，也可以将已有的固态聚合物通过溶解形成新的凝胶体系（如聚酰胺酸）。而对于含多种活性官能团的聚合物，可以通过加入一种或多种交联剂（多官能团化合物、金属离子、共轭酸碱等）形成交联的凝胶网络，多种交联结构共存可显著提高材料的力学性能。例如，Eunjoo Ko 和 Hyungsup Kim 使用环氧氯丙烷和衣康酸作为交联剂制备得到交联型甲壳素气凝胶[64]。其中环氧氯丙烷主要交联甲壳素中的羟基，衣康酸则是与羧基成盐，以离子键形式交联。这种双重交联结构赋予气凝胶可调控的水溶胀性能、良好的抗菌性和生物相容性，展示出在创伤敷物方面的应用前景。

1.3.2　老化过程

溶胶-凝胶过程形成的初级凝胶骨架结构较为纤细。久置后游离在溶液中的骨架分子会进一步通过反应或者较强的分子间相互作用吸附到初期骨架上，而骨架附近初始形成的小曲率半径、高表面能小团簇也会相互粘连或者溶解消失，通过奥斯特瓦尔德熟化逐渐溶解再沉积于曲率半径更大、低表面能的骨架上进一步增粗骨架。老化过程通常要数天，加入适当的催化剂加速反应或者升高温度可以减少老化过程所需时间。

1.3.3 干燥过程

气凝胶合成过程中最关键的步骤之一是去除孔隙中的液体，而不会过度破坏结构。在湿凝胶的干燥过程中，湿凝胶呈现三维多孔结构，对液体存在强的毛细管压力。毛细管压力的大小如杨-拉普拉斯（Young-Laplace）方程所示：

$$P = \frac{2\sigma\cos\theta}{r}$$

其中，P 为毛细管压力；σ 为气-液界面能（或表面张力）；θ 为接触角；r 为孔洞半径。从中可以看出，要防止干燥过程中凝胶骨架及孔洞结构破坏，必须设法降低毛细管压力。目前主要有三种干燥方法：超临界干燥、真空冷冻干燥和常压干燥，相应的相变过程分别为液体-超临界流体-气体、液体-固体-气体和液体-气体。图 1.6 为湿凝胶中常见液体的三相图，以及三种干燥过程通过压力-温度变化而进行的相变过程。图中 C 点即为液体的三相点，AC 为固-气分界线，CG 为固-液分界线，CE 为气-液分界线。如图 1.6 所示，要实现从湿凝胶（gel）到气凝胶（aerogel）的转变，有三种颜色对应的三个途径：超临界（流体）干燥［supercritical（fluid）drying，红色折线段］，（真空）冷冻干燥［（vacuum）freeze drying，紫色折线段］，环境干燥［常压干燥（ambient drying），绿色折线段］，下面一一介绍。

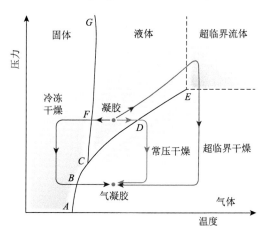

图 1.6　湿凝胶中液体的典型相图和干燥凝胶制备气凝胶三种途径的压力-温度变化

1. 超临界干燥

超临界干燥是最早也是最广泛应用于气凝胶制备的干燥技术，其基本原理是，当温度和压力达到或超过凝胶空隙中液体溶剂的超临界值时，孔洞气-液界面消失，表面张力很小甚至减小为 0，因此当超临界流体从凝胶空隙中排出时，不会导致其网络骨架的收缩及结构坍塌，可得到保有原来凝胶骨架结构的多孔结构[65]。在图 1.6 中，超临界干燥对应红色折线段：先通过升温升压使溶剂转变为超临界状态并去除，然后降低压力与温度，得到气凝胶。具体实践中，通常先采用与超临界液体相溶的溶剂（如丙酮）置换原先不相溶的溶剂（如水），再加以升温加压，最终得到超临界流体。采用的干燥温度在临界温度以上 10～50℃，干燥压力在临界压力以上 1～3 MPa。温度和压力的变化会在较宽范围内改变超临界流体的密度，最终对气凝胶的比表面积和孔结构产生影响。因此，虽然超临界干燥可最大限度保留原始的凝胶网络结构形貌，但由于升温过程仍可能造成凝胶内流体体积膨胀，使用超临界干燥也有报道凝胶骨架的破坏情形，实际干燥仍需要加以注意；另外，前期的溶剂置换过程往往用时较长（通常数天），且消耗大量溶剂。

2. 真空冷冻干燥

真空冷冻干燥是先将湿凝胶冷冻到凝胶中液体冰点温度以下使液体变成固态；然后，在高真空条件下使冰直接升华为蒸气，从而得到三维多孔结构的气凝胶。相变过程对应图 1.6 中的紫色折线段。相对超临界干燥，真空冷冻干燥可以在低温低压下将高能量的气-液界面转化为低能量的气-固界面，避免了孔内形成弯曲液面，减小干燥应力，并且省去了长时间的溶剂置换过程。但是在冷冻凝胶时，冰晶的快速生长会破坏凝胶网络结构，并且制备的气凝胶孔结构在微米级别。

冷冻干燥可通过设计冷源的形态实现孔结构的可控构筑。湿凝胶处于均匀的低温氛围时（如处于液氮氛围中），形成的是无取向结构的均匀孔洞结构；湿凝胶置于平板冷源上（如液氮中的铜板上）时，冷源向上便出现了温度梯度，诱导冰晶自下而上条状生长，得到取向通孔[66]［图 1.7（a）］；若在此基础上在平板冷源上放置楔形结构件（热导率比平板冷源材料更低），就会在水平和垂直两个方向上得到温度梯度，诱导冰晶片状生长，得到片层通孔结构[67]［图 1.7（b）］。

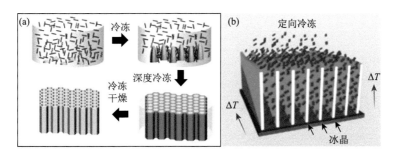

图 1.7　（a）单向冷冻示意图；（b）双向冷冻示意图

Jin 等[68]研究了通过不同干燥方法制备的纤维素气凝胶。常规冷冻干燥气凝胶

[图 1.8（a）] 具有由微原纤维网络组成的高度多孔结构，但仔细观察发现原纤维严重凝结形成薄膜状团块，尤其是在较低的纤维素浓度下。相比之下，水-甲醇-叔丁醇的溶剂交换干燥在保持网络结构方面是有效的 [图 1.8（b）]，使得气凝胶由大约 50 mm 宽的更细的原纤维组成。溶剂交换干燥气凝胶的氮吸附比表面积为 160～190 m²/g，约为常规冷冻干燥材料的两倍。通过快速冷冻干燥技术保留了湿凝胶的部分原始网络结构，形成了不对称的多孔结构，如图 1.8（c）所示。常规冷冻干燥材料的比表面积（70～120 m²/g）约为溶剂交换材料的一半，并且更强烈地依赖于起始纤维素浓度。

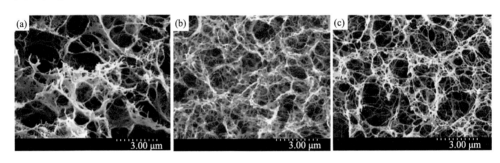

图 1.8   常规冷冻干燥（a）、溶剂交换干燥（b）和快速冷冻干燥（c）获得的 1%纤维素气凝胶的 SEM 图

3. 常压干燥

目前，常压干燥是推进气凝胶产业化发展最为经济有效的方法。常压干燥是在常温、常压的环境条件下，使湿凝胶中的溶剂缓慢蒸发。由于凝胶骨架比较薄弱，难以承受常压干燥过程中的毛细管压力，因此，要实现凝胶的常压干燥，必须对湿凝胶进行有效预处理，如增加骨架强度、溶剂置换、表面改性处理等。延长老化时间是增强凝胶骨架的常用手段。例如，在原来的母液中继续陈化，以期增强凝胶骨架。同时，通过溶剂置换，用低表面张力和低沸点的溶剂置换出凝胶体系的溶剂可以有效提高干燥效率降低毛细管压力。常用的溶剂有乙醇、正己烷、叔丁醇等。但是溶剂置换过程凝胶网络收缩也是不可避免的。制备湿凝胶选择疏水性单体或者对湿凝胶进行表面处理，不仅可有效防止结构的破坏，而且得到的气凝胶呈疏水性，可避免在使用中受到环境水分的影响，提高气凝胶的性能稳定性。对于无机二氧化硅气凝胶骨架脆弱的问题，可以通过有机高分子骨架进行交联增强。采取上述这些措施后，将湿凝胶置于烘箱中，分别在不同的温度下逐步升温再恒温，可以减少湿凝胶干燥时受到的破坏力，提高干燥效率。

对于湿凝胶的常压干燥，无论在生产成本、生产条件还是在产量上，相对超临界干燥、冷冻干燥都有明显的优势，但其溶剂置换过程耗时长（一般 3～7 天），且在干燥过程中存在高收缩率及干燥效率低等问题。因此，目前研究还要侧重于提高干燥效率及降低凝胶收缩率。

4. 其他干燥技术

其他干燥技术，如微波干燥和真空干燥也已用于获得具有高比表面积和孔隙率的气凝胶[69, 70]。微波干燥是制备介孔和三维互连大孔气凝胶的一种较为省时的方法，通过这种方法制备的气凝胶显示出与冷冻干燥制备的类似结构，但具有更小的孔径。真空干燥是一种节能工艺，材料在减压条件下快速干燥所需热量较少[71]。例如，通过真空干燥制备微孔 PI 气凝胶，BET 比表面积高达 1454 m^2/g，孔径分布在 5～6 Å 范围内[72]。

在各种干燥方法中，超临界干燥技术是防止孔收缩或坍塌并获得良好结构的最有效方法。然而，长时间的溶剂交换、大量有机溶剂的参与、干燥过程中使用的高温和高压使其成为一种耗时且高成本的方法，这严重限制了它的实际应用。相反，冷冻干燥技术是一种更容易、更经济、更环保的方法。尽管直接冷冻干燥很简单，但它在很大程度上取决于冷冻速度和湿凝胶中前驱体的浓度。有序多孔气凝胶只能通过精心控制冷冻干燥过程来获得。常压干燥用于在环境压力下干燥湿凝胶，可用于大规模工业生产，但可能会因溶剂的蒸发而导致环境污染。对于微波干燥和真空干燥，它们通常会产生大孔隙，甚至导致材料坍塌。因此，干燥方法对气凝胶的结构、比表面积、孔隙率和孔容积有很大影响，应根据实际需要考虑合适的干燥方法。

1.3.4　成型方式

截至目前，已经通过各种传统的成型方法制备了具有不同形状的气凝胶，如微球、纤维、涂层、薄块和复杂结构等制品。气凝胶微球一般可以通过喷雾法[73]、乳化法[74]制备，针对湿凝胶力学强度较低的样品，通过电喷雾或者超声喷雾等设备，可以得到气凝胶前驱体的微液滴，之后结合适当的接收装置可以制备相应的气凝胶微球。乳化法是在机械搅拌下，溶胶与另一种不溶于溶胶中溶剂的液体混合，形成微乳液，导致凝胶化的同时形成凝胶颗粒。气凝胶纤维可以通过传统的湿法纺丝技术，将气凝胶浆料注入纺丝装置，通过旋转的压力将浆料从细孔中挤出，形成细长连续的气凝胶纤维[75]。这些纤维可以用于制备过滤材料、隔热纺织品等。为了制备气凝胶涂层，即基底上的薄膜，可以通过旋涂将溶胶沉积到基底上，如硅片[76]，通过超临界干燥形成所需的气凝胶结构。而通过浇注成型可以得到块体状气凝胶，具体是将气凝胶浆料倒入特定形状的模具或容器中，并允许其自然凝胶和后续具体的干燥步骤，形成所需的气凝胶制品。上述方法大多数只可以得到简单形状的气凝胶，目前，3D 打印技术已经被应用于气凝胶的制备[77]。通过将气凝胶浆料作为打印墨水，通过层层堆叠或特定打印方式，可以构建出具有特殊形状的气凝胶样品。上述成型方式可以根据气凝胶的特性和所需产品的形状来选择。同时，这些方法还可以结合其他工艺，如超临界干燥、冷冻干燥等，以进一步调整和改善气凝胶的物理、化学和结构性能。需要注意的是，由于气凝胶的特殊性质和制备工艺的复杂性，确保合适的成型方式需要进行精确的工艺控制和优化。

1.4　气凝胶的基本性质 ◂◂◂

气凝胶特有的三维多孔网络结构使其具有低密度、高孔隙率和高比表面积等特点，在热学、力学、光学、电学、声学等方面表现出许多独特的性质，可用作高效隔热保温材料、催化剂及催化剂载体、低介电绝缘材料、吸声隔音材料等，具有广阔的应用前景。

1.4.1　微观形貌和孔结构

气凝胶的类型多种多样，从其结构出发，发现一般可分为三种类型，以传统的二氧化硅气凝胶为例，具有典型的珍珠项链般结构，此种可以称为纳米颗粒状气凝胶。后来随着聚合物气凝胶的发展，人们发现了一种纳米片层结构的气凝胶，此种气凝胶相比纳米颗粒状气凝胶，力学性能有了很大提升。随着对纳米纤维研究的不断深入，人们开始将纳米纤维加入到凝胶前驱体溶液中，来解决气凝胶固有的收缩率大、力学性能差等问题，再到后来有人直接使用纳米纤维作为构建三维网络结构的主体，从而省去了凝胶化这一步骤，做到了无凝胶化制备气凝胶，并将其称为纳米纤维结构气凝胶。

1. 纳米颗粒状气凝胶

一般，大多数气凝胶要经过溶胶-凝胶、老化、干燥等工艺来制备。如图 1.9 所示[78]，前驱体溶液经过溶胶-凝胶过程，溶胶颗粒逐渐聚集长大成小颗粒团，小颗粒团相互碰撞形成较大的颗粒团，最终形成连续的网络结构。传统的无机气凝胶大多数都是纳米颗粒状气凝胶。如二氧化硅、氧化铝、氧化钛和氮化硼等气凝胶都是目前研究和应用最广泛的气凝胶材料。如图 1.10 所示[79]，可以看到无论是使用超临界干燥技术还是常压干燥技术，都可以明显看到纳米颗粒状结构。这种结构的气凝胶材料纳米颗粒间的结合强度低，导致力学性能较差，在实际应用方面存在着诸多问题。

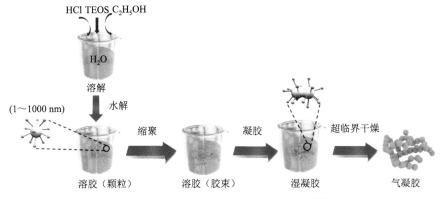

图 1.9　一般的纳米硅溶胶的制备工艺[78]

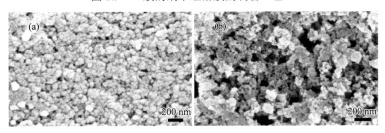

图 1.10　纳米颗粒状二氧化硅气凝胶[79]

（a）超临界干燥；（b）常压干燥

　　梅静[80]添加不同分子量聚乙二醇（PEG）制备了氧化铝气凝胶，可以从图 1.11 中看出，该气凝胶也具有明显的纳米颗粒状结构，并且随着 PEG 分子量的提高，纳米颗粒的粒径不断减小。

2. 纳米片层结构气凝胶

　　相比于纳米颗粒状气凝胶，具有纳米片层结构的气凝胶力学性能有较大提升。纳米片层结构气凝胶的形成原因主要分为两种，第一种取决于基体材料，如石墨烯和 MXene 等材料自身就是纳米片层结构，形成气凝胶之后还维持纳米片层结构；第二种是在冷冻干燥过程中，冰晶的生长会产生规则的纳米片层结构。

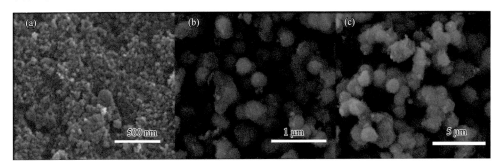

图 1.11   添加不同分子量 PEG 的氧化铝气凝胶 SEM 图[80]

（a）氧化铝；（b）氧化铝-PEG$_{2000}$；（c）氧化铝-PEG$_{4000}$；（d）氧化铝-PEG$_{6000}$；（e）氧化铝-PEG$_{8000}$；（f）氧化铝-PEG$_{10000}$

如图 1.12 所示[81]，采用冰模板和两步水热还原法通过常压干燥制备了一种石墨烯气凝胶。该石墨烯气凝胶片层之间相互连接，形成均匀的三维网络结构，孔径尺寸在几微米到几百微米之间，纳米片层结构有效地支撑起气凝胶的整个骨架，在具有优异压缩回弹性能的同时，还能对水中的乳化油进行有效吸附。

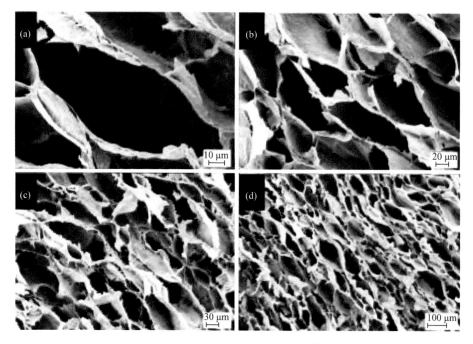

图 1.12   石墨烯气凝胶 SEM 图[81]

如图 1.13 所示[82]，Fan 等将官能团化的碳纳米管与聚酰胺酸前驱体溶液混合，通过溶胶-凝胶工艺、冷冻干燥和热亚胺化工艺制备了聚酰亚胺/碳纳米管复合气凝胶。在冷冻干燥过程中，冰晶的生长使该复合气凝胶形成了有序的三维纳米片层结构。

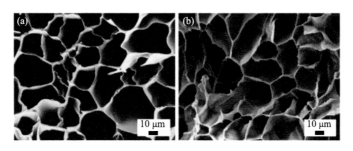

图 1.13　聚酰亚胺/碳纳米管复合气凝胶 SEM 图[82]

3. 纳米纤维结构气凝胶

纳米纤维最早是作为一种增强相加入到凝胶网络中，来增强气凝胶的结构稳定性，降低干燥过程中的体积收缩率及提高气凝胶的力学性能。但是随着纳米纤维技术的发展，人们逐渐意识到，纳米纤维通过合适的方式，可以直接用来构建气凝胶网络结构，于是形成了很多由不同种类纳米纤维构建的气凝胶网络结构。与由相互连接的颗粒状气凝胶不同，纳米纤维可以形成化学交联或者物理交联的三维骨架结构，而且纳米纤维骨架中不存在细颈结构，避免了应力集中，因此展现出柔性而不是脆性。

如图 1.14 所示[83]，Si 等展示了一种无凝胶的协同组装策略，通过静电纺丝纳米纤维和纤维冷冻成型方法的结合，制备出纳米纤维结构气凝胶，具有超低密度及良好的压缩回弹性。

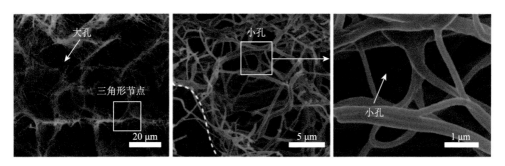

图 1.14　二氧化硅和聚丙烯腈复合纳米纤维气凝胶微观形貌图[83]

如图 1.15 所示[84]，可以看到图中结构为典型的纳米纤维结构气凝胶。Si 等利用冷冻干燥的方法调控了纳米纤维气凝胶的微观结构，形成纳米纤维层状结构，使得该气凝胶具备应变恢复快、泊松比为零及无温度依赖的超弹性等特点。

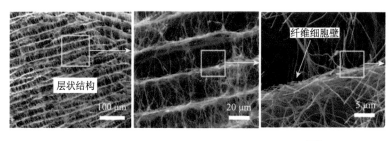

图 1.15   二氧化硅纳米纤维气凝胶微观形貌图[84]

气凝胶具有的微纳米孔结构是其性能和应用的关键。根据 IUPAC 的定义，孔径小于 2 nm 的孔为微孔（micropore），孔径为 2～50 nm 的孔为介孔（mesopore），大于 50 nm 的孔为大孔（macropore）。目前，干燥手段是决定气凝胶孔结构的关键，其超临界干燥可以最大程度保留凝胶骨架结构，得到介孔级别孔径的气凝胶；常压干燥往往使气凝胶有较大收缩，原始凝胶骨架坍缩堆叠增厚，可得到亚微米级的大孔；而冷冻干燥的孔本质上是溶剂冰晶生长产生的，目前通过调节浓度，加入增强相等手段加以调节，孔隙仍多为数微米乃至数十微米的大孔。不同组分的气凝胶（如有机-无机杂化气凝胶）复合后往往可以保留各自的孔径结构，复合组分的加入有可能形成次级的孔隙结构，如图 1.16 所示。

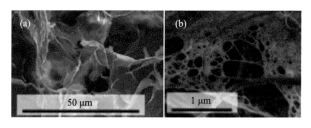

图 1.16   （a）冷冻干燥制备的纤维素气凝胶；（b）加入纤维后形成的多级孔径结构[85]

得益于大的微纳米孔的存在，气凝胶具有相当可观的表面积，加之本身极高孔隙率带来的低密度，气凝胶有着极高的比表面积（100～1000 m²/g）。Yang 等[86]通过溶胶-凝胶工艺、酸碱相互作用法和超临界 CO_2 干燥制备了一种具有有机-无机互穿网络的聚（4-乙烯基吡啶）/二氧化硅（$P4VP/SiO_2$）复合气凝胶。通过 BET 分析和 SEM 分析，发现其具有较高的 BET 比表面积（314 m²/g）和较低的密度（0.12 g/cm³），而纯的 SiO_2 气凝胶的比表面积和平均孔径分别约为 444 m²/g 和 10.5 nm，具有宽范围的中孔尺寸分布，如图 1.17 和图 1.18 所示。

除了采用超临界干燥可以获得介孔级别孔径的气凝胶外，Yang 等[87]报道了一种采用常压干燥技术快速制备亲水性二氧化硅气凝胶（SAs）的简便方法，在制备过程中，只需要用金属阳离子溶液浸泡，不需要传统的表面改性或超临界流体干燥过程。最终得到的气凝胶采用 FE-SEM 和 BET 测量证实了气凝胶骨架内部的中

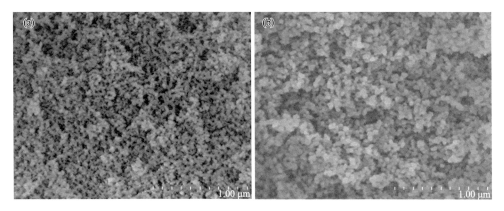

图 1.17　SiO_2 气凝胶（a）和 P4VP/SiO_2 复合气凝胶（b）的 SEM 图[86]

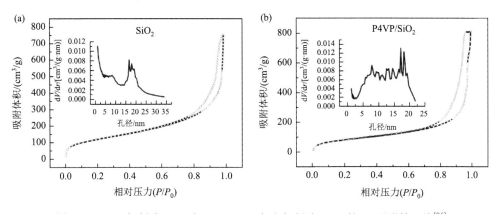

图 1.18　SiO_2 气凝胶（a）和 P4VP/SiO_2 复合气凝胶（b）的 N_2 吸附等温线[86]

孔，同时在所有测试的金属离子中，Mg^{2+} 浸泡的 SAs 表现出最好的孔性能（孔径 9.35 nm，孔容积 1.09 cm^3/g），Fe^{3+} 浸泡的 SAs 具有最大的比表面积（855.62 m^2/g），如图 1.19 和图 1.20 所示。

1.4.2　热学性质

气凝胶具有三维多孔结构及低密度、高孔隙率等特性，使得其成为目前世界上最轻、热导率最低的材料。这是气凝胶很重要的特性，例如，SiO_2 气凝胶的室

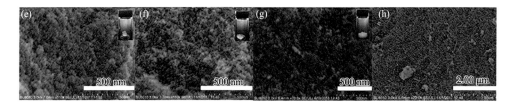

图 1.19　用不同试剂浸泡的复合 SAs 的 FE-SEM 分析[87]

（a）S1（Ni^{2+}）；（b）S2（Ba^{2+}）；（c）S3（Cu^{2+}）；（d）S4（Fe^{3+}）；（e）S5（Ca^{2+}）；（f）S6（Mg^{2+}）；（g，h）S7（三甲基氯硅烷）

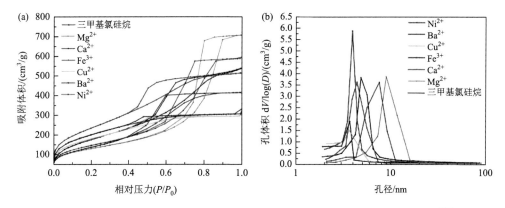

图 1.20　复合二氧化硅气凝胶的 N$_2$ 吸附/解吸等温线（a）和孔径分布（b）[87]

温热导率通常为 0.015W/(m·K)，是优异的绝热保温材料，可广泛应用于保温领域，如设备保温、管道保温、建筑外墙保温等，这是将气凝胶大规模工业化生产的主要应用方向。此外，无机氧化物气凝胶是不可燃的，虽然机械性能较差，但对其进行机械加固，在制备透明绝缘组件及采光装置上具有巨大的应用潜力[88]。

　　气凝胶材料作为绝热材料被越来越多地应用于航空航天和航海领域。据报道，航天器在执行任务期间，夜间的温度一般会低于–70℃，而采用气凝胶复合材料对航天器进行保温时，航天器内部温度能够稳定保持在室温（25℃）左右，这样在外部温度极低的情况下，其内部的电子设备能不受温度影响而正常地执行任务。

　　材料的热传输由热传导、热对流、热辐射组成。气凝胶热传导能力包括固态的骨架热传导和内部空气的气相热传导，在真空条件下，热传导由骨架传导和热辐射传导决定。SiO$_2$ 气凝胶同玻璃态材料相比，其低密度限制了热在骨架中链的局部激发的传播，使得固态热导率仅为非多孔玻璃态材料热导率的 1/500 左右。辐射导热是气凝胶高温环境下的主要传热方式，特别是氧化物气凝胶，随着应用环境温度的提高，辐射热导率迅速增加。通常在气凝胶中引入红外遮光剂，降低气凝胶高温条件下的辐射热导率。遮光剂颗粒对辐射有较强的散热和吸收作用，添加适宜的遮光剂（炭黑、SiC、TiO$_2$ 等）能在很大程度上增加气凝胶的比消光系数，降低高温辐射热导率从而降低气凝胶的高温热导率。采用冷冻干燥制备气凝胶可以实现气凝胶孔结构的可控构筑，如构建取向的孔或者片层孔结构实现隔热性能的各向异性。除此以外，通过调节气凝胶密度也可在一定程度上调节气凝胶的热导率。

赵朋媛[89]以商用异氰酸酯 N3300A 为原料，与不同多元醇反应并于常温常压下干燥得到 PU 和 PUA 气凝胶。研究发现，随着固含量的增加，制备的气凝胶的宏观密度随之提高，相对应的收缩率和孔隙率逐渐减小，但是热导率呈现先降低后增大的趋势。这是由于固含量在一定范围内增大时，气凝胶孔径逐渐减小，气相热导率急剧降低，而此时凝胶骨架支链增多但增粗不明显，故固态的骨架热导率增加不显著，因此气凝胶热导率降低；直到凝胶骨架增粗显著，同时显著降低了整体孔隙率后，气凝胶热导率才升高。

目前室温热导率低的气凝胶种类繁多，无机气凝胶主要是二氧化硅基气凝胶，各种高性能的有机气凝胶如聚酰亚胺气凝胶也不断涌现，甚至生物质气凝胶如纤维素气凝胶等都有良好的隔热性能。然而，有机气凝胶受限于本征的分子结构，本身不能在 400℃ 及以上的高温环境长期工作，普通的二氧化硅气凝胶也只能承受 800℃ 左右高温，1000℃ 以上隔热条件需要氧化锆、氧化铝、氮化硼等陶瓷气凝胶加以实现。在高温、低温区甚至于超导环境的液氮区工作，对气凝胶的力学性能也是巨大的挑战，在这样极端温度下还能保持一定柔韧性极为困难，目前往往通过连续纤维状的骨架，或是高纤维含量的填料加以实现。为了实现各种极端条件下的应用，气凝胶也走上了复合化的道路，而单一组分气凝胶则着重于设计改进气凝胶骨架结构达到优化效果。

值得注意的是，虽然六方氮化硼、石墨烯等材料本征具有极高的面内热导率，骨架也为片层堆叠而成，大部分情况下制品气凝胶往往不具备低的热导率，但通过合理的结构设计与优化，使骨架结构疏松多孔（堆积较为松散或者引入次级孔结构），也可大大降低骨架热传导，达到极低的热导率。

1.4.3　力学性质

气凝胶由于具有三维多孔结构及较低的密度，致使力学强度普遍低于本征材料的强度。气凝胶超细的纳米骨架结构及低密度特点在很大程度上降低了其力学性能。研究发现，气凝胶的杨氏模量与密度成正比，密度越大，杨氏模量越大；密度减小，杨氏模量也相应减小。气凝胶的力学性能与骨架材料、干燥方式密切相关。以二氧化硅为代表的无机气凝胶往往有较大的脆性，而聚酰亚胺气凝胶等有机气凝胶则具有较高的韧性。气凝胶的杨氏模量为 10^6 N/m^2，比相应的非孔性玻璃态材料低 4 个数量级。

对气凝胶反复施加压缩应力并卸载，可得到压缩循环的应力-应变曲线，通过计算若干圈循环后的最大应力保持率（循环实验后最大应力与初始应力之比）、压缩模量保持率（循环后压缩模量与初始模量之比）和能量损耗因子［每周期耗散能量（触变环面积）与在一周期内的最大储能（加载曲线下围成面积）之比］可以表征气凝胶的耐疲劳性能。早期制备的以二氧化硅为代表的无机气凝胶多呈脆性，这是由于骨架的球形气凝胶颗粒之间为刚性连接，受压缩后容易脱连，表现出低的压缩力学性能。目前，针对二氧化硅气凝胶的脆性问题，研究人员通过表面改性、改善硅源、纤维复合等简易手段加以提升。例如，He 和 Chen[90]以三甲氧基硅烷（MTMS）和三甲基氯硅烷（TMCS）为共前驱体制备了柔性二氧化硅气凝胶。该气凝胶的杨氏模量随着无水乙醇/水体积比的降低而提高，当体积比为14：1时，材料具备超高弹性。如图 1.21 所示，改性后二氧化硅气凝胶（S-14m）的杨氏模量高达 6.773 MPa，单轴最大可逆收缩为 46.5%，未改性的材料（S-14）的杨氏模量高达 12.694 MPa，但可逆收缩率低于 10%。这主要是因为 MTMS 分子中存在与 Si 结合的不可水解甲基（—CH$_3$），链间交联减少，从而产生弹性和柔性的三维基质，合成的气凝胶的力学性能得到明显改善。

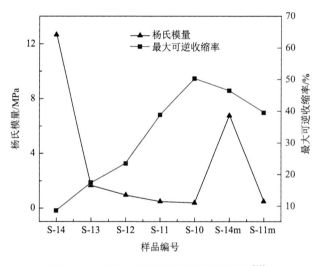

图 1.21　柔性二氧化硅气凝胶压缩结果[90]

S-14、S-13、S-12、S-11、S-10、S-14m、S-11m 样品分别是由乙醇与水体积比 1：14、2：13、3：12、4：11、5：10、1：14、4：11 制备的，m 表示改性后

除此之外，由于纤维具备优异的力学性能，在气凝胶制备过程中可以穿插在基质中，以机械方式支撑气凝胶颗粒以提升其力学性能。其中，玻璃纤维（GF）具有较高的抗压、抗拉、耐高温性能。目前研究主要是将玻璃纤维与二氧化硅气凝胶复合来提升材料的力学性能。Hung 等[91]采用纤维组合方式制备多层 GF 增强

SiO_2 气凝胶，当 GF 达到三层且含量为 20%时，材料密度为 0.182 g/cm^3，热导率为 0.0873 W/(m·K)，抗弯强度高达 4.39 MPa。实验还表明，在两层 5%的 GF 层之间插入 5%的碳纤维（CF）层可兼顾复合材料的隔热性能，所制备的气凝胶复合材料抗弯强度达到 2.846 MPa，热导率仅为 0.031 W/(m·K)。

与无机气凝胶相比，有机气凝胶由于构成骨架的凝胶颗粒间有较强的分子间相互作用力，而且有机凝胶颗粒自身韧性良好，因此，绝大多数有机气凝胶都具有优异的压缩循环性能。高分子气凝胶属于典型的有机气凝胶材料，而目前高分子气凝胶主要包括聚氨酯、纳米纤维素、聚酰胺和聚酰亚胺气凝胶等，其中聚酰亚胺气凝胶因优异的综合性能得到广泛关注。

Yuan 等[92]通过调节聚酰胺酸羧酸盐水溶液浓度及咪唑化反应条件，获得了一种具有微观层状结构的 PI 气凝胶。该 PI 气凝胶具有良好的隔热性能，在 300℃下的热导率仅为 31 mW/(m·K)。同时，该 PI 气凝胶可以承受约为自身质量 60000 倍的哑铃，在 50%应变下进行 10000 次循环压缩后，其塑性形变仅为 5.8%，应力保持率为 82%，具有优异的结构稳定性，如图 1.22 所示。这主要是因为所得气凝胶层间具有弹簧状桥接结构。这种具有高强度和高韧性的气凝胶克服了弹性和强度不相容的挑战的同时，也是提高抗压强度、减少能量耗散、增加压缩恢复和提高循环压缩期间疲劳抗力的关键。

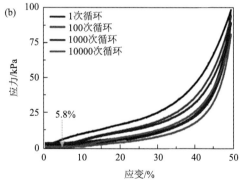

图 1.22　（a）气凝胶样品可以支撑自身质量 60000 倍的哑铃；（b）PI 气凝胶在 10000 次循环压缩下 50%应变的应力-应变曲线[92]

通过在高分子气凝胶的单体聚合或溶胶-凝胶过程中加入功能纳米材料，不仅可以改善气凝胶的体积收缩问题，还可以为气凝胶复合材料提供导电、导热和电磁防护等其他功能特性。例如，Zhao 等[93]使用电纺聚酰亚胺（PI）纳米纤维作为增强材料，实现了 PI 气凝胶的显著均质增强。如图 1.23 所示，PI 纳米纤维与溶胶具有良好的相容性，可以均匀分散在 PI 气凝胶基体中，通过机械互锁效应分散孔壁应力，从而提高 PI 气凝胶的强度和韧性，展现出优异的机械性能和成型性，压缩模量为 3.7 MPa，密度为 54.4 mg/cm³。相较于纯 PI 气凝胶，该气凝胶复合材料的强度和韧性得到了大幅度提高。

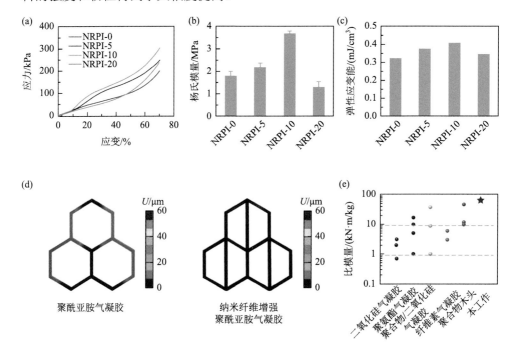

图 1.23　不同纳米纤维含量的复合气凝胶的应力-应变曲线（a）、杨氏模量（b）、弹性应变能（c）、有限元模拟（d）、与其他气凝胶的比模量对比（e）[93]

纳米纤维增强聚酰亚胺气凝胶（NRPI-X），X 代表纳米纤维含量，U 代表位移量

1.4.4　光学性质

　　气凝胶材料的光学透射和散射性质是其所具有的另一种重要特性。可将气凝胶材料制作成透明的隔热窗户，既具备常规玻璃的功效，又起到保温隔热作用，有望在建筑物上得到大量应用。另外，尽管存在一定程度的散射，但气凝胶的透明度和可见光透射率非常高，可用作高温观察窗口使用。对于一些具有高透明度的本征材料，当制成气凝胶以后，由于内部存在的三维多孔结构，对光进行散射导致气凝胶不透明，因此对气凝胶的孔结构进行调控可以实现透明度的可控构筑。许多气凝胶能制备成透明或半透明材料。

　　光学上的透明指的是在可见光区间（电磁波长 400～800 nm）的电磁波有较高的透过率。可见光区间的电磁波透过率 50%以下的材料为不透明材料，50%～80%的为半透明材料，透过率 80%以上的为透明材料。

　　从光与材料的相互作用角度出发，光对材料的作用包括透射、吸收、反射和

散射。其中反射、吸收与散射会导致光强的降低。这三者对光强的影响可由下式
表示：

$$I_0 = I_R + I_\beta + I_T + I_S$$

等式两边同除以入射光强 I_0 可得到：$R + \beta + T + S = 1$。其中，$R = I_R / I_0$，称为
反射系数；$\beta = I_\beta / I_0$，称为吸收系数；$T = I_T / I_0$，称为投射系数；$S = I_S / I_0$，称
为散射系数。

$$I = I_0 (1-R)^2 e^{-(\beta+S)l}$$

其中，I 为透射光强度；l 为光程长度。从上式中可以看出，吸收系数对透明度的
影响较小。特别是二氧化硅等无机氧化物气凝胶，其骨架材料的氧化物在可见光
区无明显吸收，多显现浅白色，吸收系数影响甚微；而对于部分有机气凝胶，如
聚酰亚胺，常带有较深的黄色，吸收系数较大，不利于透过可见光，需要通过引
入脂环结构单元减少共轭效应，引入含氟基团，引入不对称结构等措施抑制显色
的电子转移络合物的形成，减少在可见光区的吸收以提高透明度[75]。

　　反射作用对气凝胶透明度也有一定影响。反射系数可由折射率得到：

$$R = \left(\frac{n_{21}-1}{n_{21}+1} \right)^2$$

其中，n_{21} 为两种介质的相对折射率。由于气凝胶极高的孔隙率和较低的密度，大
部分情况下折射率和空气相差不大。

　　散射作用对气凝胶的透明度影响较大。散射是光通过不均匀介质时一部分光
偏离原方向传播的现象，包括波长不变的弹性散射（瑞利散射和米氏散射）和
波长改变的非弹性散射（拉曼散射和布里渊散射）。对于可见光区而言，瑞利散
射影响较大。当颗粒尺度远小于入射光波长（小于 1/10）时发生瑞利散射，各
个方向散射强度不一致，强度与光波长 λ 的四次方成反比，与散射直径 d 的六
次方成反比，即

$$I = I_0 \frac{1+\cos^2\theta}{2D^2} \left(\frac{2\pi}{\lambda} \right)^4 \left(\frac{n^2-1}{n^2+2} \right)^2 \left(\frac{d}{2} \right)^6$$

其中，d 为散射直径；n 为折射散射率；D 为散射距离；θ 为观察方向与入射光
方向的夹角。其中影响较大也较容易控制的因素就是散射直径。对于气凝胶而
言，散射直径就是其孔径，从图 1.24 可知，要得到较高的透明度，需要尽可能
得到小且均匀的纳米微孔。

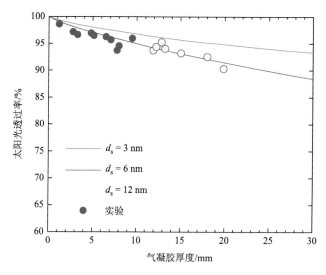

图 1.24   不同厚度理论透光率（实线）与实测值（蓝白点）

d_s 代表平均散射中心直径

二氧化硅气凝胶的折射率很小，接近于 1，这意味着它对入射光几乎没有反射损失，能有效透过太阳光，并阻隔环境温度的热红外辐射，在常温下具有透光不透热的特点，是一种很好的透明绝热材料，可用于太阳能集热器[94, 95]。Anton S. Shalygin 等研究人员在二氧化硅气凝胶中引入二氧化锆，可在不牺牲气凝胶密度的情况下提高其折射率，满足切伦科夫探测器的折射率要求[96]。值得注意的是，研究人员在 600℃下煅烧去除了 500℃下由前驱体焦化出现的黄色，显著提高了气凝胶的透明度（图 1.25）。

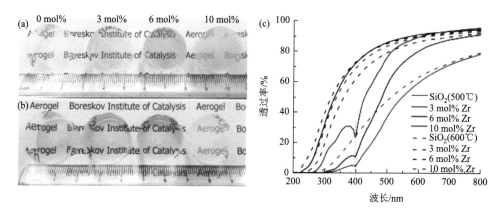

图 1.25   500℃（a）和 600℃（b）煅烧后，不同锆含量气凝胶的光学照片；（c）图（a）和（b）中气凝胶样品对应的紫外-可见吸收光谱图[96]

mol%表示摩尔分数

此外，利用 SiO_2 气凝胶的光学特性可制备出光学减反射膜，在高功率激光系统光学元件、显示系统及太阳能电池保护玻璃等领域具有广阔的应用前景。

1.4.5 声学性质

气凝胶材料中的声传播取决于凝胶间隙中的孔隙性质及气凝胶密度等。在凝胶网络传播过程中，声波由于波能量逐渐转移被衰减，所以在振幅和速度上都大大减弱，这使得气凝胶非常适用于声学隔音装置。由于其低声速特性，气凝胶是一种理想的声学阻隔及高温隔音材料。

用以表征气凝胶隔音性的常用参数包括吸声系数（sound absorption coefficient，SAC，或是 α）、传输损耗（transmission loss，TL）及降噪系数（noise reduction coefficient，NRC）。吸声系数是材料吸收的声能与总声能之比，可由驻波管法加以测量。传输损耗为透过材料的声能与总声能之比取以 10 为底的对数，再乘以 10，通常用阻抗管加以测定，单位为分贝（dB）。降噪系数是指中心频率为 250 Hz、500 Hz、1000 Hz 及 2000 Hz 中线频率下，材料吸声系数的算术平均值。与测试所得不同频率下的吸声系数曲线图相比，NRC 更为简洁直观，适合工程中比较。

气凝胶的隔音功能使其在建筑领域大有用武之地，无论是墙体隔音层、隔音毡甚至是隔音玻璃都可用到气凝胶。二氧化硅气凝胶的内部多孔性和低密度使其成为良好的吸声材料，但是其吸声特性较为单一，无法适应不同噪声环境下的降噪要求，而且其最佳吸声系数也会受到单一材料的局限性。为了解决上述问题，越来越多的研究者将二氧化硅气凝胶与传统的有机聚合物、无机矿物、非织造布等结合在一起，从而制备了高性能的复合二氧化硅气凝胶，应用范围得到有效推广。

Zong 等[97]通过逐步定向冷冻技术，成功构建了具有纤维素纳米网络的梯度结构弹性陶瓷纳米纤维气凝胶。该气凝胶不仅轻质（平均密度仅为 9 mg/cm^3），同时降噪系数可达 0.58。使用该气凝胶进行测试，低频空压机的噪声可降低 23.1 dB，如图 1.26 所示。这是由于该气凝胶在声波传播方向上具有"大孔-中孔-小孔"的梯度结构，这种结构增加了声波的入射，减少了声波的传播；在垂直于声波传播方向具有双纳米纤维网络，这种由纳米纤维（直径约 300 nm）和纳米网（直径约 30 nm）组成的双纳米纤维网络的高比表面积使气凝胶具有超大的声接触面积，有效地增加了声波的耗散面积。这两种耗散机理的协同作用使该气凝胶具有轻质和优越的吸声性能。

近年来，为了减轻交通噪声对人的影响，隔音材料在交通运输行业的应用越来越广泛，然而制造一种轻质、耐火、高效的吸声材料仍然是一个问题。最近，Cao 等[98]通过结合静电纺丝技术和冷冻成型方法，开发了一种分层结构的弹性陶瓷电

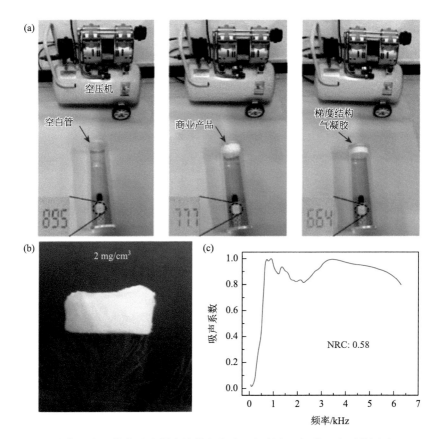

图 1.26 （a）市售噪声吸收产品和梯度结构气凝胶对低频空压机的噪声吸收测试；（b）气凝胶
的轻质特性；（c）气凝胶的吸声系数和降噪系数（NRC）[97]

纺纳米纤维气凝胶（SBAs）。它具有轻质特性（13.29 mg/cm³）和优异的低频吸声
能力（隔音降噪系数为 0.59），这是因为在材料内部填充了 h-BN，使得内部产生
了密集的层状结构，显著增加了材料内部的曲折度，声音路径复杂性的增加为声
波在纤维骨架之间的摩擦和反射提供了更多的机会，因此将消耗更多的声能，并
实现吸声性能的增强。值得一提的是，所获得的陶瓷电纺纳米纤维气凝胶可以被
压缩并快速恢复到其原始高度而没有任何可见的损坏。此外，所得气凝胶可以方
便有效地大规模制造成设计的形状，展示了它们的工业化潜力。

参 考 文 献

[1] Alemán J V，Chadwick A V，He J，Hess M，Horie K，Jones R G，Kratochvíl P，Meisel I，Mita I，Moad
G，Penczek S，Stepto R F T. Definitions of terms relating to the structure and processing of sols，gels，
networks，and inorganic-organic hybrid materials（IUPAC Recommendations 2007）[J]. Pure and Applied
Chemistry，2007，79（10）：1801-1829.

[2]　Hüsing N，Schubert U. Aerogcls-airy materials chemistry structure and properties[J]. Angewandte Chemie International Edition，1998，37（1-2）：22-45.

[3]　Leventis N，Sotiriou-Leventis C，Chandrasekaran N，Mulik S，Larimore Z J，Lu H，Churu G，Mang J T. Multifunctional polyurea aerogels from isocyanates and water. A structure-property case study[J]. Chemistry of Materials，2010，22（24）：6692-6710.

[4]　Pierre A C，Pajonk G M. Chemistry of aerogels and their applications[J]. Chemical Reviews，2002，102（11）：4243-4266.

[5]　Ziegler C，Wolf A，Liu W，Herrmann A K，Gaponik N，Eychmüller A. Modern inorganic aerogels[J]. Angewandte Chemie International Edition，2017，56（43）：13200-13221.

[6]　Kistler S S. Coherent expanded aerogels and jellies[J]. Nature，1931，127（3211）：741.

[7]　Pekala R W. Organic aerogels from the polycondensation of resorcinol with formaldehyde[J]. Journal of Materials Science，1989，24（9）：3221-3227.

[8]　Stöcker C，Schneider M，Baiker A. Zirconia aerogels and xerogels：influence of solvent and acid on structural properties[J]. Journal of Porous Materials，1995，2（2）：171-183.

[9]　Suh D J，Park T J，Han H Y，Lim J C. Synthesis of high-surface-area zirconia aerogels with a well-developed mesoporous texture using CO_2 supercritical drying[J]. Chemistry of Materials，2002，14（4）：1452-1454.

[10]　Wu Z G，Zhao Y X，Xu L P，Liu D S. Preparation of zirconia aerogel by heating of alcohol-aqueous salt solution[J]. Journal of Non-Crystalline Solids，2003，330（1-3）：274-277.

[11]　高庆福，张长瑞，冯坚，武纬，冯军宗. 氧化铝气凝胶复合材料的制备与隔热性能[J]. 国防科技大学学报，2008（4）：39-42.

[12]　孙雪峰，吴玉胜，李来时，王昱征，李明春. 锶掺杂对氧化铝气凝胶高温热稳定性的影响[J]. 功能材料，2018，49（9）：9078-9081，9086.

[13]　余煜玺，马锐，王贯春，张瑞谦，彭小明. 高比表面积、低密度块状 Al_2O_3 气凝胶的制备及表征[J]. 材料工程，2019，47（12）：136-142.

[14]　Wagle R，Yoo J K. Preparation of highly porous Al_2O_3 aerogel by one-step solvent-exchange and ambient-pressure drying[J]. International Journal of Applied Ceramic Technology，2020，17（3）：1201-1212.

[15]　Rewatkar P M，Taghvaee T，Saeed A M，Donthula S，Mandal C，Chandrasekaran N，Leventis T，Shruthi T K，Sotiriou-Leventis C，Leventis N. Sturdy，monolithic SiC and Si_3N_4 aerogels from compressed polymer-cross-linked silica xerogel powders[J]. Chemistry of Materials，2018，30（5）：1635-1647.

[16]　Kong Y，Zhang J，Zhao Z，Jiang X，Shen X. Monolithic silicon nitride-based aerogels with large specific surface area and low thermal conductivity[J]. Ceramics International，2019，45（13）：16331-16337.

[17]　Lindquist D A，Borek T T，Kramer S J，Narula C K，Johnston G，Schaeffer R，Smith D M，Paine R T. Formation and pore structure of boron nitride aerogels[J]. Journal of the American Ceramic Society，1990，73（3）：757-760.

[18]　Rousseas M，Goldstein A P，Mickelson W，Worsley M A，Woo L，Zettl A. Synthesis of highly crystalline sp^2-bonded boron nitride aerogels[J]. ACS Nano，2013，7（10）：8540-8546.

[19]　Song Y，Li B，Yang S，Ding G，Zhang C，Xie X. Ultralight boron nitride aerogels via template-assisted chemical vapor deposition[J]. Scientific Reports，2015，5（1）：10337.

[20]　Ou H，Yang P，Lin L，Anpo M，Wang X. Carbon nitride aerogels for the photoredox conversion of water[J]. Angewandte Chemie International Edition，2017，56（36）：10905-10910.

[21]　Zhang M，He L，Shi T，Zha R. Neat 3D C_3N_4 monolithic aerogels embedded with carbon aerogels via ring-opening polymerization with high photoreactivity[J]. Applied Catalysis B：Environmental，2020，266：118652.

[22]   Lu W，Steigerwalt E S，Moore J T，Sullivan L M，Collins E W，Lukehart C M. Carbothermal transformation of a graphitic carbon nanofiber/silica aerogel composite to a SiC/silica nanocomposite[J]. Journal of Nanoscience and Nanotechnology，2004，4（7）：803-808.

[23]   Kong Y，Zhong Y，Shen X，Cui S，Fan M. Effect of silica sources on nanostructures of resorcinol-formaldehyde/ silica and carbon/silicon carbide composite aerogels[J]. Microporous and Mesoporous Materials，2014，197：77-82.

[24]   Zera E，Campostrini R，Aravind P R，Blum Y，Sorarù G D. Novel SiC/C aerogels through pyrolysis of polycarbosilane precursors[J]. Advanced Engineering Materials，2014，16（6）：814-819.

[25]   Su L，Wang H，Niu M，Fan X，Ma M，Shi Z，Guo S W. Ultralight，recoverable，and high-temperature-resistant SiC nanowire aerogel[J]. ACS Nano，2018，12（4）：3103-3111.

[26]   Li B，Yuan X，Gao Y，Wang Y，Liao J，Rao Z，Mao B，Huang H. A novel SiC nanowire aerogel consisted of ultra long SiC nanowires[J]. Materials Research Express，2019，6（4）：045030.

[27]   Feng J，Zhao N，Jiang Y G. Preparation and characterization of Si-C-O aerogels using tetraethoxysilane and dimethyldiethoxysilane as precursors[J]. Rare Metal Materials and Engineering，2012，41：458-461.

[28]   Dirè S，Borovin E，Narisawa M，Sorarù G D. Synthesis and characterization of the first transparent silicon oxycarbide aerogel obtained through H_2 decarbonization[J]. Journal of Materials Chemistry A，2015，3（48）：24405-24413.

[29]   Ma J，Ye F，Lin S，Zhang B，Yang H，Ding J，Yang C，Liu Q. Large size and low density SiOC aerogel monolith prepared from triethoxyvinylsilane/tetraethoxysilane[J]. Ceramics International，2017，43（7）：5774-5780.

[30]   Wu Z，Cheng X，Zhang L，Li J，Yang C. Sol-gel synthesis of preceramic polyphenylsilsesquioxane aerogels and their application toward monolithic porous SiOC ceramics[J]. Ceramics International，2018，44（12）：14947-14951.

[31]   Pradeep V S，Ayana D G，Graczyk-Zajac M，Soraru G D，Riedel R. High rate capability of SiOC ceramic aerogels with tailored porosity as anode materials for Li-ion batteries[J]. Electrochimica Acta，2015，157：41-45.

[32]   Assefa D，Zera E，Campostrini R，Soraru G D，Vakifahmetoglu C. Polymer-derived SiOC aerogel with hierarchical porosity through HF etching[J]. Ceramics International，2016，42（10）：11805-11809.

[33]   Ye L，Qiu W，Li H，Zhao A，Cai T，Zhao T. Preparation and characterization of ZrCO/C composite aerogels[J]. Journal of Sol-Gel Science and Technology，2013，65（2）：150-159.

[34]   Cui S，Suo H，Jing F，Yu S，Xue J，Shen X，Lin B，Jiang S，Liu Y. Facile preparation of ZrCO composite aerogel with high specific surface area and low thermal conductivity[J]. Journal of Sol-Gel Science and Technology，2018，86（2）：383-390.

[35]   Liu T，Huang M，Li X，Wang C，Gui C X，Yu Z Z. Highly compressible anisotropic graphene aerogels fabricated by directional freezing for efficient absorption of organic liquids[J]. Carbon，2016，100：456-464.

[36]   Borrás A，Gonçalves G，Marbán G，Sandoval S，Pinto S，Marques P A A P，Fraile J，Tobias G，López-Periago A M，Domingo C. Preparation and characterization of graphene oxide aerogels：exploring the limits of supercritical CO_2 fabrication methods[J]. Chemistry：A European Journal，2018，24（59）：15903-15911.

[37]   Xu Y，Sheng K，Li C，Shi G. Self-assembled graphene hydrogel *via* a one-step hydrothermal process[J]. ACS Nano，2010，4（7）：4324-4330.

[38]   Hu H，Zhao Z，Wan W，Gogotsi Y，Qiu J. Ultralight and highly compressible graphene aerogels[J]. Advanced Materials，2013，25（15）：2219-2223.

[39]   Zhang X，Sui Z，Xu B，Yue S，Luo Y，Zhan W，Liu B. Mechanically strong and highly conductive graphene aerogel and its use as electrodes for electrochemical power sources[J]. Journal of Materials Chemistry，2011，21（18）：6494-6497.

[40] Sheng K，Sun Y，Li C，Yuan W，Shi G. Ultrahigh-rate supercapacitors based on eletrochemically reduced graphene oxide for ac line-filtering[J]. Scientific Reports，2012，2（1）：247.

[41] Li Y，Sheng K，Yuan W，Shi G. A high-performance flexible fibre-shaped electrochemical capacitor based on electrochemically reduced graphene oxide[J]. Chemical Communications，2012，49（3）：291-293.

[42] He Y，Li J，Luo K，Li L，Chen J，Li J. Engineering reduced graphene oxide aerogel produced by effective γ-ray radiation-induced self-assembly and its application for continuous oil-water separation[J]. Industrial & Engineering Chemistry Research，2016，55（13）：3775-3781.

[43] Wang W，Wu Y，Jiang Z，Wang M，Wu Q，Zhou X，Ge X. Self-assembly of graphene oxide nanosheets in t-butanol/water medium under γ-ray radiation[J]. Chinese Chemical Letters，2018，29（6）：931-934.

[44] Ren J，Zhang X，Lu D，Chang B，Lin J，Han S. Fabrication of controllable graphene aerogel with superior adsorption capacity for organic solvents[J]. Research on Chemical Intermediates，2018，44（9）：5139-5152.

[45] Li R Y，Liu L，Li Z J，Gu Z G，Wang G L，Liu J K. Graphene micro-aerogel based voltammetric sensing of p-acetamidophenol[J]. Microchimica Acta，2017，184（5）：1417-1426.

[46] Yang H，Li Z，Lu B，Gao J，Jin X，Sun G，Zhang G，Zhang P，Qu L. Reconstruction of inherent graphene oxide liquid crystals for large-scale fabrication of structure-intact graphene aerogel bulk toward practical applications[J]. ACS Nano，2018，12（11）：11407-11416.

[47] Worsley M A，Pauzauskie P J，Olson T Y，Biener J，Satcher J H，Baumann T F. Synthesis of graphene aerogel with high electrical conductivity[J]. Journal of the American Chemical Society，2010，132（40）：14067-14069.

[48] Huang H，Chen P，Zhang X，Lu Y，Zhan W. Edge-to-edge assembled graphene oxide aerogels with outstanding mechanical performance and superhigh chemical activity[J]. Small，2013，9（8）：1397-1404.

[49] Xiao J，Tan Y，Song Y，Zheng Q. A flyweight and superelastic graphene aerogel as a high-capacity adsorbent and highly sensitive pressure sensor[J]. Journal of Materials Chemistry A，2018，6（19）：9074-9080.

[50] 陈颖，邵高峰，吴晓栋，沈晓冬，崔升. 聚合物气凝胶研究进展[J]. 材料导报，2016，30（13）：55-62，70.

[51] Liu Z，Ran Y，Xi J，Wang J. Polymeric hybrid aerogels and their biomedical applications[J]. Soft Matter，2020，16（40）：9160-9175.

[52] Capadona L A，Meador M A B，Alunni A，Fabrizio E F，Vassilaras P，Leventis N. Flexible，low-density polymer crosslinked silica aerogels[J]. Polymer，2006，47（16）：5754-5761.

[53] Sabri F，Marchetta J，Smith K M. Thermal conductivity studies of a polyurea cross-linked silica aerogel-RTV 655 compound for cryogenic propellant tank applications in space[J]. Acta Astronautica，2013，91：173-179.

[54] Yang H，Kong X，Zhang Y，Wu C，Cao E. Mechanical properties of polymer-modified silica aerogels dried under ambient pressure[J]. Journal of Non-Crystalline Solids，2011，357（19）：3447-3453.

[55] Maleki H，Durães L，Portugal A. Synthesis of lightweight polymer-reinforced silica aerogels with improved mechanical and thermal insulation properties for space applications[J]. Microporous and Mesoporous Materials，2014，197：116-129.

[56] White L S，Bertino M F，Saeed S，Saoud K. Influence of silica derivatizer and monomer functionality and concentration on the mechanical properties of rapid synthesis cross-linked aerogels[J]. Microporous and Mesoporous Materials，2015，217：244-252.

[57] White L S，Bertino M F，Kitchen G，Young J，Newton C，Al-Soubaihi R，Saeed S，Saoud K. Shortened aerogel fabrication times using an ethanol-water azeotrope as a gelation and drying solvent[J]. Journal of Materials Chemistry A，2015，3（2）：762-772.

[58] Saeed S，Al Soubaihi R M，White L S，Bertino M F，Saoud K M. Rapid fabrication of cross-linked silica aerogel

by laser induced gelation[J]. Microporous and Mesoporous Materials，2016，221：245-252.

[59] Dong W，Rhine W，White S. Polyimide-silica hybrid aerogels with high mechanical strength for thermal insulation applications[J]. MRS Online Proceedings Library，2011，1306（1）：303.

[60] Guo J，Nguyen B N，Li L，Meador M A B，Scheiman D A，Cakmak M. Clay reinforced polyimide/silica hybrid aerogel[J]. Journal of Materials Chemistry A，2013，1（24）：7211.

[61] Duan Y，Jana S C，Lama B，Espe M P. Self-crosslinkable poly（urethane urea）-reinforced silica aerogels[J]. RSC Advances，2015，5（88）：71551-71558.

[62] Guo H，Meador M A B，McCorkle L，Quade D J，Guo J，Hamilton B，Cakmak M. Tailoring properties of cross-linked polyimide aerogels for better moisture resistance，flexibility，and strength[J]. ACS Applied Materials & Interfaces，2012，4（10）：5422-5429.

[63] Talebi Z，Soltani P，Habibi N，Latifi F. Silica aerogel/polyester blankets for efficient sound absorption in buildings[J]. Construction and Building Materials，2019，220：76-89.

[64] Ko E，Kim H. Preparation of chitosan aerogel crosslinked in chemical and ionical ways by non-acid condition for wound dressing[J]. International Journal of Biological Macromolecules，2020，164：2177-2185.

[65] 陈龙武，甘礼华，岳天仪，李光明，王珏，沈军. 超临界干燥法制备 SiO_2 气凝胶的研究[J]. 高等学校化学学报，1995（6）：840-843.

[66] Yan P，Brown E，Su Q，Li J，Wang J，Xu C，Zhou C，Lin D. 3D printing hierarchical silver nanowire aerogel with highly compressive resilience and tensile elongation through tunable Poisson's ratio[J]. Small，2017，13（38）：1701756.

[67] Yang M，Zhao N，Cui Y，Gao W，Zhao Q，Gao C，Bai H，Xie T. Biomimetic architectured graphene aerogel with exceptional strength and resilience[J]. ACS Nano，2017，11（7）：6817-6824.

[68] Jin H，Nishiyama Y，Wada M，Kuga S. Nanofibrillar cellulose aerogels[J]. Colloids and Surfaces A：Physicochemical and Engineering Aspects，2004，240（1-3）：63-67.

[69] Tonanon N，Wareenin Y，Siyasukh A，Tanthapanichakoon W，Nishihara H，Mukai S R，Tamon H. Preparation of resorcinol formaldehyde（RF）carbon gels：use of ultrasonic irradiation followed by microwave drying[J]. Journal of Non-Crystalline Solids，2006，352（52）：5683-5686.

[70] Yang J，Li S，Yan L，Liu J，Wang F. Compressive behaviors and morphological changes of resorcinol-formaldehyde aerogel at high strain rates[J]. Microporous and Mesoporous Materials，2010，133（1）：134-140.

[71] Ling Z，Wang G，Dong Q，Qian B，Zhang M，Li C，Qiu J. An ionic liquid template approach to graphene-carbon xerogel composites for supercapacitors with enhanced performance[J]. Journal of Materials Chemistry A，2014，2（35）：14329-14333.

[72] Li G，Wang Z. Microporous polyimides with uniform pores for adsorption and separation of CO_2 gas and organic vapors[J]. Macromolecules，2013，46（8）：3058-3066.

[73] Liao S，Zhai T，Xia H. Highly adsorptive graphene aerogel microspheres with center-diverging microchannel structures[J]. Journal of Materials Chemistry A，2016，4（3）：1068-1077.

[74] Paraskevopoulou P，Chriti D，Raptopoulos G，Anyfantis G C. Synthetic polymer aerogels in particulate form[J]. Materials，2019，12（9）：1543.

[75] Li G，Hong G，Dong D，Song W，Zhang X. Multiresponsive graphene-aerogel-directed phase-change smart fibers[J]. Advanced Materials，2018，30（30）：1801754.

[76] Wang X，Zhang Y，Luo J，Wang D，Gao H，Zhang J，Xing Y，Yang Z，Cao H，He W. Silica aerogel films *via* ambient pressure drying for broadband reflectors[J]. New Journal of Chemistry，2018，42（8）：6525-6531.

[77] Zhu C, Han T Y J, Duoss E B, Golobic A M, Kuntz J D, Spadaccini C M, Worsley M A. Highly compressible 3D periodic graphene aerogel microlattices[J]. Nature Communications, 2015, 6 (1): 6962.

[78] Su L, Wang H, Niu M, Fan X, Ma M, Shi Z, Guo S W. Ultralight, recoverable, and high-temperature-resistant SiC nanowire aerogel[J]. ACS Nano, 2018, 12 (4): 3103-3111.

[79] 郑文芝, 陈姚, 于欣伟, 韩泽明, 余志欢, 管晶晶. CO$_2$ 超临界干燥制备 SiO$_2$ 气凝胶及其表征[J]. 广州大学学报（自然科学版）, 2010, 9 (6): 77-81.

[80] 梅静. 氧化铝气凝胶的功能化及其应用[D]. 南京: 东南大学, 2019.

[81] 柳泽鑫, 顾学林, 陈爽, 刘会娥, 王淑坤, 张欢. 弹性石墨烯气凝胶的制备及对含油污水的吸附[J]. 精细化工, 2021, 38 (10): 1996-2003.

[82] Fan W, Zuo L, Zhang Y, Chen Y, Liu T. Mechanically strong polyimide/carbon nanotube composite aerogels with controllable porous structure[J]. Composites Science and Technology, 2018, 156: 186-191.

[83] Si Y, Yu J, Tang X, Ge J, Ding B. Ultralight nanofibre-assembled cellular aerogels with superelasticity and multifunctionality[J]. Nature Communications, 2014, 5 (1): 5802.

[84] Si Y, Wang X, Dou L, Yu J, Ding B. Ultralight and fire-resistant ceramic nanofibrous aerogels with temperature-invariant superelasticity[J]. Science Advances, 2018, 4 (4): eaas8925.

[85] Korhonen J T, Kettunen M, Ras R H A, Ikkala O. Hydrophobic nanocellulose aerogels as floating, sustainable, reusable, and recyclable oil absorbents[J]. ACS Applied Materials & Interfaces, 2011, 3 (6): 1813-1816.

[86] Yang X, Wang W, Cao L, Wang J. Effects of reaction parameters on the preparation of P4VP/SiO$_2$ composite aerogel via supercritical CO$_2$ drying[J]. Polymer Composites, 2019, 40 (11): 4205-4214.

[87] Yang X, Wu Z, Chen H, Du Q, Yu L, Zhang R, Zhou Y. A facile preparation of ambient pressure-dried hydrophilic silica aerogels and their application in aqueous dye removal[J]. Frontiers in Materials, 2020, 7: 152.

[88] Quénard D, Chevalier B, Sallée H, Olive F, Giraud D. Transferts conductifs et radiatifs dans les matériaux du bâtiment: état de l'art et progrès récents[J]. Revue de Métallurgie, 1999, 96 (5): 599-600.

[89] 赵朋媛. 异氰酸酯类气凝胶的制备工艺及性能研究[D]. 石家庄: 石家庄铁道大学, 2019.

[90] He S, Chen X. Flexible silica aerogel based on methyltrimethoxysilane with improved mechanical property[J]. Journal of Non-Crystalline Solids, 2017, 463: 6-11.

[91] Hung W C, Horng R S, Shia R E. Investigation of thermal insulation performance of glass/carbon fiber-reinforced silica aerogel composites[J]. Journal of Sol-Gel Science and Technology, 2021, 97 (2): 414-421.

[92] Yuan R, Zhou Y, Lu X, Dong Z, Lu Q. Rigid and flexible polyimide aerogels with less fatigue for use in harsh conditions[J]. Chemical Engineering Journal, 2022, 428: 131193.

[93] Zhao X, Yang F, Wang Z, Ma P, Dong W, Hou H, Fan W, Liu T. Mechanically strong and thermally insulating polyimide aerogels by homogeneity reinforcement of electrospun nanofibers[J]. Composites Part B: Engineering, 2020, 182: 107624.

[94] Vivod S L, Meador M A B, Pugh C, Wilkosz M, Calomino K, McCorkle L. Toward improved optical transparency of polyimide aerogels[J]. ACS Applied Materials & Interfaces, 2020, 12 (7): 8622-8633.

[95] Zhao L, Bhatia B, Yang S, Strobach E, Weinstein L A, Cooper T A, Chen G, Wang E N. Harnessing heat beyond 200℃ from unconcentrated sunlight with nonevacuated transparent aerogels[J]. ACS Nano, 2019, 13 (7): 7508-7516.

[96] Shalygin A S, Katcin A A, Barnyakov A Y, Danilyuk A F, Martyanov O N. Dependence of the refractive index of transparent ZrO$_2$-SiO$_2$ aerogels on the density and zirconium content[J]. Ceramics International, 2021, 47 (7, Part A): 9585-9590.

[97]　Zong D，Bai W，Yin X，Yu J，Zhang S，Ding B. Gradient pore structured elastic ceramic nanofiber aerogels with cellulose nanonets for noise absorption[J]. Advanced Functional Materials，2023，33（31）：2301870.

[98]　Cao L，Shan H，Zong D，Yu X，Yin X，Si Y，Yu J，Ding B. Fire-resistant and hierarchically structured elastic ceramic nanofibrous aerogels for efficient low-frequency noise reduction[J]. Nano Letters，2022，22（4）：1609-1617.

第2章

高分子气凝胶复合材料的表征方法

　　一般而言，可以从结构和性能两方面对气凝胶材料进行表征和研究，以期获得改善材料制备工艺和提高材料综合指标的途径。气凝胶种类繁多，主要包括无机气凝胶、高分子气凝胶、有机-无机复合气凝胶。与无机气凝胶相比，高分子气凝胶种类多，原料来源广，结构性能好。目前，高分子气凝胶的研究主要包括酚醛气凝胶、纤维素气凝胶、聚酰亚胺气凝胶、聚乙烯醇气凝胶、聚苯胺气凝胶等[1]。气凝胶具有多孔网络结构，使其具备孔隙率高、比表面积大、密度超低、热导率低等特点。但是不同种类的高分子气凝胶复合材料，或者不同制备工艺得到的气凝胶，在宏观特性（密度、透明度和力学强度）和微观特性（微观形貌、结晶度和空隙结构）上有着截然不同的差异，所以有必要采取合适的表征手段对高分子气凝胶复合材料宏观和微观的理化特性进行表征分析。因此，本章系统性地总结了高分子气凝胶复合材料常用的表征方法，主要是对微观形貌表征、组成表征、结构表征、力学表征、热学表征进行深入探讨。

2.1　微观形貌表征　　　◀◀◀

2.1.1　透射电子显微镜

　　透射电子显微镜（transmission electron microscope，TEM）是用来观察高分子气凝胶复合材料微观结构的重要工具之一。原理与光学显微镜很相近，但不同的是，透射电子显微镜是以波长极短的电子束作为照明源，用电磁透镜聚焦成像的一种高分辨率、高放大倍数的电子光学仪器。

　　TEM主体部分由照明系统、成像系统、真空系统、记录系统及电源系统五部分构成，其中最直观的是成像系统。TEM成像的衬度主要是由于材料不同的厚度和成分造成对电子的吸收不同。而当放大倍数较高时，复杂的波动作用会造成成像的亮度不同，因此需要专业知识来对所得到的像进行分析。通过使用 TEM 不同的模式，可以通过物质的化学特性、晶体方向、电子结构、样品造成的电子相移，以及通常对电子的吸收作用成像[2]。

透射电子显微镜的成像原理一般分为三种，第一种是吸收像：当电子射到质量和密度大的样品时，主要的成像作用是散射作用。样品上质量厚大的地方对电子的散射角大，通过的电子较少，像的亮度较暗。早期的透射电子显微镜都是基于这种原理。第二种是衍射像：电子束被样品衍射后，样品不同位置的衍射波振幅分布对应于样品中晶体各部分不同的衍射能力，当出现晶体缺陷时，缺陷部分的衍射能力与完整区域不同，从而使衍射波的振幅分布不均匀，反映出晶体缺陷的分布。第三种是相位像：当样品薄至一定程度时，电子可以穿过样品，波的振幅变化可以忽略，成像来自相位的变化[2]。目前，对于透射电子显微镜，按加速电压可分为低压透射电子显微镜、高压透射电子显微镜和超高压透射电子显微镜；按照明系统可分为普通透射电子显微镜和场发射透射电子显微镜；按成像系统可分为低分辨率透射电子显微镜和高分辨率透射电子显微镜；按记录方式可分为摄像型透射电子显微镜和电荷耦合器件（CCD）型透射电子显微镜。

气凝胶是一种由溶胶-凝胶衍生的纳米结构，其中由结合的纳米颗粒组成的固体网络具有双连续的多维纳米多孔网络。由于这些超孔、低密度材料的脆性，以及许多气凝胶成分的热绝缘和电绝缘特性，大多数气凝胶本质上很难在 TEM 中工作。

对于高分子气凝胶纳米复合材料而言，纳米材料在气凝胶孔壁上的分布可用 TEM 进行表征。例如，在研究中发现单独的 MXene 气凝胶呈现出松散无序的多孔结构，使得其结构易碎且容易被压缩而坍塌，但是研究人员发现将 MXene 片层和聚酰亚胺简单复合所制备出的聚酰亚胺/MXene 复合气凝胶显示出紧凑的界面结合。通过 TEM 对其进行表征可以发现，MXene 片层被聚酰亚胺层紧密包裹，形成三明治结构的骨架，大大提高了 MXene 的结构稳定性[3]。

随着气凝胶越来越多地成为新型功能复合材料的组成部分，需要针对气凝胶基复合材料的结构特征而使用其他表征手段与 TEM 进行配合，对气凝胶的微观结构有更加深入了解。

2.1.2　扫描电子显微镜

扫描电子显微镜（scanning electron microscope，SEM）是继透射电子显微镜之后发展起来的一种电子显微镜。它利用电子束作为照明源，把聚焦得很细的电子束以光栅状扫描方式照射到试样上，产生各种与试样性质有关的信息，然后加以收集和处理从而获得微观形貌图像。扫描电子显微镜具有景深大、分辨率高、成像直观、立体感强、放大倍数范围宽，以及待测样品可在三维空间进行旋转和倾斜等特点。普通的扫描电子显微镜的分辨率一般为 6 nm，而场发射扫描电子显微镜（field emission scanning electron microscope，FESEM）的分辨率可以达到 1 nm，更适合纳米材料的表征[4-6]。

扫描电子显微镜主要由真空系统、电子束系统和成像系统三大部分组成。它的工作原理如下：首先从电子枪灯丝发出直径 20～35 μm 的电子束，受到阳极 1～40 kV 的高压加速后射向镜筒，在受到第一、二聚光镜和物镜的汇聚作用后，缩小成直径几十埃的狭窄电子束射到样品上。同时，偏转线圈可使电子束在样品上作光栅状扫描，通过电子束与样品相互作用产生二次电子并成像，反映了样品的表面结构。

相较于透射电子显微镜，扫描电子显微镜对样品要求比较低，对粉体样品和大块样品均能表征观察粉体分散状况、几何形貌、纳米颗粒大小及分布。扫描电子显微镜的制样方法要简单很多，一般根据样品的状态需要采用不同的制样方法[7]。对于块状的气凝胶样品，则需要切割成要求的尺寸，粘在样品台上。如果样品数量多，要注意样品的尺寸要大致相同。对于样品的断口面，要选择起伏不大的部位，最好是分析点附近有小的平坦区。样品表面和底面应该平行。非导电或导电性较差的材料要先进行镀膜处理，在材料表面形成一层导电膜，以避免电荷积累，影响图像质量，并可防止试样的热损伤。对于粉末状的气凝胶，则可采用抖落法、分散法和压片法等手段制样。对于截面样品的制作，制样步骤一般如下：

（1）用锋利的刀片将样品切开，形成断面；

（2）对脆性样品进行拉断或折断，形成断面；

（3）对韧性样品先用液氮进行冷冻，再拉断或折断；

（4）如需进一步观察内部结构，可用化学腐蚀或等离子体刻蚀等方法去除材料表面的氧化层或其他成分，从而暴露出内部结构或界面上的一种成分。

下面将以高分子气凝胶为例，介绍 SEM 的实际应用。以聚酰亚胺气凝胶为例，由于干燥方法的不同，会产生不同微观结构的聚酰亚胺气凝胶，通常干燥方法分为超临界干燥法和冷冻干燥法。其中，超临界干燥法制备出的聚酰亚胺气凝胶如图 2.1 所示[8]。聚酰亚胺气凝胶具有连续开放的三维网络结构，聚酰亚胺聚集体以珍珠链状的形式串联在一起，珍珠链分布均匀，无团聚和收缩现象，链条间交错构建了直径约为 30 nm 的介孔。而使用冷冻干燥方法制备的聚酰亚胺气凝胶形貌则大有不同，如图 2.2 所示，具有均匀的三维多孔结构，光滑的层状孔壁和大约 50 μm 的孔径[9]。

除此之外，还可以通过 SEM 观察高分子气凝胶复合材料上的纳米颗粒或者纳米纤维等其他纳米复合材料。如图 2.3 所示，通过 SEM 可以清楚地看到在聚酰亚胺基体上成功负载了金属有机框架（ZIF-8）纳米颗粒[10]。图 2.3（a）～（c）

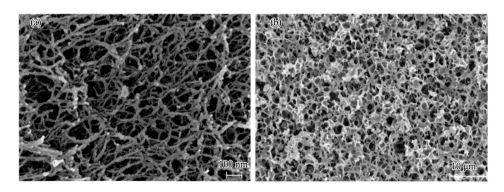

图 2.1   聚酰亚胺气凝胶的 SEM 图[8]

（a）聚酰亚胺；（b）含氮的碳化聚酰亚胺气凝胶/聚酰亚胺气凝胶

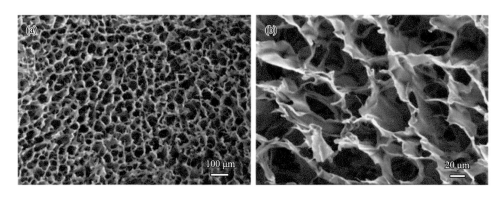

图 2.2   不同放大倍数下聚酰亚胺气凝胶的 SEM 图[9]

为浸渍 6 h 的气凝胶纤维表面形貌图，图 2.3（d）～（f）为浸渍 30 h 后的气凝胶形貌图。通过 SEM 对比可以清楚地看到，浸渍时间对 ZIF-8 分布有很大影响，而且时间越长 ZIF-8 的分布越均匀。因此，通过 SEM 表征可以确定气凝胶表面纳米颗粒的形态。

图 2.3　（a）聚酰亚胺/ZIF-8 复合气凝胶的 SEM 图；（b，c）局部 SEM 图；（d）不同浓度聚酰
亚胺/ZIF-8 复合气凝胶的 SEM 图；（e，f）局部 SEM 图[10]

　　Chen 等[11]利用 SEM 对制备的自交联三聚氰胺-甲醛-果胶气凝胶（MxPey，x 表示三聚氰胺-甲醛的含量；y 表示果胶的含量）的形态微结构进行了表征，如图 2.4 所示。从 SEM 图可以观察到所有样品均表现出针状粗糙表面的多孔结构，这是由冷冻干燥过程中冰晶发生升华所致。并且该气凝胶样品在 80℃下发生固化不会影响其三维结构，进而避免冰晶生长过程中的尺寸变化。气凝胶的微观结构是在气凝胶前驱体的冷冻过程中形成的，这是由气凝胶前驱体的黏度决定的。由于三聚氰胺（MF）的黏度很低，前驱体的黏度主要由果胶贡献。当果胶含量达到 5%时，得到的气凝胶呈网状结构。正如之前文献报道的那样，气凝胶的微观结构影响了其力学性能，不同的微观结构决定了其不同的压缩模量，其中 M10Pe2 呈层状结构，相应的压缩模量为 7.7 MPa。而 M5Pe5、M7.5Pe7.5 和 M10Pe5 样品具有较高的压缩模量，呈网状结构，孔径在微米尺度分布。

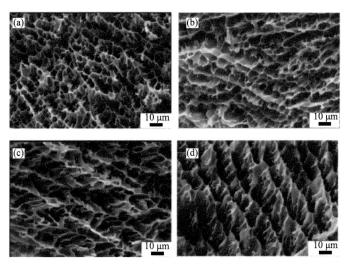

图 2.4　MxPey 气凝胶的 SEM 图[11]

（a）M5Pe5；（b）M7.5Pe7.5；（c）M10Pe5；（d）M10Pe2

Wang 等[12]以 2,2,6,6-四甲基哌啶-1-氧自由基（TEM-PO）氧化纳米纤维素（TOCNF）和六方氮化硼（h-BN）为原料，设计并制备了具有不同孔结构的h-BN/TOCNF 气凝胶，系统研究 h-BN 与 TOCNF 固含量比对 h-BN/TOCNF 气凝胶孔结构和导热通道的影响。其中，h-BN 与 TOCNF 固含量比为 1∶1、2∶1、3∶1、4∶1 及 5∶1 的复合膜分别命名为 h-BN/TOCNF1、h-BN/TOCNF2、h-BN/TOCNF3、h-BN/TOCNF4、h-BN/TOCNF5，其 SEM 图如图 2.5 所示。由图 2.5（a）可以看出，当 h-BN 与 TOCNF 固含量比为 1∶1 时，由于 TOCNF 含量相对较高，容易沉积形成片状结构，待冷冻干燥后得到片层交织的网络结构。其中，h-BN 以 TOCNF 网络为骨架，自组装在 TOCNF 表面，形成导热通道，如图 2.5（b）所示。当 h-BN 与 TOCNF 固含量比为 3∶1 时［图 2.5（c）和（d）］，h-BN 含量上升为 TOCNF 的 3 倍，气凝胶内部网络结构单元以“线型”单元为主，经冷冻干燥后 TOCNF 互相连接形成线型网络状骨架，h-BN 依附在 TOCNF 骨架上形成导热通道。而随着 h-BN 含量的进一步增加，h-BN 与 TOCNF 的固含量比为 5∶1 时，h-BN 不能够均匀分散在 TOCNF 悬浮液中，如图 2.5（e）和（f）所示，导致相互接触形成 h-BN 块，不利于导热通道的高效构建，不利于热量的传导。

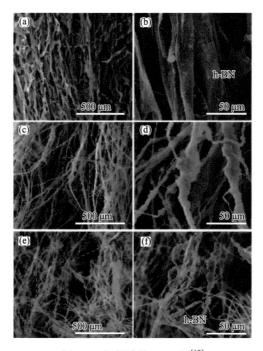

图 2.5　气凝胶的 SEM 图[12]

（a，b）h-BN/TOCNF1 气凝胶；（c，d）h-BN/TOCNF3 气凝胶；（e，f）h-BN/TOCNF5 气凝胶

综上所述，SEM 是表征高分子气凝胶复合材料孔结构的强大工具，可以清晰

直观地对气凝胶的孔结构进行观察。并且能够通过结合 SEM，构建其孔结构与性能的有效关系。

SEM 是高分子气凝胶复合材料常用的形貌表征方法。可以通过 SEM 最直观地观察到不同种类高分子气凝胶复合材料的表面形貌，除此之外，还可以通过 SEM 对纳米颗粒在气凝胶表面的负载情况以及在力学测试中原位观察等。随着对 SEM 研究的不断深入，还将产生更多表征方法帮助我们更好地了解高分子气凝胶复合材料的微观形貌。

2.2　化学成分与结构分析　<<<

2.2.1　红外光谱

红外光谱（infrared spectroscopy，IR）又称为振转光谱，是由分子中原子与原子之间的化学键振动和分子本身的转动所引起的，而这些振动和转动都要吸收一定具有较低能量（较长波长）的辐射能，将这部分被物质吸收的、落在红外区的辐射能记录下来，就得到相应的红外光谱。自 20 世纪初开始，人们就对红外光谱仪的制造展开了各种尝试，经历了以早期棱镜分光单光束红外光谱仪、双光束红外光谱仪等为代表的色散型光谱仪后，20 世纪 70 年代出现的傅里叶变换红外光谱仪（Fourier transform infrared spectrometer，FTIR）凭借信噪比高、重现性好、精度和分辨率高及扫描速度快等优势一直沿用至今，被称为第三代干涉型红外光谱仪。它的原理是将一束不同波长的红外射线照射到物质的分子上，某些特定波长的红外射线被吸收，形成这一分子的红外吸收光谱。每种分子都有由其组成和结构决定的独有的红外吸收光谱，据此可以对分子进行结构分析和鉴定。但产生红外光谱图必须满足以下两个条件：第一，用于照射被测物质的外界电磁波的能量必须与分子两能级间的能极差相等，该频率的电磁波在被分子吸收后会引起相应的分子能级跃迁，该能量的电磁波在红外光谱图中对应一个特定的吸收峰；第二，分子振动时被测物质的偶极矩必须发生变化，从而使红外光与分子之间产生耦合作用，进而保证红外光的能量能通过分子振动偶极矩的变化传递到分子上。此外，根据偶极矩是否发生变化可以将分子振动分为红外活性振动和红外非活性振动，只有偶极矩不为零的分子振动才能产生红外吸收[13]。

对于高分子气凝胶复合材料，红外光谱最基本的就是研究气凝胶的分子结构，除此之外，复合气凝胶领域也会经常使用红外光谱来对掺杂相是否成功引入以及掺杂相与基体间的相互作用进行探究。图 2.6 为羧甲基纤维素-石墨烯复合气凝胶的红外光谱图，其中氧化石墨烯的谱图中出现了以下特征峰：3416 cm^{-1}（O—H 伸缩振动）、1741 cm^{-1}（C＝O 伸缩振动）、1622 cm^{-1}（C＝C 伸缩振动）等。在羧甲基纤维素的谱图中出现了以下特征峰：3345 cm^{-1}（O—H 伸缩振动）、1615 cm^{-1}（—COOH 伸缩振动）、1425 cm^{-1}（葡萄糖基六元环上 O—H 的面内弯曲振动）、1100 cm^{-1}（葡萄糖基六元环上 C2、C3 的 C—O 伸缩振动）。通过比较氧化石墨烯、羧甲基纤维素及羧甲基纤维素-石墨烯复合气凝胶的红外光谱图可以看出，后者综合了前两者的特征峰，说明氧化石墨烯和羧甲基纤维素很好地复合在一起[14]。

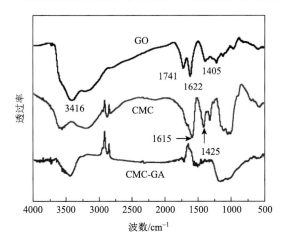

图 2.6　GO（氧化石墨烯）、CMC（羧甲基纤维素）、羧甲基纤维素-石墨烯（CMC-GA）复合气凝胶的红外光谱图[14]

　　红外光谱的特征性强，在实际中可用于研究分子的结构和化学键，也可以作为表征和鉴别化学物种的方法。红外光谱具有高度特征性，可以采用与标准化合物的红外光谱对比的方法来做分析鉴定。利用化学键的特征波数来鉴别化合物的类型，并可用于定量测定。分子中邻近基团的相互作用，使同一基团在不同分子中的特征波数有一定变化范围。此外，在高聚物的构型、构象、力学性质的研究，以及物理、天文、气象、遥感、生物、医学等领域，也广泛应用红外光谱。

2.2.2　拉曼光谱

　　在 20 世纪 30 年代，拉曼光谱曾是研究分子结构的主要手段。随着实验内容的不断深入，拉曼光谱的弱点（主要是拉曼效应太弱，拉曼散射光的强度只有原入射光强度的 $10^{-12}\sim10^{-9}$）越来越突出，特别是 20 世纪 40 年代以后，由于红外光谱的迅速发展，拉曼光谱的地位更是一落千丈。直到 1960 年激光问世并将这种新型光源引入拉曼光谱后，拉曼光谱出现了崭新的局面。近年来一系列新型拉曼光谱技术的发展，如高分辨率、低杂色光的双联或三联光栅单色仪，以及高灵敏度的光电接收系统（光电倍增管和光子计数器）的应用，进一步提高了它的活力。

　　当单色光照射到样品上时，由于样品与光之间的特殊相互作用，光就会按照一定方式被反射、吸收或散射。而拉曼光谱就是利用这部分被散射的单色光对样品分子结构进行分析。对散射光的频率（波长）进行分析发现，其中不仅存在大部分与入射光波长相同的散射光（瑞利散射），而且也存在有少量波长发生改变的散射光（拉曼散射）。拉曼散射中频率减少的称为斯托克斯散射，频率增加的散射则称为反斯托克斯散射，并且这些散射光与入射光之间的频率差被称为拉曼位移。拉曼位移仅与散射分子本身的结构有关，而与入射光频率无关。从本质上讲，拉曼散射产生于分子极化率的改变，拉曼位移取决于分子振动能级的变化，不同化学键或分子基团对应着特征的分子振动，所以与之对应的拉曼位移也是特征的，这就是拉曼光谱可以作为分子结构定性分析的依据。

　　在高分子基复合气凝胶的结构分析中，可以利用拉曼光谱对复合气凝胶的组成、含量进行分析。例如，如图 2.7 所示，还原氧化石墨烯碳（C-rGO）气凝胶分别在 1347 cm^{-1} 和 1596 cm^{-1} 出现明显的 D 峰和 G 峰。其中，D 峰是由 sp^2 杂化的碳原子振动产生的吸收峰，反映了石墨内部结构的缺陷情况，G 峰的产生是由碳环或长链中 sp^2 杂化的原子对位拉伸运动所致，代表着石墨结构的对称性和有序度。因此，D 波段与 G 波段的强度比（I_D/I_G）表明碳的无序和缺陷程度[15]。

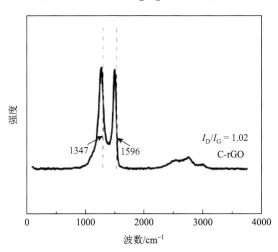

图 2.7　还原氧化石墨烯碳气凝胶的拉曼光谱表征[15]

　　相较于其他光谱，拉曼光谱具有很多优点：①对样品无接触，无损伤；②样品无需制备；③可以快速分析，鉴别各种材料的特性与结构；④能分析黑色和含水样品；⑤可在高、低温及高压条件下测量；⑥光谱成像快速、简便，分辨率高等。基于以上优点，拉曼光谱在气凝胶复合材料结构分析中仍然具有非常重要的作用。

2.2.3　X 射线衍射分析

X 射线衍射（X-ray diffraction，XRD）技术是借助对样品 X 射线衍射图谱的分析，获得材料成分、结构或形态等信息的研究手段。由于该技术具有不损伤样品、无污染、快速、测量精度高等优点，而广泛应用于包括高分子基纳米纤维在内的各类材料的鉴别。

X 射线是一种波长为 0.06～20 Å 的电磁波，属于原子内层电子在高速运动电子的轰击下跃迁而产生的光辐射。X 射线主要分为两种：一种是具有连续波长的 X 射线，称为连续 X 射线；另一种是具有一定波长且强度高的 X 射线，称为特征 X 射线。X 射线在晶体中的衍射实质是各原子的散射波之间干涉的结果。根据经典电动力学的观点，X 射线投射到晶体中时会受到晶体中原子的散射，而散射波就好像是从原子中心发出，每一个原子中心发出的散射波又好比一个源球面波（该电磁波的方向是无序的）。原子在晶体中排列是呈周期性的，所以它们之间会产生空间干涉，结果导致在某些散射方向的球面波相互加强，而在某些方向上相互抵消，从而出现衍射现象。描述 X 射线衍射几何的方法有：埃瓦尔德图解、布拉格方程和劳厄方程，它们是等效的，任何一种表达式都可以推出另外两种表达式。其中，布拉格方程是晶体学中最基本的方程，反映了 X 射线在反射方向上产生衍射的条件，其方程式为

$$2d\sin\theta = n\lambda \tag{2.1}$$

其中，λ 为衍射波长；n 为衍射级数；d 为晶面间距；θ 为衍射半角。

X 射线照在待分析的晶体上时，若满足布拉格方程，X 射线就会在晶体上发生衍射，检测器可以检测到具有一定强度的 X 射线，反之就会透过或吸收而不被检测到。该方程主要有两个应用：一是用已知波长的 X 射线来测量衍射角，从而计算出晶面间距用于结构分析；二是用已知晶面间距的晶体来测量衍射角，从而计算出特征 X 射线的波长，进而查找资料得出样品中所含的元素。X 射线衍射一般分为广角 X 射线衍射（WAXD）和小角 X 射线衍射（SAXS）。

纳米羟基磷灰石(n-HA)、蚕丝蛋白(SF)、纤维素气凝胶蚕丝蛋白/纤维素(S-C)、纤维素/纳米羟基磷灰石（C-H）和蚕丝蛋白/纤维素/纳米羟基磷灰石（S-C-H）的 XRD 谱图如图 2.8 所示[16]。n-HA 的 XRD 谱与标准 XRD 谱（JCP-DF09-0432）相同，其特征衍射峰分别为 $2\theta = 25.8°$（002）、31.7°（211）、32.2°（112）、32.8°（300）、39.7°（310）、46.7°（222）和 49.3°（213），并且没有观察到其他衍射峰，表明合成的 n-HA 具有较高纯度。根据 Scherrer 公式 $D = K\gamma/B\cos\theta$（适用于 1～100 nm 范围内的球形粒子），其中 K 为 Scherrer 常数，D 为垂直于晶体平面的晶粒平均厚度，B 为被测样品衍射峰的最大半峰宽（FWHM）或积分宽度，θ 为布拉格角，γ 为 X 射

波长，1.54056 Å。在 Scherrer 公式中，K 的值与 B 的定义有关：当 B 定义为 FWHM 时，K 为 0.89；当 B 定义为积分宽度时，$K = 1.0$。在这种情况下，B 定义为 FWHM，n-HA 是一种球形粒子，平均晶体大小为 60 nm。棉纤维在 $2\theta = 23.49°$（002）处有一个衍射峰，表明棉纤维具有典型的天然纤维素 I 型结构。2θ 为 15.47°和 17.22°分别对应于（101）和（10$\bar{1}$）典型晶面，对应于天然纤维素 I 型结构。而与纤维素气凝胶中的环氧氯丙烷交联后，棉纤维的结构明显由 I 型转变为 II 型，这是由于它在 $2\theta = 22.67°$（002）晶面属于典型的 II 型天然纤维素结构。II 型结构比 I 型结构具有更复杂的氢键网络、更高的填充性和更强的热力学稳定性。S-C 的 XRD 谱图在 17°、20°和 23°附近有明显的衍射峰，表明 S-C 中明显存在 SF 和纤维素。而 C-H 和 S-C-H 的 XRD 谱图只表现出 HA 的特征衍射峰，而没有表现出聚合物基体的特征衍射峰。这可能是由于 C-H 和 S-C-H 中 SF 和纤维素的有机部分被 n-HA 包覆。

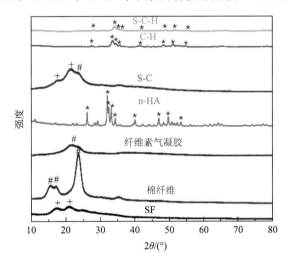

图 2.8　棉纤维、n-HA、SF、纤维素气凝胶、S-C、C-H 和 S-C-H 复合材料的 XRD 谱图

综上所述，X 射线衍射技术在气凝胶材料结构、结晶度测定方面的作用显著，是捕捉这些变化规律的强大工具。随着 X 射线衍射仪的进步及计算机技术的发展，X 射线衍射技术在高分子气凝胶复合材料研发方面发挥的作用将越来越显著。

2.2.4　X 射线光电子能谱

X 射线光电子能谱（X-ray photoelectron spectroscopy，XPS）是一种表面分析方法，可以得到样品的化学状态、元素组成等大量重要信息，在多种材料的基础研究及实际应用中有非常重要的作用。X 射线光子的能量在 1000～1500 eV 之间，不仅可使分子的价电子电离，而且也可以把内层电子激发出来，内层电子的能级受分子环境的影响很小。同一原子的内层电子结合能在不同分子中相差很小，故它是特征的。光子入射到固体表面激发出光电子，利用能量分析器对光电子进行分析的实验技术称为光电子能谱。

XPS 相较于其他分析方法，具有如下特点：

（1）可以分析除 H 和 He 以外的所有元素，对这些元素的灵敏度具有相同的数量级。

（2）相邻元素的同种能级的谱线相隔较远，相互干扰较少，元素定性的标识性强。

（3）能够观测化学位移。化学位移与原子氧化态、原子电荷和官能团有关。化学位移信息是 XPS 用作结构分析和化学键研究的基础。

（4）可作定量分析。既可测定元素的相对浓度，又可测定相同元素的不同氧化态的相对浓度。

（5）是一种高灵敏超微量表面分析技术。样品分析的深度约 2 nm，信号来自表面几个原子层，样品量可少至 $8\sim10$ g，绝对灵敏度可达 $10\sim18$ g。

XPS 在检测复合气凝胶的表面化学中起着关键作用，并对 $Ti_3C_2T_x$ 和芳纶纳米纤维（ANF）表面丰富的活性基团进行了表征。如图 2.9 所示，XPS 宽扫描光谱显示在 aTA-3（$Ti_3C_2T_x$/ANFs）复合气凝胶中有一个额外的 N 1s 峰，并且与其他样品相比，O 1s 和 C 1s 的峰强度增加[17]。高分辨率的 O 1s 谱如图 2.19（b）所示，O—Al、C—Ti—O_x 和 O—Ti 特征峰分别出现在 532.48 eV、530.18 eV 和 528.88 eV 处。对于高分辨率的 C 1s 谱 [图 2.9（c）]，在 281.08 eV 和 284.28 eV 处分别检测到 C—Ti 和 C—O 峰，再次证明了复合气凝胶制备成功。更重要的是，随着 MXene 的加入，C=O 峰从 286.6 eV 转移到较高的 288.08 eV，而 O 1s 谱中的 C—Ti—OH 峰转移到较低的结合能。C=O 与 MXene 表面活性基团相互竞争，形成分子间氢键，导致电子云密度降低，从而使 MXene 表面活性基团与 MXene 表面活性基团形成分子间氢键，C=O 的结合能增加。

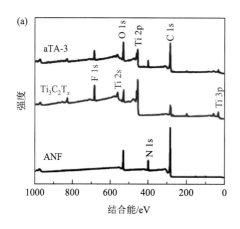

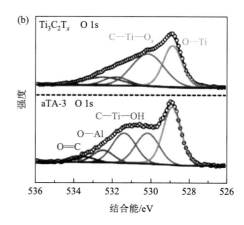

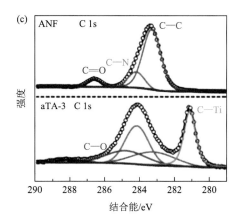

图 2.9　(a) 芳纶纳米纤维 (ANF)、MXene (Ti₃C₂Tₓ)、Ti₃C₂Tₓ/ANF 复合气凝胶 (aTA-3) 的 XPS 谱图；(b) Ti₃C₂Tₓ 和 aTA-3 中 O 1s 的 XPS 谱图；(c) ANF 和 aTA-3 中 C 1s 的 XPS 谱图

XPS 是一种用途非常广泛的表面分析技术，主要原因为其适应性良好、灵敏度高、信息量大，可以进行定量分析、定性分析、微区分析、选区分析、元素组成的分布分析、分子结构分析和化学状态分析，在材料科学、基础化学、腐蚀科学、催化科学及薄膜研究等诸多领域得到广泛应用。

2.3　比表面积及孔径分析　<<<

高分子气凝胶复合材料种类多，原料来源广，结构性能好。高分子气凝胶复合材料的研究主要包括酚醛气凝胶、纤维素气凝胶、聚酰亚胺气凝胶等。高比表面积、高孔隙率及层次多尺度的微纳米孔结构是高分子气凝胶复合材料的典型特点。气凝胶的比表面积及孔径对材料的性能至关重要，如隔热性能、吸附性能、电化学性能等。因此，采取合理的表征手段对高分子气凝胶复合材料的孔隙结构进行定性和定量分析显得尤为重要。

气凝胶具有各种各样的孔径、孔径分布和孔容积。孔的吸附行为因孔径而异。IUPAC 定义的孔大小分为：微孔 < 2 nm、中孔 2~50 nm、大孔 50~7500 nm（大气压条件下水银可进入）。随后，也有人认为，微孔可以再细分为超微孔（< 0.7 nm）和亚微孔（0.7~2 nm）。此外，将微粉末填充到孔中，粒子间的孔隙也构成孔。虽然在粒径小、密度大时形成小孔，但一般都是形成大孔。分子能从外部进入的孔称为开孔（open pore），分子不能从外部进入的孔称为闭孔（closed pore）。单位质量的孔容积称为物质的孔容积或孔隙率。比表面积是指单位质量物料所具有的总面积，分为外表面积、内表面积两类，国际单位为 m²/g。理想的非孔性物质只

有外表面积，如硅酸盐水泥，一些黏土矿物粉等；有孔和多孔物料具有外表面积和内表面积，如石棉纤维、岩（矿）棉、硅藻土、泡沫、气凝胶等。比表面积是评价多孔材料工业利用潜力的重要指标之一。比表面积的大小对多孔材料的热稳定性、吸附能力、力学强度等特性均有明显的影响。

针对不同大小的孔结构通常采用不同的测试方法，有气体吸附法、压汞法、气体渗透法、泡点法、小角X射线衍射法和电子显微镜观察法等[18-23]。由于各种孔结构测试原理不同，适用范围也不同。微孔和中孔的测试一般采用低温氮气吸附法。在液氮温度77.4 K下，以氮气作为吸附气体，测定多孔材料的吸附等温线，并解析得到比表面积、孔容积、孔径分布。这种方法可以比较全面地反映所测试多孔材料的比表面积和孔径分布等特征。大孔的测试一般采用压汞法。在不同压力下汞被压入多孔材料不同孔径的孔隙中。根据压力和体积的变化量，换算出孔容积、孔径分布等数据。泡点法也用于测量大孔，但主要测试分离膜材料的孔径大小。

2.3.1 气体吸附法

当气体与高分子气凝胶接触时，一部分气体会被气凝胶捕获，若气体体积恒定，则压力下降；若压力恒定，则气体体积减小。从气相中消失的气体分子或进入固体内部，或附着于固体表面。前者被称为吸收（absorption），后者被称为吸附（adsorption）。多孔固体因毛细管凝结（capillary condensation）而引起的吸着作用也称为吸附作用。固体表面上的气体浓度由于吸附而增加时，为吸附过程；反之，当气体在固体表面上的浓度减少时，则为脱附过程。吸附速率与脱附速率相等时，表面上吸附的气体量维持不变，这种状态即为吸附平衡。

气体吸附法是最常用的测量材料比表面积和孔结构的方法。原理为依据气体在固体表面的吸附特性，在一定压力下，被测样品颗粒（吸附剂）表面在超低温下对气体分子（吸附质）具有可逆物理吸附作用，并对应一定压力存在确定的平衡吸附量。利用理论模型求出被测样品的比表面积和孔径分布等与物理吸附有关的物理量。一般常用的是低温氮气吸附法，在液氮温度下，气体在固体表面的吸附量取决于氮气的相对压力（P/P_0，其中P为氮气分压，P_0为液氮温度下氮气的饱和蒸气压）。当P/P_0在0.05~0.35范围内时，吸附量与相对压力P/P_0符合BET方程，这是氮气吸附法测定比表面积的依据；当$P/P_0 \geqslant 0.4$时，由于产生毛细凝聚现象，氮气开始在微孔中凝聚，可以通过实验和理论分析测定孔容积-孔径分布[21, 24, 25]。

一般可以通过孔径分析仪测定和处理得到气凝胶的比表面积和孔径分布曲线，然后通过计算机处理，从曲线上得到比表面积、孔容积、平均孔径和孔径分布等[26-28]。该方法的测试精度高、重现性好，重复性误差小于±1%。测试范围：比表面积0.0001 m²/g以上，微孔：0.35~2 nm、介孔：2~50 nm、大孔：50~500 nm，样品类型：粉末、颗粒、纤维及片状材料等可装入样品管的材料。仪器的工作原理为等温物理吸附静态容量法。比表面积及孔径的测试方法主要分为连续流动法和静态法。

对于高分子气凝胶复合材料，由于含有大量微孔，具有很高的吸附特性，在制备过程或者常温常压下很容易吸附杂质分子，为了有效脱去这些吸附气体，通常要在较高温度和真空条件下进行脱气处理。有时还必须在预处理过程中加入惰性保护气体来进行杂质的脱附。样品处理的一般过程如下。

根据材料的比表面积预期值取不同样品量，装入已称量的样品管中。样品质量应使得样品管内的总表面积保持在 $20\sim50\ \mathrm{m^2}$ 之间。因此，预期样品比表面积越大，所需的样品量越少。将样品管放入加热包，再安装到脱气站上开始脱气，并设置预处理温度 $300℃$，还要根据不同气凝胶的分解温度进行相应调节。脱气开始后，计算机将自动控制样品管内压力，逐渐降低并加热。一般最少脱气 2 h，如果气凝胶吸湿性较强，则应该至少脱气 4 h。

2.3.2　压汞法

相比于气体吸附法，压汞法一般应用于孔径相对较大的多孔物体的孔径分析，为 $4\sim7500\ \mathrm{nm}$，广泛应用于多孔材料孔径分布和比表面积测试。汞是液态金属，具有液体的表面张力，在压汞过程中，一定压力下，汞只能渗入相应既定大小的孔中，压入汞的量就代表内部孔的体积，逐渐增加压力，同时计算汞的压入量，可测出多孔材料孔隙容积的分布状态。根据 Wasburn 公式计算出孔隙率及比表面积数据。

下面是一般情况下的测试步骤：

（1）制取样品：样品可以为圆柱形、球形、粉末、片、粒等形状。因为标准样品管的样品室体积较小，一般只有几毫升，所以样品的体积需要更小。

（2）放入样品：实验时将试样置于膨胀计中，并放入充汞装置内，在真空条件下向膨胀计充汞，使试样外部被汞包围。

（3）汞加压：使汞逐渐充满到小孔中，直至达到饱和，从而获得压入量与压力关系曲线，压入的汞体积是以与试样部分相连接的膨胀计毛细管中汞柱的高度变化来表示的。最后通过不同方法测出表压。

（4）处理数据：修正实测的表压，求解其孔径分布。在处理数据时，需要将实测的表压进行修正。因为无论什么样的膨胀计，由于充汞和汞进入试样孔隙的过程中，膨胀计毛细管中的汞柱高都在发生变化，因此由汞的自重而带来的压力修正也随之变化，这个修正就是所谓汞头压力修正。另外，由于装置和汞在高压下体积要发生一定的变化，因此要对膨胀计的体积读数进行修正，该修正可由膨胀计的空白实验得到。

采用压汞法测定多孔材料的孔径分布，重复性较好，但是在测试过程中仍然有误差存在，主要原因有以下几点：

（1）在压汞法中，假设孔的横截面为圆形截面，与真实截面间的差别是产生误差的主要来源。

（2）液体和固体之间正确的浸润角数据的测定是比较困难的，而且在具体的测试条件下，由于材料的吸湿浸润角也可能偏高，因此该偏差对测定结果会带来影响。

（3）汞的表面张力系数变化也会对孔径的测定带来影响。纯度、清洁度和温度等都会使表面张力系数改变，因此在严格情况下要对膨胀计进行恒温处理。

（4）在常规测定过程中，结果表征的孔径往往是孔隙开口处的大小，因此测得的孔径分布量将比真实的分布向小的方向移动。一般可以通过滞后曲线来判断。

（5）压汞法假定在高压下固体的结构不变，实际上会有所影响。

（6）在对汞施压的过程中，膨胀计中的比电阻也会发生变化，一般需要通过空白实验进行修正。

（7）预处理的好坏也在一定程度上影响实验结果的准确性。

2.3.3　泡点法

随着高分子气凝胶复合材料的不断研究，已经被广泛用于各种领域，而作为一种多孔材料，孔径分布是一个非常重要的参数。泡点法，也称为毛细管法，由于其方便性，被广泛应用于孔径测试中。泡点法是利用流体在孔道内流动的物理规律来测定孔径及其分布，较真实地反映了流体通过孔道的实际情况，能够较准确地反映多孔材料的等效孔径和分布，因此曾被 ASTM（美国材料与试验学会）作为测试孔特性的标准方法。

后来有人对泡点法进行改进，提出一种方便的改进的泡点法来测量孔径。此种方法的工作原理与传统的泡点法相似，但操作相反。在传统的泡点法操作过程中，先用液体填充样品的孔道，然后用气体吹扫。根据泡点法中应用的类似数学模型，可以根据干、半干和湿曲线的数据容易地计算孔径分布。因此，泡点压力定义为样品中最后一个气泡消失时的气体压力，该压力对应于最大的孔口尺寸。平均孔口大小是指中流量孔口大小。新改进的泡点法操作过程与传统泡点法大致相反，但原理和计算方法上基本相同，没有引入新的数学模型[29]。

气凝胶过去 25 年的结构表征已经不止一次证明，当应用于新型材料时，已经建立的表征方法必须受到质疑。特别是，压汞法和氮气吸附法已被确定为仅有限地适用于气凝胶的分析。因此，在低密度气凝胶分析过程中样品的显著压缩是最严重的影响。此外，当孔隙率测定法应用于气凝胶时，平衡是另一个必须仔细解决的问题。最强有力的非破坏性定量方法当然是散射技术，它可以用于凝胶和气凝胶状态的研究。然而，中子散射仪和 X 射线衍射仪等实验室仪器仍然昂贵，需要专家为新材料系统进行深入的数据分析。

2.4 力学性能分析　◀◀◀

气凝胶独特的网络结构和高孔隙率，导致力学性能较低，一般传统的无机气凝胶脆性较大，易碎，难以直接使用。与传统的无机气凝胶相比，高分子气凝胶的性能主要取决于聚合物种类，因此聚合物基有机气凝胶具有灵活的设计性和性能可调性，而且在力学性能方面克服了脆性大、易碎的缺点。不同种类的高分子气凝胶力学性能不尽相同，但一般是从使用的角度出发，测试气凝胶的各项力学性能。传统的力学性能主要包括弹性、塑性、黏性、疲劳、蠕变等。针对高分子气凝胶复合材料，主要考虑的是材料的强度，一般通过拉伸、弯曲、压缩、扭转、剪切等实验来测试材料的强度。除此之外还会测试材料的疲劳强度等。

2.4.1 拉伸和压缩性能

1. 拉伸应力-应变曲线

材料的应力-应变曲线可以反映其拉伸到断裂时所能承受的外力及伸长率。在气凝胶领域，新型气凝胶纤维材料的拉伸性能是最关键的一个物理性能。图 2.10 为 PI/Ti$_3$C$_2$T$_x$ 气凝胶纤维复合材料的应力-应变曲线[30]。从图 2.10 可以看出，当 Ti$_3$C$_2$T$_x$

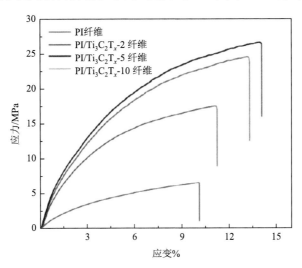

图 2.10　不同 MXene 含量的 PI 气凝胶纤维的拉伸应力-应变曲线[30]

PI/Ti$_3$C$_2$T$_x$-2 指 Ti$_3$C$_2$T$_x$ 质量分数为 2%；PI/Ti$_3$C$_2$T$_x$-5 指 Ti$_3$C$_2$T$_x$ 质量分数为 5%；PI/Ti$_3$C$_2$T$_x$-10 指 Ti$_3$C$_2$T$_x$ 质量分数为 10%

含量从 2%增加至 5%时，PI/Ti$_3$C$_2$T$_x$ 纤维的拉伸强度从 17.5 MPa 增加至 26 MPa。然而，当 Ti$_3$C$_2$T$_x$ 的质量分数上升到 10%时，拉伸强度和伸长率分别急剧下降到 6.0 MPa 和 10%，这一现象是由 Ti$_3$C$_2$T$_x$ 薄片在 PI 基体中的填充量过大而引起的，可能会抑制 PI 链之间的必要连接。

2. 压缩应力-应变曲线

弹性气凝胶的压缩应力-应变曲线呈现出以下三段式形变（图 2.11）：

（1）线性弹性区（$\varepsilon < 10\%$）：随着压缩应变的逐渐增加，应力表现出线性增加趋势。线性区主要是由细胞壁弯曲引起的。

（2）平台区（$10\% < \varepsilon < 60\%$）：气凝胶内部胞腔大孔发生屈曲或塑性变形，压缩应力随着应变的增大而缓慢增加。

（3）致密化阶段（$> 60\%$）：胞腔形变结束，腔壁密切接触并随着压缩应变的增大而发生挤压形变，导致应力急剧上升。

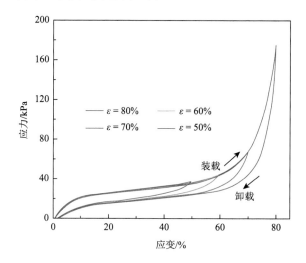

图 2.11　典型弹性气凝胶在不同压缩应变下的压缩应力-应变曲线[31]

由于气凝胶在加载过程中会产生不可逆的塑性形变，卸载时这部分变形不会恢复，因而应变的变化落后于应力，表现为明显的应力-应变滞后环。滞后环面积为材料单位体积损耗的应变能，该部分能量以热能的形式耗散。

而评价弹性气凝胶耐疲劳性能的三个指标是最大应力保持率、压缩模量保持率和能量损耗因子。最大应力保持率越高，压缩模量保持率越高，材料耐疲劳性能越好。能量损耗因子代表材料在压缩回弹过程中的能量耗散，能量损耗因子越小，材料弹性越好。如图 2.12 所示，弹性气凝胶在经历了 1000 次压缩循环后，会产生一定程度的塑性形变，最大应力也会有一定损失。最大应力保留了原始最大应力的 65%左右,同时能量损耗因子在 1000 次循环中几乎保持不变,可以说明强大的耐疲劳性能[32]。

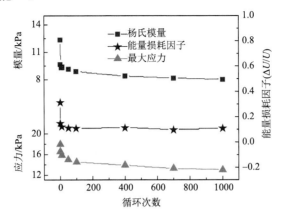

图 2.12　弹性气凝胶的压缩循环曲线、最大应力保持率及能量损耗因子[32]

ΔU 表示材料在振动或应力作用下吸收和耗散的能量;U 表示材料的内部能量或总能量

以上总结了一系列力学特性测试,用于评估气凝胶的力学性能。高分子气凝胶复合材料目前分为弹性气凝胶及非弹性气凝胶,不同类型的测试内容不尽相同。弹性气凝胶需要测试压缩回弹曲线以此来确定气凝胶的模量、最大应力、塑性形变等重要参数,而非弹性气凝胶则需要测试压缩实验来确定模量、最大应力及最大强度等。近年来,越来越多新型气凝胶——聚合物交联气凝胶的诞生显示出与承重工程聚合物相当的刚度和强度,同时保持高孔隙率、大比表面积和低密度。对此可以用三点弯曲和压缩实验表征聚合物交联气凝胶在低应变速率下的力学行为。确定不同应变速率下的应力-应变关系,以确定密度、应变率、加载-卸载、吸湿和温度的影响。

2.4.2　动态热机械性能

动态热机械分析,即动态力学分析(DMA),是研究高分子气凝胶复合材料结构和性能的重要表征手段。从 DMA 测试可以得到高分子气凝胶复合材料的储能模量(E')、损耗模量(E'')和损耗因子($\tan\delta$)等相关数据。高分子气凝胶复合材料的 DMA 测试通常采用弯曲模式或压缩模式。一般采用弯曲模式来测试刚性或半刚性的高分子气凝胶复合材料,采用压缩模式来评价大多数高分子气凝胶复合材料。一般,损耗因子反映高分子气凝胶复合材料在动态载荷下损耗模量与储能模量变化快慢的程度。当高分子气凝胶复合材料处于玻璃态时,由于气凝胶的黏度较低,其高分子链段不能移动;随着温度升高,高分子气凝胶复合材料由玻璃态转变为橡胶态,伴随着其链段从“冻结”到“自由”的转变。但是高分子气凝胶复合材料的黏度仍然较高,内部的摩擦较大,导致分子链段的运动往往跟不上外部应力或应变的变化，使应力与应变之间的相位差很大，因此表现出较大的力学损耗，导致 tanδ 在转变区达到最大值。

Hou 等[33]在升温速率为 3℃/min 条件下，采用不同角频率（1～100 rad/s）对经过 300℃处理后的 TEEK 型聚酰亚胺气凝胶的损耗因子 tanδ 与温度 T 的关系进行测试分析，结果如图 2.13 所示。由图 2.13 可知，聚酰亚胺气凝胶在不同频率下的 tanδ 对温度的响应具有明显不同，其频率越高，则 tanδ 峰值所对应的温度越高。沈燕侠等[34]研究了几种热塑性聚酰亚胺气凝胶的动态热力学性能，相关的 tanδ-T 曲线如图 2.14 所示。BTDA/3, 4′-ODA 与 ODPA/3, 4′-ODA 体系相比，二酐的改变使得 T 升高 12℃，BTDA/4, 4′-ODA 与 ODPA/4, 4′-ODA 体系相比，二酐的改变使得 T 升高 20℃；ODPA/4, 4′-ODA 与 ODPA/3, 4′-ODA 体系相比，二胺的改变使得聚酰亚胺气凝胶的 T 提高 35℃，BTDA/4, 4′-ODA 与 3, 4′-ODA 体系相比，二胺的改变使得聚酰亚胺气凝胶的 T 提高了 43℃。由此看出二胺结构对聚酰亚胺气凝胶 T 的影响比二酐结构的影响大。

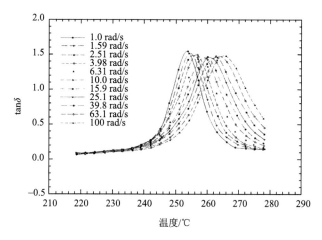

图 2.13   不同频率下 TEEK 型聚酰亚胺气凝胶的 tanδ-T 曲线[33]

图 2.15 为热塑性聚氨酯 TPU（850）、TPU（1000）和 TPU（2000）的储能模量和损耗因子[35]。如图 2.15 所示，随着温度的升高，储能模量逐渐减小。这是因为聚氨酯分子链之间的物理交联是使聚氨酯具有类似橡胶弹性的关键因素。聚氨酯分子链之间的物理交联点是由硬段之间的氢键形成的。氢键的键能介于共价键和范德瓦耳斯力之间，其键能小，具有方向性和饱和性。因此，在外力和温度作用下，它容易发生可逆解离。随着温度的升高，氢键解离，分子链迁移率增加，刚性降低，储能模量降低。在−80℃时，TPU（850）、TPU（1000）和 TPU（2000）的储能模量分别为 1008.7 MPa、821.2 MPa 和 341.3 MPa。由于聚四亚甲基醚乙二醇（PTMEG）单体

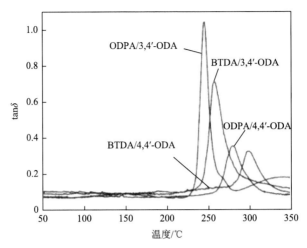

图 2.14　不同类型聚酰亚胺气凝胶的 tanδ-T 曲线[34]

BTDA：3, 3′, 4, 4′-二苯酮四酸二酐；3, 4′-ODA：3, 4′-二氨基二苯醚；ODPA：4, 4′-氧双邻苯二甲酸酐；4, 4′-ODA：4, 4′-二氨基二苯醚

分子量的增加，软聚氨酯段的增长降低了刚性，从而降低了 TPU 的储能模量。图 2.15（b）描述了 TPU 的损耗因子 tanδ，其峰值对应于玻璃化转变温度（T_g）。TPU（850）、TPU（1000）和 TPU（2000）的损耗因子分别为 0.334、0.201 和 0.222，对应的 T_g 分别为 –57.68℃、–55.27℃和 –61.50℃。随着 PTMEG 单体分子量的增加，聚氨酯链的软段逐渐变长,但柔性较高的软段不易进入硬段相作为基体相,增加了 TPU 的微相分离程度，有助于降低 T_g。因此，TPU（2000）的 T_g 低于 TPU（850）和 TPU（1000）。如图 2.15（b）所示，阻尼峰宽度：TPU（2000）＞TPU（1000）＞TPU（850）。当软段含量增加时，分子间的氢键作用减弱，相容性变差。

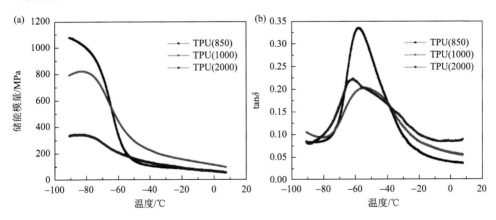

图 2.15　TPU（850）、TPU（1000）、TPU（2000）的 DMA 结果

（a）储能模量；（b）损耗因子，TPU（850）中 850 表示合成此 TPU 材料的 PTMEG 单体的数均分子量，以此类推

2.5   热学性能分析   <<<

2.5.1   热稳定性

热重分析（thermogravimetric analysis，TGA）是指在程序控制温度下测量样品的质量与温度变化关系的一种热分析技术，可用来研究材料的热稳定性和组分。热重分析的主要特点是：定量强，能准确测量物质的变化和变化的速率。热重分析通常可分为两类：非等温（动态）热重法和等温（静态）热重法。这两种方法的精度相近，但非等温热重法是从几乎不进行反应的温度开始升温，样品在各种温度下的质量被连续记录下来；等温热重法则在试样达到等温条件之前的升温过程中往往已经发生了不可忽视的反应，它必将影响测量结果。而且等温热重法要做不同温度下等温质量的变化曲线，每次都要花费较长时间，相对来讲，非等温热重法则要迅速得多。

2.5.2   隔热性能

热导率是评价高分子气凝胶复合材料隔热性能的一项重要指标。通常，气凝胶的热传导主要为固体热传导和气体热传导。并且气凝胶的固体热传导主要通过其网络结构中的固体骨架进行。因此可以通过降低气凝胶的固含量或减小其密度降低固体热传导。东华大学的尹思迪等[36]以醋酸纤维素（CA）为原料，通过静电纺丝制备 CA 纳米纤维，并将 CA 纳米纤维在去离子水中形成均匀的分散体，然后在分散体中引入 N-羟甲基丙烯酰胺（HAM），通过冷冻、热处理等过程制备了 CA 纳米纤维/HAM 复合气凝胶（CNFA），并探究了 HAM 添加量对 CNFA 隔热性能的影响。由表 2.1 可知，随着 HAM 含量逐渐增加，CNFA 的热导率也逐渐增加。当 HAM 的质量分数从 0.11%增至 0.55%时，CNFA 的热导率从 27.67 mW/(m·K)增加到 32.31 mW/(m·K)，这是因为 CNFA 样品的固含量和密度增加提高了其固体热传导，进而使得气凝胶整体的热导率得到上升。

表 2.1   CNFA 试样的热导率[36]

试样	热导率/[mW/(m·K)]	试样	热导率/[mW/(m·K)]
CNFA-0.05	27.67	CNFA-0.20	30.33
CNFA-0.10	28.51	CNFA-0.25	32.31
CNFA-0.15	29.51		

注：试样名称后面的数值对应 HAM 添加的质量，其中添加 0.05g 的 HAM 对应于正文中的 0.11%，添加 0.25g 的 HAM 对应于正文中的 0.55%

　　莫来石纤维增强聚苯并噁嗪（PBO）气凝胶复合材料和 PBO 气凝胶在 5 Pa 和 10^5 Pa 以及不同温度（22℃、50℃、75℃和100℃）下的热导率如图 2.16 所示[37]。在不同的压力和温度下，两种样品的热导率呈现相同的变化趋势。在相同的环境条件下，复合材料的热导率略高于 PBO 气凝胶。这可能与 PBO 气凝胶与复合材料的密度和结构不同有关。一般，气凝胶材料的热导率主要由固体传热、气体传热和辐射传热提供。当压力为 5 Pa 时，气体分子较少（接近真空状态），因此传热主要由固体传热和辐射传热两部分组成，辐射传热受温度影响较大。随着温度的升高，复合材料和 PBO 气凝胶的热导率都呈增加的趋势。复合材料的热导率在 10^5 Pa［69 mW/(m·K)，22℃］、100℃时仅为 77 mW/(m·K)，具有较好的保温性能。基于先前研究，发现通过调节密度可以获得较低的热导率，但随着密度的降低，机械强度迅速下降。

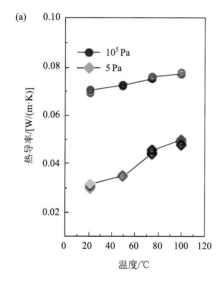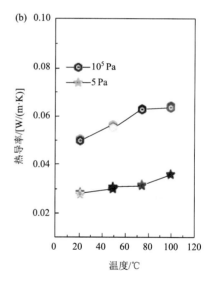

图 2.16　复合材料（a）和 PBO 气凝胶（b）在 22℃、50℃、75℃和100℃及在 5 Pa 和 10^5 Pa 条件下的热导率

　　除用热导仪或激光热导法测试气凝胶的隔热性能外，还可以通过红外热成像直观地表征材料的隔热性能。红外热成像技术基于热辐射原理，即任何物体只要温度高于绝对零度就会发出红外辐射。红外热像仪通过光学成像物镜接收被测目标的红外辐射，这些辐射能量分布图形会被反映到红外探测器的光敏元件上。红外探测器将这些辐射能量转换成电信号，然后经过处理，最终生成与物体表面热分布场相对应的红外热像图。因此，将不同材料置于热台上，通过红外热成像检测材料表面温度，即可对比不同材料隔热性能的差异。

　　综上，高分子气凝胶复合材料的隔热性能往往采用热常数分析仪和红外热成像等仪器进行评价与表征。采用热常数分析仪能够测试出其在不同条件（温度、湿度等）下的热导率，而采用红外热成像可以更加直观地反映出气凝胶材料的隔热效果。

2.6   其他性能分析   <<<

2.6.1   吸声性能

随着现代社会和工业技术的快速发展，噪声污染严重影响了人类的正常生活，甚至成为公共健康的重大威胁。因此，降噪是当下研究和防治的重中之重，而采用吸声材料是目前解决噪声污染问题的主要方法之一，其主要通过将所吸收的声波能量转化为其他能量消耗。气凝胶作为典型的多孔材料，凭借其多孔性、低密度性和良好的声阻抗（100 m/s 的低声速），在吸收和隔离声波等领域有着巨大的优势和潜力。测量气凝胶及其复合材料吸声系数的一般方法是混响室法和阻抗管法。混响室法是测量声音从不同方向射入材料时的声波能量损失，而阻抗管法是测量声波正入射到材料表面的吸声系数。工业上由于声波入射到建筑表面的无规则性，常用的是混响室法。在科学研究中，为了提高测量的吸声系数的准确性，一般采用阻抗管法，声波以正入射的方式进入不同的材料，减少了因声波方向不同而产生的测量误差。阻抗管法又分为驻波管法和传递函数法，目前最常用的方法是传递函数法。

如今，市场上出现了诸如聚苯乙烯泡沫塑料等高聚物、水泥膨胀珍珠岩板等多孔结构、硬质纤维板等穿孔板共振吸声结构。这些材料在特定的频率下表现出良好的吸声性能，研究人员也常将两种及两种以上的材料进行复合以提高其在较宽频率下的吸声性能。例如，张鹏等[38]通过冷冻干燥和后离子交联的方法制备了一种质轻、吸声效果优异的多孔海藻酸钠/蒙脱土（SA/MMT）复合气凝胶。制备的材料拥有气凝胶的轻质性能和片层多孔结构，并采用 Ca（Ⅱ）将其后处理形成交联结构，使海藻酸钠（SA）成功进入蒙脱土（MMT）的层间，进而通过掺杂蒙脱土提高了海藻酸钠气凝胶的吸声性能。SA/MMT 复合气凝胶的吸声系数与气凝胶厚度关系如图 2.17 所示，随着 SA/MMT 复合气凝胶厚度从 10 mm 增加到 40 mm，它的中低频吸声效果提升显著，所有样品均能在 3000 Hz 前达到峰值，且随着厚度的增加，高吸收峰向低频迁移。这种现象可以用表面阻抗的变化来解释，气凝胶厚度的增加导致弯曲孔道长度的增加，可以让更多的声波穿透并被吸收，从而减少反射和更多的能量损失。生物质气凝胶主要的吸声方式是由样品的振动产生的，而不是由空气与样品表面摩擦产生的多孔型吸声。不同比例 SA/MMT 复合气凝胶的吸声系数与频率关系如图 2.18 所示，所有试样在中高频处的吸声性能都表现较好，在 500～1500 Hz 频率范围内吸声性能急剧增加，在较高频率 1500～2500 Hz 处吸声系数出现下降，这可能是由于样品的反射声波与入射声波共振，严重限制了样品的吸声能力。与纯 SA 气凝胶相比，引入 MMT 后气凝胶在较低频率范围内吸声效果提高，且峰值高度增加，在 SA∶MMT 组分比例为 3∶7 时，样品的吸声系数值更稳定。在相同的厚度情况下，SA/MMT 复合气凝胶较纯 SA 气凝胶有所提升，说明 SA/MMT 复合气凝胶具有竞争力。综上，随着气凝胶厚度增加，SA/MMT 复合气凝胶吸声效果提升显著，在相同厚度时，引入 MMT 有效改善了 SA 气凝胶的吸声效果。

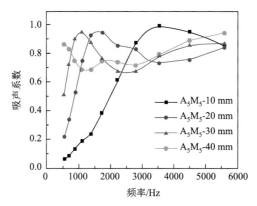

图 2.17　不同厚度的 SA/MMT 复合气凝胶的吸声系数[38]

A_5M_5 指海藻酸钠和蒙脱土组分比例为 5∶5

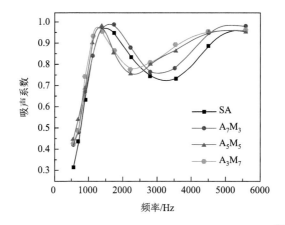

图 2.18　不同比例的 SA/MMT 复合气凝胶的吸声系数[38]

SA 指海藻酸钠，A_7M_3 指海藻酸钠和蒙脱土组分比例为 7∶3，A_5M_5 指海藻酸钠和蒙脱土组分比例为 5∶5，A_3M_7 指海藻酸钠和蒙脱土组分比例为 3∶7

南静静等[39]为了提高气凝胶力学及吸声性能，拓宽应用范围，将 3D 间隔织物（WKSF）填充到 SA 气凝胶中，制备了 WKSF 增强 SA 气凝胶（WESA）复合材料。研究了不同面组织的 WKSF 和不同质量分数的 SA 对 WESA 复合材料声学、力学和隔热性能的影响。结果表明：当 SA 质量分数为 3% 时，WKSF 面组织结构为菱形网孔的 WESA 复合材料具有更好的中低频吸声性能；WKSF 的加入可显著提升 WESA 复合材料的力学性能。同时，加入 WKSF 后，复合材料仍具有良好的隔热性能。图 2.19 为 WESA 复合材料的吸声机理示意图。可以看出，声波一旦进入 WESA 复合材料，气凝胶内部结构就形成复杂的声波传输路径，此外，气凝胶巨大的内表面积对声波产生衰减，从而消耗一定的声能。更为重要的是，由于 WESA 复合材料中具有间隔丝构成的类微穿孔板共振结构，声波的振动会引起间隔丝和空腔内部空气的运动，在摩擦力和黏滞力的作用下，声能高效转化为热能并耗散，最终引起声波的大量衰减。所以，多孔吸声和共振吸声的共同作用使得 WESA 复合材料具有优异的中低频吸声性能。

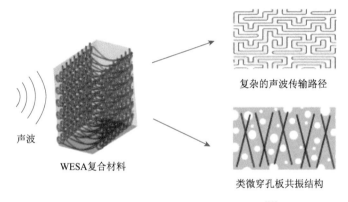

声波

WESA复合材料

复杂的声波传输路径

类微穿孔板共振结构

图 2.19   WESA 复合材料的吸声机理[39]

2.6.2   光学性能

气凝胶含有开放空间网络结构的轻质纳米多孔性无定形固体材料，孔隙率高达 99.8%，特殊的纳米多孔结构使其具有比空气还低的热导率、高透明度和良好的隔音性能，在建筑节能方面有广泛的应用前景。例如，新型气凝胶玻璃良好的透光隔热性能使其能够作为高性能建筑玻璃，进而有效降低建筑能耗。吕亚军等[40]探究了气凝胶玻璃粒径与其可见光透过率的关系，结果表明（表 2.2），对于 7.5 mm、10 mm 厚气凝胶玻璃，通过降低气凝胶的粒径能够有效降低太阳辐射（300～2500 nm）和可见光（390～780 nm）的透过率。以 7.5 mm 厚玻璃太阳辐射透过率为例，当平均粒径由 2.70 mm 降为 0.93 mm 时，气凝胶玻璃的太阳辐射透过率下降并不明显，但是由 0.93 mm 降为 0.41 mm 时，太阳辐射透过率明显下降，这种现象在 10 mm 厚气凝胶玻璃也可以看到。当气凝胶玻璃平均粒径由 0.93 mm 降为 0.41 mm 时，减少的粒径对于阻挡辐射的作用更加明显。以 7.5 mm 厚玻璃太阳辐射透过率为例，平均粒径由 0.93 mm 降为 0.41 mm，太阳辐射透过率由 39.00% 降为 24.04%，但当平均粒径由 2.70 mm 降为 0.93 mm 时，太阳辐射透过率由 39.01% 降为 39.00%，几乎没有任何下降。因此，可以得出的结论为：当气凝胶玻璃的粒径增大时，气凝胶玻璃的太阳辐射透过率和可见光透过率都增大。在研究中，太阳辐射透过率和可见光透过率具有以下现象：当气凝胶粒径从 0.41 mm 增大到 0.93 mm 时，玻璃太阳辐射透过率和可见光透过率增大明显，而当气凝胶粒径继续增大时，太阳辐射透过率和可见光透过率增加并不显著。

表 2.2　气凝胶辐射透过率

平均粒径/mm	7.5 mm 厚度太阳辐射透过率/%	10 mm 厚度太阳辐射透过率/%	7.5 mm 厚度可见光透过率/%	10 mm 厚度可见光透过率/%
2.70	39.01	28.68	31.06	22.23
0.93	39.00	28.43	30.09	20.92
0.64	31.05	20.72	26.26	15.74
0.41	24.04	16.74	22.63	12.51

Yang 等[41]通过制备一系列气凝胶复合膜并对其光学性能进行研究以用于日间辐射冷却。具体而言，以 SiO$_2$ 气凝胶、复合高分子聚合物聚 4-甲基戊烯（TPX）为辐射体材料制备用以实现日间辐射制冷的超结构复合膜（SiO$_2$-TPX）。紫外-可见分光光度计是基于紫外-可见分光光度法的原理，利用物质分子对紫外-可见光波段的吸收来进行分析从而得到相应的吸收率或透过率。通过利用紫外-可见分光光度计对该复合膜的紫外-可见透过率进行了测试表征。图 2.20（a）给出了不同厚度的 SiO$_2$-TPX 复合膜照片，整体上，复合膜较为均匀，其透明度随着厚度的增加由透明变为半透明，当膜厚度为 50 μm 时，呈现出不透明状态。图 2.20（b）～（d）为不同复合膜在 300～800 nm 波段的透过率，与纯 TPX 膜相比，SiO$_2$-TPX 复合膜在可见和近红外波段的透过率明显降低。实验中涉及的三个变量，即膜厚度、多孔 SiO$_2$ 微球掺量及多孔 SiO$_2$ 微球粒径，均对膜的透过率有明显影响。从整体来看，SiO$_2$-TPX 复合膜的紫外-可见透过率随着膜厚度的增加、多孔 SiO$_2$ 微球掺量及多孔 SiO$_2$ 微球粒径的减小而减小。膜厚度最大（50 μm），多孔 SiO$_2$ 微球掺量最高（10%）和多孔 SiO$_2$ 微球粒径最小（5 μm）的 SiO$_2$-TPX 复合膜的透过率最低。

基于以上，对于气凝胶复合材料光学性能的主要表征仪器为紫外-可见分光光度计，通过分析紫外-可见光（透过）光谱即可获得材料光学性能的主要信息。而气凝胶复合材料吸声性能的主要表征方法为阻抗管法，能够得到材料从低频到高频的全频段吸声曲线，以便分析其吸声性能。

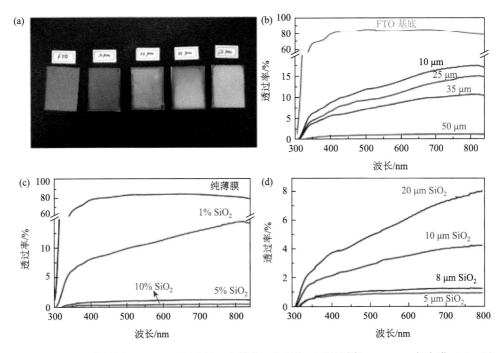

图 2.20 （a）不同厚度 SiO_2-TPX 复合膜（含基底）的照片；不同厚度 SiO_2-TPX 复合膜（b）、不同多孔 SiO_2 微球掺量复合膜（c）及不同多孔 SiO_2 微球粒径复合膜（d）的紫外-可见透过率[41]

参 考 文 献

[1]   Zhao L J，Zhao J H，Sun X J，Li Q，Wu J R，Zhang A P. Enhanced thermoelectric properties of hybridized conducting aerogels based on carbon nanotubes and pyrolyzed resorcinol-formaldehyde resin[J]. Synthetic Metals，2015，205：64-69.

[2]   Smith W J. 现代光学工程（原著第四版）[M]. 北京：化学工业出版社，2011.

[3]   Liu J，Zhang H B，Xie X，Yang R，Liu Z S，Liu Y F，Yu Z Z. Multifunctional，superelastic，and lightweight MXene/polyimide aerogels[J]. Small，2018，14（45）：1802479.

[4]   衣晓彤. 芳纶纳米纤维/细菌纤维素复合气凝胶的制备及性能研究[D]. 哈尔滨：哈尔滨工业大学，2019.

[5]   凌妍，钟娇丽，唐晓山，李栋宇. 扫描电子显微镜的工作原理及应用[J]. 山东化工，2018，47：78-79，83.

[6]   迟婷婷. 扫描电子显微镜对样品的要求及其制备[J]. 中国计量，2015（8）：83.

[7]   李剑平. 扫描电子显微镜对样品的要求及样品的制备[J]. 分析测试技术与仪器，2007（1）：74-77.

[8]   徐娜，沈澄英，陆晓燕. CPI/PI 气凝胶复合材料的制备及光催化性能[J]. 南京工业大学学报（自然科学版），2021，43（4）：461-466.

[9]   Zhao X Y，Yang F，Wang Z C，Ma P M，Dong W F，Hou H Q，Fan W，Liu T X. Mechanically strong and thermally insulating polyimide aerogels by homogeneity reinforcement of electrospun nanofibers[J]. Composites Part B：Engineering，2020，182：107624.

[10] 徐国芬，董杰，赵昕，张清华. 聚酰亚胺/ZIF-8 复合气凝胶的制备及二氧化碳吸附性能[J]. 高分子材料科学

与工程，2020，36（12）：90-96，102.

[11] Chen H B，Li X L，Chen M J，He Y R，Zhao H B. Self-cross-linked melamine-formaldehyde-pectin aerogel with excellent water resistance and flame retardancy[J]. Carbohydrate Polymers，2019，206：609-615.

[12] 王秀，孙蒙崖，王学斌，王淑梅，卞辉洋，吴伟兵，戴红旗. 六方氮化硼/纳米纤维素气凝胶孔结构调控及其复合膜导热性能研究[J]. 中国造纸，2021，40：37-42.

[13] 褚小立，陆婉珍. 近五年我国近红外光谱分析技术研究与应用进展[J]. 光谱学与光谱分析，2014，34（10）：2595-2605.

[14] 许文龙，陈爽，张津红，刘会娥，朱佳梦，刁帅，于安然. 羧甲基纤维素-石墨烯复合气凝胶的制备及吸附研究[J]. 材料工程，2020，48（9）：77-85.

[15] 江雯钊. 纤维素/氧化石墨烯碳气凝胶的制备与性能[D]. 广州：华南理工大学，2020.

[16] Chen Z J，Shi H H，Zheng L，Zhang H，Cha Y Y，Ruan H X，Zhang Y，Zhang X C. A new cancellous bone material of silk fibroin/cellulose dual network composite aerogel reinforced by nano-hydroxyapatite filler[J]. International Journal of Biological Macromolecules，2021，182：286-297.

[17] Du Y Q，Xu J，Fang J Y，Zhang Y T，Liu X Y，Zuo P Y，Zhuang Q X. Ultralight，highly compressible，thermally stable MXene/aramid nanofiber anisotropic aerogels for electromagnetic interference shielding[J]. Journal of Materials Chemistry A，2022，10（12）：6690-6700.

[18] 陈金妹，谈萍，王建永. 气体吸附法表征多孔材料的比表面积及孔结构[J]. 粉末冶金工业，2011，21（2）：45-49.

[19] 陈悦，李东旭. 压汞法测定材料孔结构的误差分析[J]. 硅酸盐通报，2006（4）：198-201.

[20] 王红梅. 压汞法测定多孔材料孔结构的误差[J]. 广州化工，2009，37（1）：109-111.

[21] 林海飞，卜婷婷，严敏，白杨. 中低阶煤孔隙结构特征的氮吸附法和压汞法联合分析[J]. 西安科技大学学报，2019，39（1）：1-8.

[22] 丁祥金，张继周，宝志琴，丁传贤. 泡点法测定微孔孔径分布的改进算法[J]. 无机材料学报，2000（3）：493-498.

[23] 杨通在，罗顺忠，许云书. 氮吸附法表征多孔材料的孔结构[J]. 炭素，2006（1）：17-22.

[24] 杨庆贤. 等温吸附方程式的普遍形式[J]. 厦门大学学报（自然科学版），1993（S2）：273-275.

[25] 戴闽光，郑威，卞发春. 重量法测定氮吸附等温线的系统装置[J]. 福州大学学报，1983（2）：109-113.

[26] 巨文军，申丽红，郭丹丹. 氮气吸附法和压汞法测定 Al$_2$O$_3$ 载体孔结构[J]. 广东化工，2009，36（8）：213-214，228.

[27] 汤永净，汪鹏飞，邵振东. 压汞实验和误差分析[J]. 实验技术与管理，2015，32（5）：50-54.

[28] 房俊，卓李鹏，张立根，薛屏. 多孔材料表征方法的可靠性研究[J]. 宁夏大学学报（自然科学版），2012，33（2）：195-197.

[29] Yu J，Hu X J，Huang Y. A modification of the bubble-point method to determine the pore-mouth size distribution of porous materials[J]. Separation and Purification Technology，2010，70（3）：314-319.

[30] Wang D，Peng Y D，Dong J C，Pu L，Chang K Q，Yan X P，Qian H L，Li L，Huang Y P，Liu T X. Hierarchically porous polyimide aerogel fibers based on the confinement of Ti$_3$C$_2$T$_x$ flakes for thermal insulation and fire retardancy[J]. Composites Communications，2023，37：101429.

[31] Zhou S Y，Apostolopoulou-Kalkavoura V，Tavares Da Costa M V，Bergström L，Strømme M，Xu C. Elastic aerogels of cellulose nanofibers@metal-organic frameworks for thermal insulation and fire retardancy[J]. Nano-Micro Letters，2020，12（1）：9.

[32] Zhang X X，Cheng X T，Si Y，Yu J Y，Ding B. All-ceramic and elastic aerogels with nanofibrous-granular binary synergistic structure for thermal superinsulation[J]. ACS Nano，2022，16（4）：5487-5495.

[33] Hou T H，Weiser E S，Siochi E J，St. Clair T L. Processing characteristics of TEEK polyimide foam[J]. High Performance Polymers，2016，16（4）：487-504.

[34] 沈燕侠，潘丕昌，詹茂盛，王凯. 几种热塑性聚酰亚胺泡沫热力学性能[J]. 宇航材料工艺，2007，6：109-112.

[35] Fei Y P，Jiang R T，Fang W，Liu T，Saeb M R，Hejna A，Ehsani M，Barczewski M，Sajadi S M，Chen F，Kuang T R. Highly sensitive large strain cellulose/multiwalled carbon nanotubes（MWCNTs）/thermoplastic polyurethane（TPU）nanocomposite foams: from design to performance evaluation[J]. The Journal of Supercritical Fluids，2022，188：105653.

[36] 尹思迪，胡光凯，黄涛，俞昊. 醋酸纤维素纳米纤维复合气凝胶的制备及性能研究[J]. 合成纤维工业，2022，45（2）：26-30.

[37] Xiao Y Y，Li L J，Liu F Q，Zhang S Z，Feng J Z，Jiang Y G，Feng J. Compressible，flame-resistant and thermally insulating fiber-reinforced polybenzoxazine aerogel composites[J]. Materials，2020，13（12）：2809.

[38] 张鹏，杨自春，张震，李昆锋，杨飞跃，李肖华，邵慧龙，费志方，谢旭阳，甘智聪. 二氧化硅气凝胶及其复合材料吸声性能的研究进展[J]. 稀有金属材料与工程，2022，51（11）：4308-4322.

[39] 南静静，支超，何小祎，余灵婕. 3D织物/气凝胶多功能复合材料的制备与性能分析[J]. 西安工程大学学报，2022，36（5）：2-7.

[40] 吕亚军，吴会军，王珊，付平，周孝清. 气凝胶建筑玻璃透光隔热性能及影响因素[J]. 土木建筑与环境工程，2018，40（1）：135-140.

[41] Yang J N，Gao X D，Wu Y Q，Zhang T T，Zeng H R，Li X M. Nanoporous silica microspheres-ploymethylpentene（TPX）hybrid films toward effective daytime radiative cooling[J]. Solar Energy Materials and Solar Cells，2020，206：110301.

第3章

酚醛树脂气凝胶

酚醛树脂是由酚类和醛类单体在催化剂的催化作用下进行加成-缩聚反应而形成的树脂，是三大热固性树脂之一。酚醛树脂种类众多、产量高、应用广，具有一百多年的发展历史。酚醛树脂最先是由德国化学家 A. Baeyer 于 1872 年合成的，他发现酚和醛在酸性条件下可以得到树脂状物质。此后，众多化学家对酚醛树脂的聚合表现出极大的兴趣，酚醛树脂的制备方法与种类得到了极大的丰富和发展，目前可用的酚类单体有苯酚、间苯二酚和双酚 A 等；可用的醛类单体主要有甲醛、乙醛、戊二醛和糠醛等；催化剂分为酸、碱、盐和离子等。其中，苯酚-甲醛树脂和间苯二酚-甲醛树脂是最典型和最常用的两种树脂。

自从斯坦福大学的 Kistler 教授于 1931 年首次研制出具有三维多孔结构的二氧化硅气凝胶以来[1]，气凝胶便由于独特的物理化学性质，在航空航天、环境保护、能源储存与转化和生物医疗等领域展现出诱人的应用前景，引起了各个领域的广泛关注[2]。但采用 Kistler 法制备的气凝胶工艺复杂且成本高昂，以二氧化硅气凝胶为代表的无机气凝胶还具有机械性能差且易碎的缺陷，并不能满足大规模的实际应用需求。因此，开发一种能够简单高效大规模制备、价格低廉且机械性能优异的气凝胶材料成为解决气凝胶真正工业化应用的关键。1989 年，美国 Pekala 教授[3]采用间苯二酚（R）和甲醛（F）作为有机单体，碳酸钠作为碱性催化剂，通过溶胶-凝胶工艺及超临界干燥技术制备了间苯二酚-甲醛树脂（RF）气凝胶，这是有机气凝胶的首次合成。由于该气凝胶具有低密度（0.035～0.100 g/cm^3）、优异的机械性能、良好的隔热防火性能及高残碳量等特性，展现出广阔的工业化应用前景，引起人们对有机气凝胶的广泛研究。此后，多种有机气凝胶相继问世，如其他种类的酚醛树脂气凝胶。1995 年，Pekala 教授研究组成功通过酸催化合成了低密度、高比表面积且具有良好光学性能的三聚氰胺-甲醛前驱体，同时，制备了具有高比表面积与低热导率的酸催化苯酚-甲醛气凝胶，证明了用低廉原料制备具有良好隔热性能的有机气凝胶的可能性。Barral[4]采用两步催化法制备了均苯三酚-甲醛气凝胶，其密度低于传统的 RF 气凝胶，可低至 0.023 g/cm³。在国内，研究者相继提出了制备间苯二酚-糠醛气凝胶[5, 6]、甲酚-间苯二酚-甲醛气凝胶[7]、各种酚类衍生物-甲醛气凝胶[8]及其他种类的酚醛树脂气凝胶。将 RF 气凝胶作为前驱体进行高温碳化即可得到酚醛树脂基碳气凝胶[9]。碳气凝胶不仅具有传统气凝胶材料低密度、高比表面积与高孔隙率等结构特点，在所有气凝胶的分类中，它独有的导电性、生物相容性与高温稳定性，促进了各国研究者对其在吸附、催化、医用材料、药物载体及电化学方面的积极研究[10]。可以说，RF 气凝胶的成功研制是气凝胶发展史上的一个里程碑，对于气凝胶的发展具有重大且深远的意义。

3.2 酚醛树脂气凝胶的制备 ◂◂◂

传统的酚醛树脂气凝胶的制备路线可分为三个阶段：溶胶-凝胶、老化及干燥过程[10]。以 RF 气凝胶的制备为例，首先，间苯二酚（R）和甲醛（F）在催化剂（通常是碱性的或在极少数情况下是酸性的）存在下以适当的摩尔比混合。然后，将溶液在封闭容器中加热到预定的温度，并在足够的时间内形成稳定的具有交联结构的湿凝胶。湿凝胶随后采用合适的有机溶剂进行溶剂交换，将凝胶孔隙中的溶剂除去（大多数情况下是水），然后采用超临界 CO_2 或亚临界环境条件进行干燥，分别得到具有三维多孔结构的有机气凝胶或干凝胶。接下来，本小节将对这三个阶段进行详细讨论。

3.2.1 溶胶-凝胶过程

传统的有机气凝胶是以苯酚和甲醛为原料制备的。Pekala[3]首先通过间苯二酚与甲醛在碱性条件下的溶胶-凝胶过程设计了一种新型的有机气凝胶，所得材料由直径为 7~10 nm 的连通孔组成。在催化剂作用下，间苯二酚与甲醛发生加成反应，形成可进一步发生加成与缩合的化合物的混合物，构建最初的三维网络结构。涉及的主要反应包括：①发生加成反应，形成单元/多元羟甲基间苯二酚；②羟甲基与苯环上未发生加成的位置及其他羟甲基之间发生缩合，形成亚甲基桥与羟甲基醚桥为交联点的溶胶粒子；③溶胶粒子间互相吸收，形成较大的颗粒，即 RF 骨架颗粒，颗粒之间进一步发生缩聚反应，最终形成具有三维网络结构的体型聚合物，即 RF 有机湿凝胶。目前报道的溶胶-凝胶过程以碱催化为主，所用催化剂包括 Na_2CO_3、K_2CO_3、Ca（OH）₂等[11]。近几年，科学家将 Pekala 方法的催化剂进行拓展，逐渐出现了以盐酸等酸为催化剂制备的 RF

气凝胶[12]。催化剂种类的增多极大地拓展了 Pekala 方法的应用范围和适用性，对酚醛树脂气凝胶的制备具有重要意义。下面将具体探讨碱、酸催化体系对溶胶-凝胶过程的影响。

1. 基于碱催化的溶胶-凝胶过程

在碱催化作用下，RF 溶胶-凝胶过程包括两个主要反应：①间苯二酚羟甲基衍生物的形成；②这些衍生物缩合成亚甲基（—CH_2—）桥。间苯二酚在 OH^- 作用下去质子化形成间苯二酚阴离子，由于共振，间苯二酚的邻、对位的电子密度增加，这些富电子位置向甲醛上部分带正电荷的羰基碳提供电子，从而发生羟基甲基化反应（形成羟甲基间苯二酚）。另一方面，羟甲基化反应会激活其他部位，过量的甲醛继而会导致二羟基甲基化。羟甲基间苯二酚在碱性催化剂的作用下继续去质子化可得到具有强反应活性的不稳定的 o-醌甲基中间体，o-醌甲基进一步与另一个间苯二酚分子反应形成稳定的亚甲基键。间苯二酚属于酚类化合物，可以发生典型的酚类反应，且酚羟基的存在会引起其 2-位、4-位、6-位的电子云密度增加及反应活性的增强。不同位置电子云密度的差异也导致了亲电取代反应活性的差异。间苯二酚在 2-位上具有最高的电子云密度，但由于相邻两个位置的羟基存在空间位阻作用，因此在发生加成取代反应时，4-位、6-位最先发生反应。事实上，只要反应时间足够长，便可发生连续的缩聚反应，直到消耗完间苯二酚单体与 RF 溶胶-凝胶链上所有的活性位点。因此，碱催化反应制备的 RF 树脂主要含有亚甲基桥接酚醛树脂结构[13]。

通过 Pekala 碱催化路线制备的气凝胶已被广泛研究了工艺参数的影响，如单体和催化剂的浓度以及溶液的 pH。结构和性质，如密度、比表面积、粒径和孔径分布，都受到这些变量的影响。该方法制备的低密度 RF 气凝胶（0.03 g/cm³）具有高孔隙率（>80%）、高比表面积（400～900 m²/g）和超细孔径（500 Å）。特别是间苯二酚与催化剂的摩尔比（R/C）对最终气凝胶结构的影响已被广泛研究[14, 15]。通常，根据 RF 气凝胶理想的最终物理性质，需要控制两个比例：间苯二酚与催化剂的摩尔比（R/C）和间苯二酚与水的摩尔比（R/W）。

2. 基于酸催化的溶胶-凝胶过程

碱催化的路线是通过增加取代基的供电子能力来激活芳香环，使其发生亲电取代，而酸催化的路线是通过增加甲醛的亲电性来加速反应。在酸性环境中，甲醛分子亲电性增加，易与电子云密度高、空间位阻小的间苯二酚的 4-位和 6-位发生加成，形成羟甲基间苯二酚；羟甲基的质子化作用产生 OH_2^+ 基团，稳定性较差的 OH_2^+ 基团进一步发生单分子裂解形成 o-醌甲基中间体，o-醌甲基可以通过缩合反应，或者间苯二酚可以通过攻击质子化的羟甲基间苯二酚从而形成亚甲基桥。这些同时发生的缩合与加成反应导致了最终高度交联的 RF 有机湿凝胶的形成[13]。

此外，人们还对其他种类的前驱体单体进行了研究。苯酚可以在酸性条件下作为前驱体，与间苯二酚相比，苯酚上只有一个羟基可以参与甲醛聚合，因此溶胶-凝胶时间较长。采用三聚氰胺成功制备了碳气凝胶，三聚氰胺-间苯二酚（MURF）气凝胶比 RF 气凝胶具有更稳定和更强健的网络，因为 MURF 系统中存在多步反应[15, 16]。此外，三聚氰胺中的氮还对碳气凝胶的电化学性能有积极的影响，可进行可逆性氧化还原反应，引起伪电容，改善润湿性和电子导电性带来的长循环稳定性[17-19]。在 RF 体系中获得的凝胶由于基质中存在水，需要一个耗时的溶剂交换步骤，不适合超临界或冷冻干燥。间苯三酚具有醇溶性[20]，可以简化干燥过程。此外，在间苯三酚-甲醛体系中得到的材料的溶胶-凝胶时间比苯酚和间苯二酚体系中得到的材料的溶胶-凝胶时间短，这是苯环[21]1-位、3-位、5-位的电子密度较高，反应速率较快所致。以间苯三酚为前驱体，在室温下几十分钟即可形成凝胶。

溶胶-凝胶过程结束后，将湿凝胶置于酸性溶剂（如 5%～15%的乙酸）中保持一段时间，可以促进凝胶的进一步交联，有利于提高 RF 气凝胶的力学性能[22, 23]。

3.2.2　酚醛树脂湿凝胶的干燥

干燥过程是制备气凝胶的关键步骤，因为它决定了最终产品的微观结构。将上述以水或其他有机溶剂为分散介质的 RF 湿凝胶三维网络结构中的溶剂去除，使其成为以气体为介质的凝胶，即可制得 RF 气凝胶。在溶剂挥发过程中，当气体部分取代液体分散于湿凝胶孔结构中时，气-液两相表面张力会在湿凝胶骨架内部产生巨大的毛细应力，引起湿凝胶骨架的收缩与宏观上块状湿凝胶的开裂。因此，在干燥过程中，减小表面张力的影响，保持湿凝胶的网络结构，成为气凝胶制备的一大难题。从毛细应力的来源与影响方式来看，减少湿凝胶干燥过程中结构的收缩与破坏，主要考虑从以下几个方面来进行改善：①提高湿凝胶骨架的强度；②对湿凝胶进行表面改性，使其疏水或接触角增大，降低液体表面张力；③消除气-液界面。针对以上几点，目前研究者对 RF 湿凝胶采用的干燥方法主要包括冷冻干燥法、超临界干燥法、常压干燥法[24]。

冷冻干燥可以有效消除毛细管压力的影响，凝胶中的溶剂会被冻结，并通过升华从网络中去除，从而保持良好的结构。Kocklenberg 等[25]通过冷冻干燥法制备了含有大孔的、分形维数为 2.5 的 RF 气凝胶。对于孔径较小的 RF 湿凝胶，采用冷冻干燥会由于干燥过程中的热冲击形成张力而造成凝胶结构的破坏。同时，当孔径很小时，孔内的水冷冻程度不够，也会影响冷冻干燥制品的效果。对于低反应物浓度的湿凝胶，在冷冻过程中，内部趋于生长冰晶，对湿凝胶的孔结构产生极大影响，从而造成所得气凝胶密度的增加[26]。总体来讲，相对常压干燥，冷冻干燥有利于气凝胶孔结构在一定程度上的保持，溶剂晶体的形成依然会对凝胶网络造成破坏。

由于液体在超临界状态下，气-液界面表面张力消失，由液相向气相转变不会引起表面张力的变化，因此采用超临界干燥法可使湿凝胶在干燥过程中，骨架结构不受表面张力的破坏。CO_2超临界干燥技术消除了毛细应力或晶体形成，有利于得到一个完美保持的网络结构，但超临界过程需要在密闭的高压环境内进行，干燥周期较长，且为了维持超临界状态的稳定，干燥产量不大，成本昂贵。

采用常压干燥法制备 RF 气凝胶，可明显降低制备成本。常压干燥可减少CO_2、有机溶剂等作为超临界干燥与冷冻干燥介质的使用与排放，提高有机气凝胶及碳气凝胶生产工艺的环境相容性，所以探索常压干燥碳气凝胶的制备工艺，对有机气凝胶及碳气凝胶的发展及其工业化的实现具有重大意义。Lee 和 Oh[27]对 RF 湿凝胶的常压干燥工艺进行了探索。然而，由于内部溶剂的界面和网络之间存在着强大的毛细管压力，网络通常会收缩甚至崩溃。为此，研究者在合成原料、催化体系、反应参数调节（如溶剂置换）及制备有机气凝胶复合材料方面做了很多工作，达到调节有机湿凝胶的孔径、提高有机湿凝胶骨架强度、凝胶结构增强、降低湿凝胶介质表面张力的目的，有效减少了常压干燥过程中的干燥应力与干燥收缩，同样可以得到高孔隙率与比表面积的有机气凝胶，促进了有机气凝胶工业化生产的进程。Fricke 等[28]研究发现，在恒定的 R/W 和 R/F 条件下，如果间苯二酚与催化剂的摩尔比（R/C）高于 1000，则可以在环境压力下干燥凝胶。常压干燥的气凝胶通常具有更高的密度（$0.2\sim0.4$ g/cm^3），且微观结构并不是真正的纳米结构，气凝胶三维网络的构建粒子直径在 $100\sim1000$ nm 之间。Wu 等[29]制备了常压干燥六次甲基四胺改性的乙醇介质间苯二酚-糠醛有机气凝胶，其比表面积可达 $550\sim660$ m^2/g。

3.2.3　模板法制备酚醛树脂气凝胶

经过三十多年的发展，Pekala 法的研究已经非常详尽，合成步骤也得到极大简化，适用面大大增加，但美中不足的是，Pekala 法始终不能用于制备更加廉价的苯酚-甲醛树脂凝胶。间苯二酚价格高、活性高、易被空气氧化，因此储存时需要避光密封，这就大大增加了原料的储存成本。而苯酚相对来说更加稳定，也经济易得，是大规模工业化应用的理想原材料。因此，亟须开发新的更加普适性的方法来制备更多的酚醛树脂气凝胶，尤其是最廉价的苯酚-甲醛（PF）树脂基气凝胶材料。近年来，模板法的开发大大促进了酚醛树脂气凝胶及其复合材料的可控制备。

1. 利用一维纳米线模板制备酚醛树脂气凝胶

通过 Pekala 法获得酚醛树脂气凝胶材料具有一定的局限性，只能针对某些特定的酚醛树脂单体。相比 Pekala 法，通过一维模板法获得酚醛树脂气凝胶则具有很大的普适性，不仅可以制备 RF 气凝胶，尤其是可以制备 PF 气凝胶。一维模板法制备的酚醛树脂气凝胶的共同特点是都具有线型结构，即均为由酚醛树脂纳米线通过物理搭接而形成的三维网络结构的气凝胶。常用的一维模板有 CNT、碳纳米纤维等。例如，Liu 等[30]将碳纤维与热固性的树脂混合后进行热压和脱水，经过固化后，PF 树脂就会固化在碳纤维表面，起到黏结剂的作用，将碳纤维相互黏结成为三维网络结构的气凝胶（图 3.1）。这种气凝胶块材具有很好的隔热和耐烧蚀性能。

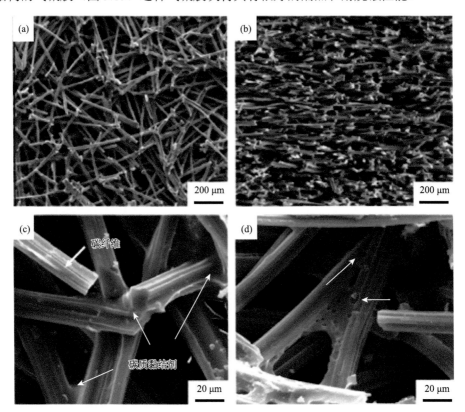

图 3.1   采用碳纤维模板法制备碳纤维/苯酚-甲醛树脂（CNF/PF）复合气凝胶的显微结构及局部放大图[30]

2. 利用二维纳米片模板制备酚醛树脂气凝胶

二维纳米片同样可以相互搭接形成三维结构，因此也可用作酚醛树脂凝胶的模板。目前对于二维纳米片的研究主要集中在氧化石墨烯（GO），这是因为 GO

具有良好的水溶性和韧性，与酚醛树脂也有较好相容性，可以轻易地实现对酚醛树脂气凝胶的结构调控以满足不同的应用需求。例如，Hao 等[31]采用 GO 作为模板，天冬酰胺作为表面修饰剂，在 GO 的表面原位聚合包覆 RF，通过 GO 的相互搭接及树脂的黏结作用而形成 RF 凝胶，所得的碳气凝胶具有良好的机械稳定性，压缩强度高达 28.9 MPa。此外，通过改变树脂单体的添加量可得到不同厚度的 RF 纳米片组成的凝胶。GO 模板法是一种制备酚醛树脂气凝胶的通用方法，除了制备 RF 气凝胶外，也适用于 PF 气凝胶等[32, 33]。例如，Qian 等[34]利用 GO 和树脂在水热条件下成功制备了超轻的、高比表面积的 GO@PF 碳气凝胶，密度仅有 3.2 mg/cm^3，比表面积高达 1019 m^2/g。GO 作为二维模板，在酚醛树脂气凝胶的制备中起到非常关键的作用。不仅如此，经过高温炭化后 GO 转变成还原氧化石墨烯（rGO），对提高碳气凝胶的导电性大有帮助。此外，由于 GO 的韧性和柔性，理论上对所制备的酚醛树脂气凝胶具有增韧效果，可改善其脆性，甚至使其具有一定的弹性。Yu 等[35]利用 GO 作为模板，间苯二酚与甲醛作为单体，在少量 Co^{2+} 的催化作用下，成功制备了超弹性的 GO/RF 复合气凝胶（图 3.2），密度为 31.2～72.4 mg/cm^3，压缩 80%后可实现形状恢复。这种具有优异弹性的酚醛树脂气凝胶，完全颠覆了人们对酚醛树脂坚硬易碎的认知，这种弹性完全得益于独特的二维纳米片的搭接结构，对脆性材料的改性和弹性材料的研发起到了很好的启发作用。

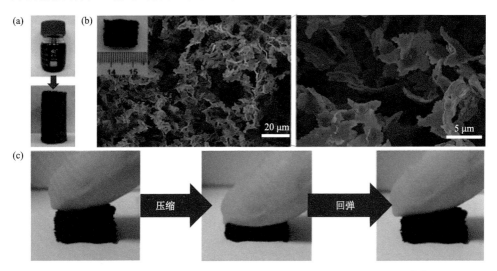

图 3.2　Co^{2+}催化的 GO/RF 复合气凝胶微观结构及其弹性性能展示[35]

（a）Co^{2+}催化制备 GO/RF 气凝胶的前驱体溶液及气凝胶的光学照片；（b）气凝胶的高倍、低倍扫描电镜图；（c）GO/RF 气凝胶压缩回弹性展示

3. 利用三维模板法制备酚醛树脂气凝胶

三维模板法是指利用已有的三维框架来辅助构建其他材料，在三维框架上

包覆或者聚合酚醛树脂，通过特定的后处理即可得到酚醛树脂气凝胶材料。三维模板法制备的气凝胶的微观结构完全取决于所用的三维模板，因此在一定程度上，这种方法缺乏高效的可调节性。常见的三维框架有海绵、泡沫镍、气凝胶和生物质块材等，理论上都可用于酚醛树脂气凝胶的制备。例如，将 SiO$_2$ 气凝胶浸没在树脂溶液中，树脂会渗透进入气凝胶内部，经过固化、炭化和刻蚀除掉 SiO$_2$ 模板等，就可得到 PF 气凝胶[36, 37]。类似的牺牲模板还有聚氨酯海绵[38]和密胺海绵等[39]。Xu 等[40]将细菌纤维素（BC）气凝胶浸没在 RF 的溶胶中，经过一定时间的聚合，在 BC 纳米纤维网络上包覆了一层 RF 树脂，从而得到了BC/RF 复合气凝胶（图 3.3）。这种气凝胶可以转换成碳气凝胶，在能源等领域有广阔的应用前景。此外，冰晶也是一种很好的三维模板，将水热合成的 RF 凝胶进行取向冷冻，取向生长的冰晶会将 RF 胶体颗粒挤压，冷冻干燥后得到取向孔道结构的 RF 气凝胶[41]。

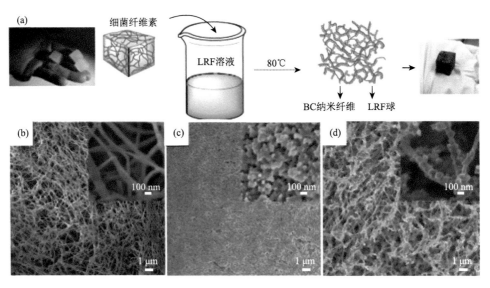

图 3.3　（a）BC/RF 气凝胶的制备示意图；BC 气凝胶（b）、RF 气凝胶（c）、BC/RF 气凝胶（d）的微观结构图[40]

LRF：木质素-间苯二酚-甲醛

3.3　酚醛树脂气凝胶的形态结构及其影响因素 ◂◂◂

　　无论采取哪种干燥方式进行湿凝胶的干燥，RF 气凝胶的原始结构，包括骨架结构、孔隙率、孔径分布、比表面积等，均受到溶胶-凝胶过程中各项工艺参数的影响。

3.3.1　催化剂种类

RF 气凝胶的制备常用的催化剂包括 Na_2CO_3、K_2CO_3、HCl、NaOH、$NaHCO_3$ 等，其中 Na_2CO_3 是最常用的碱性催化剂。研究表明，碱催化条件下制备的 RF 气凝胶具有更高的交联度。酸催化条件下制备的 RF 气凝胶在化学组成上与碱催化材料相似，但其形貌特征并不相同。Barbieri 等[14]的研究表明，酸催化得到的 RF 气凝胶的分形维数接近 2.5，而碱催化得到的 RF 气凝胶则没有这种分形维数。此外，与酸催化得到的气凝胶的比表面积（300 m^2/g）相比，碱催化得到的 RF 气凝胶具有相对较高的比表面积（800 m^2/g）。SAXS 研究表明，酸催化得到的 RF 气凝胶与传统碱催化得到的 RF 气凝胶具有不同的聚集态结构。Berthon 等[42]将这种差异归因于凝胶颗粒大小。研究结果显示，这两种方法得到的气凝胶粒径差异显著，而凝胶颗粒的尺寸差异又可能归因于两种不同的凝胶机理。在低含水量的酸催化下，间苯二酚的羟甲基衍生物的形成速度较慢，而当羟基甲基化间苯二酚一旦形成，就会与另一个间苯二酚分子发生反应形成团簇，最终与另一个团簇结合，这个过程继续进行。这是通过聚合导致粒子的形成，随后产生相分离和最终的凝胶。而在碱催化过程中，间苯二酚的羟甲基衍生物在溶剂中快速生成，高反应性团簇的生长是通过类似成核过程，从溶胶中吸收附近的物质。由于这些生长机理的差异，碱催化法制备的 RF 气凝胶孔径分布较窄，最大孔径分布在 10～20 nm 之间，而酸催化法制备的 RF 气凝胶孔径较宽，孔径分布比碱催化法制备的 RF 气凝胶孔径大 10 倍。

近几年来，研究者还提出了使用酸碱共同催化的 RF 溶胶-凝胶体系并取得了一定的成果。K. Barral[4]探索了传统碱催化与酸碱双催化体系对 RF 气凝胶密度的影响，酸碱双催化得到的 RF 气凝胶密度可低至 0.013 g/cm^3。张厚琼等[43]探讨了双催化技术对 RF 气凝胶的扩孔作用。RF 溶胶-凝胶结构的发展包括溶胶粒子的形成、溶胶链生长与交联过程，以上过程在 RF 溶胶中同时存在，所以，溶胶粒子的成核、生长与交联速度共同决定着有机 RF 凝胶的骨架与孔结构。碱催化对 RF 溶胶溶液中羟甲基间苯二酚的形成有重要影响，决定着交联点的数量。酸催化主要促进亚甲基键的形成，受碱催化影响的羟甲基交联点在酸催化体系中减少，溶胶粒子生长速度大于交联速度，可使凝胶网络较碱催化产物的孔径更大，从而起到扩孔作用。

3.3.2　催化剂浓度

催化剂浓度对 RF 有机气凝胶的骨架结构与孔结构有重要影响。通常将间苯二酚与催化剂的摩尔比（R/C）作为控制催化剂浓度影响的参数。R/C 是影响 RF 气凝胶密度、比表面积和力学性能的主要因素[14]。当催化剂浓度较高（如

R/C = 50）时，制备的 RF 气凝胶的骨架由直径为 3～5 nm 的颗粒连接形成，呈现出纤维状的结构形态[44]；而当催化剂浓度较低（如 R/C = 300）时得到的聚合物颗粒直径为 11～14 nm，呈"珍珠链"状连接。第一种 RF 气凝胶在超临界干燥过程中会产生大量收缩，具有高比表面积和高压缩模量的特点。相比之下，第二种 RF 气凝胶在超临界干燥条件下几乎没有收缩，表现出较低的比表面积和较弱的力学性能。因此，当控制间苯二酚与甲醛的质量比一定时，通过改变 R/C 值（50、100、150、200、300）所制备的 RF 气凝胶会由于收缩而具有不同的密度：其中 R/C = 50 时制备的气凝胶密度最高。更有趣的是，在相同的密度下，与 R/C = 300 制备的 RF 气凝胶相比，R/C = 50 制备的 RF 气凝胶具有更高的模量，这反映了颗粒间的连接对力学性能的影响[9, 45]。

　　Horikawa 等[46]研究了不同 R/C 条件下催化剂对聚合过程中颗粒半径的影响。根据 Horikawa 等的研究，聚合物颗粒的半径随 R/C 的增加而增大。在 R/C = 50 时，聚合物颗粒呈球形，随着 R/C 的增加，颗粒的半径随之增大。而当 R/C = 1000 时，聚合物颗粒呈圆盘状。聚合物颗粒的旋转半径和形状进而会影响 RF 气凝胶的孔径分布。因此，通过改变催化剂配比，可以很容易地控制 RF 气凝胶及其衍生碳气凝胶的孔隙特征。

　　Tamon 等[47]的研究表明，在缩聚过程中，间苯二酚和甲醛被消耗而形成高度交联的颗粒。因此，R/C 通过控制最终凝胶结构中相互连接颗粒大小，从而控制最终凝胶结构中孔隙的大小和尺度。在高催化剂浓度（即低 R/C）条件下，RF 凝胶的粒径在 100 nm 以下，气凝胶具有单分散的多孔结构。随着 R/C 增大，气凝胶的孔径分布变得分散。Saliger 等[48]报道，在更低的催化剂浓度（即高 R/C）条件下，通过保持较低的反应温度（即延长凝胶时间），可以将颗粒生长调整到微米级的尺寸范围。

　　在以往的报道中，Mirzaeian 和 Hall[49]研究发现 R/C 也是控制 RF 气凝胶的比表比面积、孔隙大小和力学性能的主导因素。随着 R/C 的增加，气凝胶孔容积增大。同时，胶凝过程中形成的 RF 团簇的大小和数量取决于 R/C。以上结果表明：高催化剂浓度（即低 R/C）可导致小尺寸颗粒的形成，从而产生微孔结构；而低催化剂浓度（即高 R/C）会形成更大尺寸的颗粒，从而导致介孔发育。这是由于催化剂浓度升高，会使间苯二酚苯环上及其羟甲基衍生物的活性位点增多，增大交联速度，从而造成溶胶粒子尺寸的降低，提高其比表面积。但当催化剂浓度过高时，由于极小的溶胶粒子组成的 RF 骨架强度较低，在干燥中会严重收缩，从而引起有机气凝胶骨架结构的破坏及比表面积的下降。

3.3.3　溶胶的初始 pH

　　目前已经有许多研究探讨了溶胶 pH 对 RF 气凝胶最终物理性质的影响。一般的规律是，随着 pH 的增加，气凝胶的比表面积增大[50, 51]。Lin 和 Ritter[52]指出，在碳酸钠存在的情况下合成聚合物，用较少的催化剂可以得到较大的聚合物颗粒。

当 pH 增加时，去质子化间苯二酚的浓度也随之增加，从而促进了间苯二酚羟甲基衍生物的形成，并产生高度支化的簇。高交联和支链结构的稳定性较差，从而导致更小和更多的相互连接的聚合物粒子的形成。另一方面，在较低 pH 条件下，间苯二酚阴离子的浓度降低，减少了羟甲基衍生物的形成。由于产生的低度支化的结构稳定性较高，因此在成核状态中持续时间较长，从而会导致尺寸更大的粒子。RF 气凝胶本质上显示两种类型的孔隙：聚合物颗粒之间的孔隙对应于介孔和大孔，颗粒内部的孔隙对应于微孔。介孔的大小在很大程度上取决于 pH：随着 pH 的降低，颗粒的大小和颗粒间的孔隙都增加。而在高 pH 条件下形成的小颗粒比在低 pH 条件下形成的大颗粒相互间的联系更紧密，从而影响最终气凝胶的孔径分布（图 3.4）[52]。

3.3.4 反应物浓度

通常将间苯二酚与水的摩尔比（R/W）作为控制反应物浓度影响的参数。反应物浓度可发展为凝胶结构的原料在溶胶-凝胶体系中的质量分数。在 RF 气凝胶的工艺参数中，反应物浓度对气凝胶密度影响很大。反应物浓度高，碱催化作用下形成的活性位点多，溶胶链的生长与交联速度都增大，溶胶-凝胶形成的速率增加，凝胶化时间缩短，气凝胶的密度也增大；反之，反应物浓度低时，气凝胶的骨架更疏松，密度降低。而气凝胶的热导率与其密度直接关联，因此在研究与实际应用中，均需根据具体性能要求设计合适的初始反应物浓度[53]。

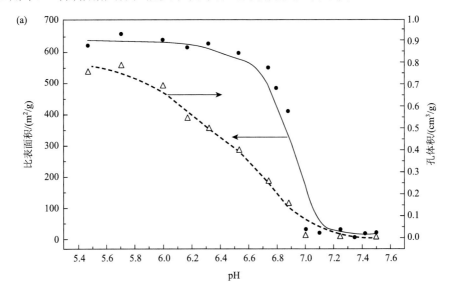

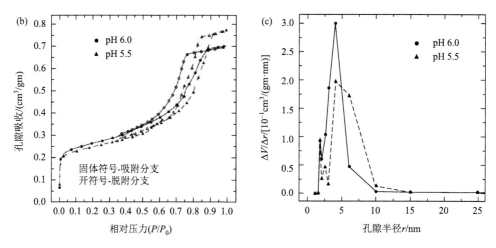

图 3.4   （a）RF 溶液的初始 pH 对气凝胶比表面积和孔容积的影响；两种 pH 条件下制备的气
凝胶的 N_2 吸附-脱附等温曲线（b）与孔径分布图（c）[52]

3.3.5   温度与凝胶时间

在溶胶-凝胶过程中，随着反应时间的延长，溶胶溶液的黏度会不断上升，当反应物浓度、催化剂浓度等一定时，反应温度越高，凝胶化时间越短。对于高 R/C 和低反应物浓度的 RF 体系，达到凝胶状态后，继续保持反应温度，凝胶体系会发生颗粒间的互相溶解，延长凝胶化时间，增大骨架颗粒与气凝胶的平均孔径[53]。

3.4   酚醛树脂及其复合气凝胶的性能   ◂◂◂

3.4.1   力学性能

传统的酚醛树脂气凝胶普遍具有较高的刚性与脆性，因此它们的应用范围受到广泛的限制。Tannert 等[54]研究发现在 Pekala 法的基础上将 pH 调整到 6.5 以下时，RF 气凝胶的比表面积有所减小（300 m^2/g），而颗粒尺寸略大，孔径约为 Pekala 法得到的气凝胶的两倍。而且，更重要的是，通过调整 pH 制备的气凝胶具有较高的柔韧性。Alshrah 等[55]的研究表明，通过改变溶液初始含水量和催化剂用量可以对颗粒的连接部位进行改性。这两个参数控制了成核和生长机理，反过来又控制了颗粒之间的连接。成核机理完全取决于催化剂的用量，随着催化剂用量的增加，成核数目增加。通过改变溶液的初始 pH，颗粒的生长和颈部连接取决于水的含量和催化剂的比例。随着含水量的增加，pH 降低，导致了较低的结构密度和较

高的孔隙率，促进了颗粒的球形生长。相反，在更高的 pH 条件下，颗粒上产生
了更多的连接位点，从而形成的气凝胶硬度较高。Schwan 等[56]通过对经典 Pekala
合成路线中的工艺参数进行一定修改，成功制备了柔性的 RF 气凝胶。研究发现，
初始溶液中间苯二酚和催化剂的含量以及溶胶溶液的pH是影响RF气凝胶柔弹性
的关键因素，只有在很小的数值范围内可实现 RF 气凝胶的柔弹性：R/C = 50，
R/F = 0.5，R/W = 0.006～0.010 和 pH = 5.4～5.6。在环境压力下干燥后，该气凝胶
的骨架是由直径为 0.7～1.2 μm 的大颗粒相互连接形成，其孔径在 5～20 μm 范围
内。该气凝胶具有较低的密度（0.06～0.01 g/cm³）及杨氏模量（65～350 kPa）。
实验表明，R/W±0.001 的微小变化就会导致坚硬或弯曲的非柔性气凝胶（图 3.5）。
这可能是由于在此范围内凝胶形成机理发生了转变，如从混溶间隙内部的亚稳态
转变为不稳定状态，这实质上影响了微观结构，进而影响了机械性能。¹³C NMR
结果表明，气凝胶的柔性性能是由间苯二酚分子之间亚甲基桥的不同定位引起的。
柔性气凝胶显示间苯二酚环之间键的高度不均一性，这种不均一性促进了大孔且
多孔结构的形成，使胶体颗粒链实现了无阻碍的形变与回复，因此使气凝胶在宏
观上呈现出良好的柔韧性。

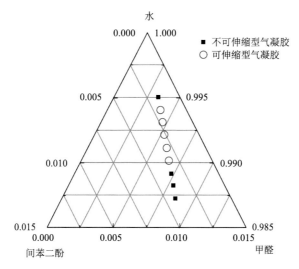

图 3.5　在间苯二酚-甲醛-水体系中水的用量对气凝胶性能的影响[56]

　　Schwan 等[57]系统研究了 RF 气凝胶的微观结构对其力学性能的影响。通过
改变 R/C、R/W、R/F、凝胶时间及干燥方法合成了四种具有不同机械性能的
RF 气凝胶（表 3.1）：①高强度型（s-RF）；②较低柔性型（lf-RF）；③软木塞型
（c-RF），机械响应和外观与天然软木非常相似；④较高柔性型（sf-RF）。而且
研究了不同干燥工艺及不同合成路线对气凝胶性能的影响。第一种是在环境压
力下干燥的坚硬的 s-RF 气凝胶。这种气凝胶的高硬度是由于高含量的间苯二酚

增加了气凝胶骨架的密度，进而增加了硬度。s-RF 气凝胶的微观结构如图 3.6 （a）所示，使用的少量催化剂导致合成过程中缩合步骤延长，从而导致大颗粒的形成。直径为 2~5 μm 的球形颗粒通过粗颈相互连接形成 10~20 μm 的致密团簇，且骨架中存在 5~10 μm 的孔隙。大多数颗粒通过宽颈相互连接，且在其表面可以观察到聚集材料的覆盖层，这种结构使气凝胶在宏观上呈现出硬而脆的特点。降低间苯二酚的含量并提高催化剂的浓度可以得到第二种低柔性的 lf-RF 气凝胶。由于使用了大量的催化剂，因此 lf-RF 气凝胶骨架上具有尺寸更小的颗粒，直径为 1 μm 左右。在图 3.6（b）中可以发现，lf-RF 气凝胶网络中存在 2~20 μm 的孔隙。有人提出，颗粒越小、孔隙越大，网络的柔性越高。由于胶体颗粒链在大孔中的运动不受阻碍，该气凝胶可以承受小变形而不破裂。高度稀释的溶胶溶液（低 R/W）导致了这样的高度多孔结构，气凝胶堆积密度低，仅为 0.12 g/cm^3。但与 s-RF 气凝胶相比，lf-RF 气凝胶的线性收缩率较高，这是由较大的孔隙所导致的。如图 3.6（c）所示，通过延长搅拌时间制备的超柔性型 sf-RF 气凝胶显示出 100~300 nm 的小颗粒和 1~5 μm 的孔隙，超临界干燥法避免了精细结构的崩塌。与之形成鲜明对比的是图 3.6（d）中软木塞型 c-RF 气凝胶的微观结构，干燥过程中的表面张力导致微孔和介孔的减少，从而形成了一个高度致密的网络结构，这种气凝胶在较低的应力作用下即可产生破裂。

表 3.1   四种酚醛树脂气凝胶的合成参数[57]

气凝胶类型	R/C	R/W	R/F	初始溶液 pH	搅拌时间 /min	凝胶时间/d	干燥条件
s-RF	1500	0.044	0.74	5.4~5.6	30	4	常压
lf-RF	50	0.008	0.5	5.4~5.6	30	7	常压
c-RF	50	0.008	0.5	5.4~5.6	60	7	常压
sf-RF	50	0.008	0.5	5.4~5.6	60	7	超临界 CO_2

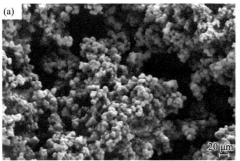

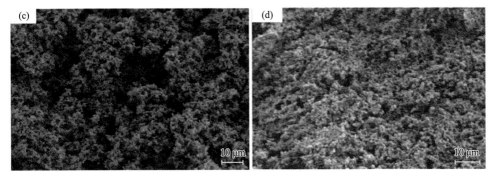

图 3.6　四种酚醛树脂气凝胶的微观结构[57]

（a）s-RF；（b）lf-RF；（c）sf-RF；（d）c-RF

除了调整制备工艺，目前还有一些其他方法可以提高 RF 气凝胶的机械性能。Aghabararpour 等[58]采用六亚甲基二异氰酸酯为交联剂改善了 RF 气凝胶的机械性能。氧化石墨烯（GO）具有在水中的优异分散性和丰富的表面官能团，目前已经证实了作为合成可压缩 3D 材料骨架的巨大潜力。此外，一些金属离子（如 Co^{2+}、Ni^{2+}）可以作为交联剂将 GO 组装成三维多孔凝胶，替代传统的催化剂（Na_2CO_3）用于间苯二酚/甲醛（RF）的聚合。基于此，Yu 等[35]通过使用氧化石墨烯片作为模板骨架，金属离子（Co^{2+}、Ni^{2+}或 Ca^{2+}）作为催化剂和连接体，开发了制备密度和机械性能可调的新型 RF/GO 复合气凝胶（气凝胶分子结构如图 3.7 所示）的低温可扩展策略。其中，柔韧 GO 片的加入有效改善了 RF 气凝胶的脆性，金属离子起到两个重要作用：①通过配位诱导 GO 和 RF 三维网络的形成；②通过充当酸催化剂来调节溶液的酸碱度，以控制间苯二酚和甲醛之间的交联度。气凝胶的网络结构是由 2D 片组成的组织良好的高度多孔 3D 网络微结构，这些厚度约为 300 nm 的薄片之间相互连接，赋予气凝胶良好的机械性能。正是由于 GO 和金属离子的协同作用，得到的气凝胶可以承受高达 80%的应变，并在压力释放后迅速恢复其原始形态。这种高压缩回弹性的 RF/GO 气凝胶在染料吸附领域展现出巨大的应用潜力。

3.4.2　热性能

酚醛树脂气凝胶具有较低的热导率[$\lambda < 100$ mW/(m·K)]，在隔热领域实现了广泛应用。Alshrah 等[59]探究了 RF 气凝胶结构与热性能间的关联性。通过改变聚合过程中的 R/C 与 R/W，合成了具有不同形态特征和结构组装的 RF 气凝胶。根据尺度大小将气凝胶结构划分为两种主要形式：宏观和微观。然后，将每种形式中的形态参数量化并与样品的绝热性能相关联，以评估每种形态-热参数。将样品内的热传递形式分成三种：①通过纳米颗粒的固体热传导；②通过

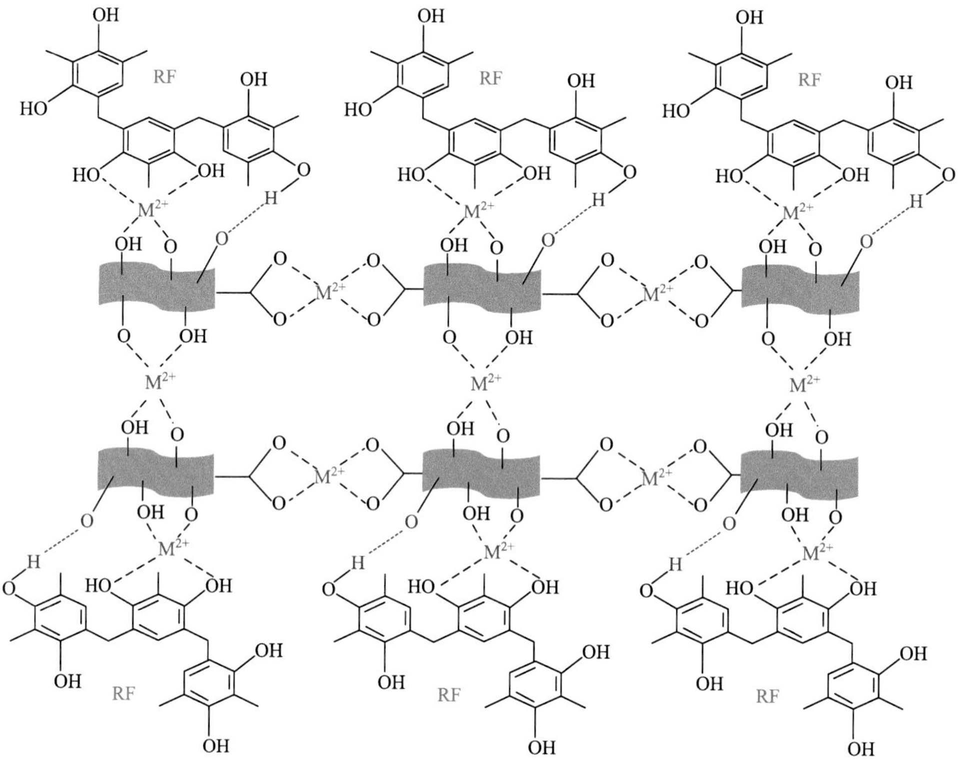

图 3.7   酚醛树脂/氧化石墨烯（RF/GO）气凝胶的分子结构模型[35]

位于孔内气体分子的气体热传导；③通过固体和空白空间的热辐射。他们通过计算每种传热形式的值，并将其与控制形态特征联系起来。研究发现，每种热传递模式与形态参数直接相关，并且高度依赖于形态参数，即颗粒表面粗糙度、复杂性和均匀性。我们知道，固体热传导对总体热导率的贡献主要取决于颗粒之间的接触面积、固体传导路径及能量载体在界面处的散射（界面热阻）。颗粒之间的接触面积取决于颗粒尺寸和颗粒间的颈部大小。固体传导路径主要取决于颗粒连接（即颈部）、结构复杂性和颗粒数量。颗粒间颈部的连接增强了它们之间的路径，从而增加了热量传导的固体路径。然而，当结构复杂性和颗粒数量增加时，结构内的固体传导路径也增加。因此，在上述情况下，当传导路径（即长度）增加，颗粒之间的接触面积减小，样品的固体热导率降低。影响固体热导率的最后一个特征是散射行为，它发生在连接的颗粒之间的界面上。在纳米尺度上，这里的能量载体具有波粒二象性特征。这意味着能量载体（即声子）将像颗粒和/或电磁波一样工作，这取决于尺度和界面条件。因此，结构中的声子在颗粒之间的交叉过程中表现出散射行为。因此，产生了对这些载流子的热界面电阻。在这个特征中，电导率取决于颗粒的数量、表面粗糙度和整体结构均匀性。颗粒数量越多，界面越多，界面热阻越大。在界面处，声子表现出不连续的热传递和轻微的温度跳跃或温度滑移情况。因此，纳米结构中更多数量的颗粒显著降低了固体热导率。第二个参数是粒子的表面粗糙度，它决定了能量载体的散射效应。在具有高表面粗糙度的样品中，声子散射增加，这意味着声子寿命减少。随着声子寿命的减少，固体热导率显著降低。此外，随着表面越来越粗糙，颗粒的总表面积增加，热能耗散也增加。因此，极其粗糙的颗粒和复杂的结构可使固体热传导处于尽可能低的水平。气体热传导主要受纳米结构的多孔形态控制，孔尺寸在一定程度上可以作为评估气体热导率的相关参数。根据 Knudsen 数及方程（3-1）可以推算出孔尺寸与气体热导率之间的关系：

$$Kn = \frac{l_{\text{mean}}}{d}$$ （3-1）

其中，d 为孔径大小；l_{mean} 为气体分子的平均自由程。

$$\lambda_{\text{gas}} = \frac{\varPi \lambda_{\text{g}}^{\text{o}}}{1 + 2\beta Kn}$$ （3-2）

其中，$\lambda_{\text{g}}^{\text{o}}$ 为气体热导率，26 mW/（m·K）；β 为气体分子间能量传递效率，为 1.94；$\varPi$ 为孔隙率。

对气凝胶材料热辐射行为的评估主要通过评估材料的吸收能力，即消光系数。辐射热导率可通过方程（3-2）进行测量：

$$\lambda_{\text{radiation}} = \frac{16n^2 \sigma T_{\text{r}}^3}{3K_{\text{e}}\rho_{\text{b}}}$$ （3-3）

其中，n 为折射率，RF 气凝胶为 1.05；σ 为 Stefan-Boltzmann 常数，为 5.67×10^{-5} mW/（m·K）；T_{r} 为环境温度，298 K；K_{e} 为 RF 的消光系数，50.1 m²/kg。

最后，Alshrah 等[59]探究了催化剂浓度对 RF 气凝胶热导率的影响，发现当催化剂浓度降低时，总热导率增加。这是由于样品的微观形态特征发生显著变化，表现为：①颗粒数量减少；②孔径增加；③总表面积减小；④样品的分离和随机聚集减少。

由于酚醛树脂气凝胶的热导率依然较高，因此还需要寻找改善气凝胶隔热性能的有效方法。一般通过引入具有较低热导率的无机材料可以实现这一目的。Yu 等[60]设计了一种具有双交联网络结构的新型酚醛树脂/二氧化硅（PF/SiO₂）复合气凝胶。通过直接共聚和纳米级相分离策略，使用苯酚和甲醛作为单体，正硅酸

四乙酯作为 SiO_2 前驱体,得到具有结构域尺寸小于 20 nm 的二元互穿网络结构。这种复合气凝胶具有良好的机械弹性,可压缩 60% 以上而不会破裂,热导率为 24～28 mW/(m·K),低于聚苯乙烯和玻璃棉等商用隔热材料。SiO_2 的紧密结合赋予了该复合气凝胶出色的阻燃性能,能够在高温下持续燃烧而不发生分解。

由于酚醛树脂具有可燃性,因此将其作为隔热材料具有一定的危险性。一般通过引入阻燃的无机材料可以赋予其阻燃性能。Wang 等[61]开发了一种简单的低温模板共聚合和常压干燥策略,制备了间苯二酚-脲醛树脂/氧化石墨烯(RUFG)气凝胶。其中,金属离子、脲醛树脂(UF)、间苯二酚-甲醛(RF)和氧化石墨烯(GO)在一个系统中的合理结合形成了四元互穿网络结构。在这种四元网络中,尿素、GO 和 Co^{2+} 起着不同的重要作用:①尿素的使用降低了成本,提高了阻燃性;②GO 作为模板骨架和抗收缩添加剂;③Co^{2+} 作为诱导剂和催化剂用于将 GO 组装成 3D 多孔凝胶并催化脲醛树脂的聚合。该气凝胶具有低密度、高耐蚀性、超可循环压缩、低热导率和高阻燃性的综合性能,在建筑领域展现出作为高性能隔热材料的巨大潜力。Wang 等[62]以短切碳纤维、酚醛树脂、硅烷、六亚甲基四胺和乙二醇为原料,通过简单的一锅溶胶-凝胶聚合制备了短切碳纤维增强二氧化硅-酚醛树脂(CF/Si/PR)气凝胶纳米复合材料。这种低密度($0.402～0.463$ g/cm^3)复合材料的抗压强度与热导率分别为 $0.33～2.44$ MPa 和 89～116 mW/(m·K)。此外,这种复合材料还具有低至 0.117 mm/s 的线性烧蚀速率,并且当氧乙炔焰中的表面温度超过 1800℃ 时,在 38 mm 深度处的内部温度峰值仅有 100℃。这种轻质复合材料在热防护和隔热领域,特别是在航空航天工业中具有巨大的应用前景。

3.4.3 其他性能

通过与不同材料复合,可以制备出具有各种功能的酚醛树脂基复合材料。例如,Yao 等[63]制备的聚苯胺/酚醛复合气凝胶具有良好的隔热性能和导电性能。由于聚苯胺网络在酚醛气凝胶骨架上的原位生长,得到的聚苯胺/酚醛复合气凝胶形成了内部含有纳米孔的二元互穿网络结构。此外,与聚苯胺相比,酚醛网络大大提高了该复合气凝胶的界面热阻。更重要的是,低热导率[21 mW/(m·K)]、高电导率(0.12 S/cm)、高比电容(280 F/g)的聚苯胺/酚醛复合气凝胶表现出比单一酚醛气凝胶更优异的热电综合性能。Verma 等[64]将铁在凝胶形成初期掺入凝胶中,制备了铁掺杂间苯二酚-甲醛气凝胶(Fe-RF-AGs)。当水相中铁的浓度为 275 mg/L 时,该复合气凝胶对 Cr(Ⅵ)的最大吸附量约为 55 mg/L,可作为去除废水中 Cr(Ⅵ)的有效吸附剂。

总之,随着复合气凝胶的发展及社会需求的多样化,多功能一体化的新型酚醛树脂气凝胶还有待开发。

3.5　酚醛树脂基碳气凝胶

3.5.1　简介

自 1989 年 Pekala 首次制备了间苯二酚-甲醛基碳气凝胶（RF-CAs）以来，研究者对 RF-CAs 的制备及其结构性能进行了大量的研究。RF-CAs 等碳材料因无毒、耐腐蚀性好和化学稳定性高而成为最受欢迎的电极材料之一[65]。RF-CAs 在高级储能应用方面具有许多优异的性能[66, 67]：①高比表面积为形成电双层提供了更多的离子吸附，并实现了锂-硫电池高质量负载硫，从而增强了能量存储；②三维连通多孔结构可为电解质离子提供连续畅通的输送通道，从而提高碳气凝胶的有效电化学利用率；③高导电性可以促进电荷的快速传输，这是实现高功率性能的必要条件。此外，与一维和二维结构（碳纳米管、碳纤维、石墨烯等）相比，RF-CAs 的多级三维结构被认为是实现活性材料高负载的有效构件，可以实现充电电池的超高能量密度。此外，RF-CAs 由于具有良好的机械性能，还可以作为一种用于负载活性材料（如金属氧化物、导电聚合物、硫等）的支撑体，用于开发 LIBs、锂-硫电池、钠离子电池等高性能储能设备[68-70]。总体来讲，RF-CAs 目前在储能领域具有广阔的应用前景。

3.5.2　酚醛树脂气凝胶的碳化

RF-CAs 的传统合成路线可分为三个步骤（溶胶-凝胶、干燥和碳化）。在 RF 气凝胶的基础上，通过碳化可获得具有三维结构的碳气凝胶［在惰性气氛（N$_2$ 或 Ar）]。在上述过程中，RF-CAs 的结构特征（如骨架结构、孔隙率、电导率和表面化学性质）在很大程度上取决于制备条件（如前驱体、催化剂、干燥方法、碳化等）。由于在 3.3 节中已经详细阐述了溶胶-凝胶及干燥过程，在这一节中将主要阐述气凝胶的碳化。

由于酚醛树脂气凝胶中包含大量的水分和有机成分，因此获得的材料具有较低的比表面积和较高的电阻率，通过热解过程可以去除挥发性物质并促进共轭 sp^2 碳原子的形成，这是增加材料比表面积和提高电导率的有效方法。将干燥完成的 RF 有机气凝胶在惰性气氛如 N$_2$、Ar 中进行升温至高温，通常大于 600℃，并保温一段时间，即可制得碳气凝胶。当气凝胶在惰性气氛下分解时，其热分解行为可分为四个阶段[71-73]：①当温度低于 200℃时，主要涉及材料中吸附水的吸热蒸发，失重率一般低于 10%；②当温度从 200℃升至 600℃时，酚羟基、亚甲基、二苯醚和其他含氧官能团先后发生热解；③随着温度从 600℃到 1000℃的持续升高，热解行为主要为碳化，主要涉及氨基和羟基的分解和脱氢；④当温度高于1000℃时，主要涉及碳结构的排列及碳骨架中微量挥发性成分的逸出。RF有机气凝胶属于热固性有机前驱体，碳化收率一般为40%～50%，碳化后的 RF 碳气凝胶基本可以保持其前驱体的形貌与骨架结构，但碳化条件，如升温速率、碳化温度、保温时间等对碳气凝胶的孔结构也具有重要影响。碳气凝胶的微孔特性受碳化过程影响很大，中孔与大孔一般由前驱体的孔特性决定。在碳化过程中，有机气凝胶内官能团高温热解产生气相小分子逸出，会在气凝胶骨架中留下细小的孔洞，这些孔洞以微孔为主，从而提高碳化产物的比表面积。

在碳化过程中，碳气凝胶骨架发生热解，孔结构收缩，中孔与微孔的比例增加而大孔相对减少，且中微孔比例的增大会明显提高碳气凝胶材料的比表面积。另外，有机气凝胶骨架的官能团发生热解时，产生的小分子气体在逸出过程中会在碳气凝胶骨架中形成微孔为主的新孔，从而会引起比表面积的增大。因此，碳气凝胶的结构特征（如形态、孔隙率）与碳化条件（如碳化温度、加热速率、保温时间和最终温度）密切相关[74]。例如，在 500℃下碳化气凝胶的比表面积仅有 649 m^2/g，而在 900℃的碳化温度下，材料的比表面积增加到 1344 m^2/g[75]。Hasegawa 等[76]发现在低碳化温度下处理过的气凝胶骨架上分布了大量无序的石墨烯碎片，而当温度升高至2000℃后，材料的层状结构转变为由石墨烯堆叠组成的卷曲层。这种石墨化碳的形成有利于提高其作为锂离子电池负极材料的性能。Amaral-Labat 等[77]还研究了升温速率的影响，较低的升温速率会导致较高的比表面积。例如，随着碳化过程中升温速率从2.5℃/min 提高到 5℃/min，碳气凝胶的比表面积从 1292 m^2/g 降低到 974 m^2/g，密度从 0.15～0.22 g/cm^3 增加到 0.17～0.31 g/cm^3。总体来讲，这些研究均表明了降低升温速率、提高碳化温度有利于碳气凝胶比表面积的增大及密度的降低。

3.5.3　模板法制备酚醛树脂基碳气凝胶

为了提高酚醛树脂基碳气凝胶的结构可控性，中国科学技术大学俞书宏教授课题组以 1D 纳米材料作为模板[78]，通过简单的水热反应得到酚醛树脂纳米纤维气凝胶，接着通过碳化该气凝胶得到稳固的硬碳基纳米纤维气凝胶。在细菌纤维素纳米纤维（BCNF）、碲纳米线（TeNW）和碳纳米管（CNT）等作为结构模板时，可以通过简单改变原料的量来控制物理性质（如纳米纤维的直径、气凝胶的密度和机械性质）。得益于碳纳米纤维和纤维之间大量的焊接点，碳气凝胶显示出优异而稳定的机械性能，包括超弹性、高强度等。

此外，他们还提出了采用聚合物分子链作为三维软模板来制备酚醛树脂基碳气凝胶的新方法[79]。在聚合物壳聚糖的溶液中，酚醛聚合物的单体苯酚和甲醛由于静电相互作用力被吸附在分子链周围，随着单体的聚合，生成的聚合物则会沉积在壳聚糖分子链上，最终复制了壳聚糖的网络状结构而形成纤维网状的气凝胶。研究人员将金属离子（Fe^{3+}）与酚醛树脂单体苯酚络合，引发酚醛聚合，络合作用将 Fe^{3+} 非常均匀地嵌入到酚醛聚合物的链段结构中，然后高温碳化。高温碳化过程中，Fe^{3+} 不断迁移并与 sp^3 碳反应从而打断 sp^3 碳桥，石墨片可以自由重排。Fe^{3+} 则对整个硬碳微结构进行一次梳理，提升了硬碳的整体有序度，从而提高了导电性和电化学稳定性（图 3.8）。

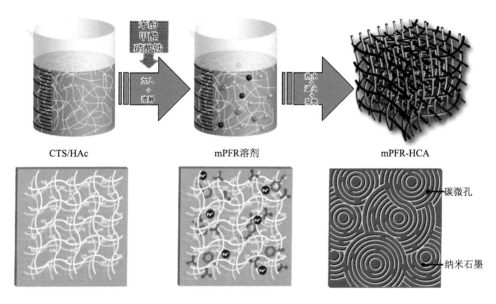

图 3.8　以三维壳聚糖网络为模板的碳气凝胶合成过程示意图[79]

CTS：壳聚糖；HAc：乙酸；mPFR：改性的苯酚-甲醛树脂；mPFR-HCA：mPFR 衍生的硬碳气凝胶

目前大多数酚醛树脂基碳气凝胶都是由酚醛树脂气凝胶前驱体碳化而成，为了简化制备工艺，俞书宏教授课题组还开发了将盐作为三维硬模板直接制备酚醛树脂气凝胶的方法[80]。实验发现，在超盐环境（高浓度 $ZnCl_2$）下聚合的树脂由红色密实固体变成了多孔的黑色块状物体，说明超盐环境改变了树脂的介观结构；由于 $ZnCl_2$ 的强吸水特性，树脂的脱水程度大幅度提升，在一定程度上促进了树脂的碳化，因此呈现黑色。所得的黑色块体可以直接干燥或者常压自然干燥，并不会导致结构的塌缩。由于 $ZnCl_2$ 同时具有发泡作用，黑色硬块进行高温碳化后，可以直接发泡得到多孔碳气凝胶。碳化过程中，$ZnCl_2$ 起到脱水剂、催化剂、发泡剂和造孔剂的作用。高温下，$ZnCl_2$ 的脱水作用促进聚合物脱水碳化，产生大量水蒸气和 Zn 蒸气使树脂发泡膨胀，降低密度产生孔洞，Zn 挥发后也残留下纳米孔洞。所得的碳气凝胶具有非常高的比表面积（1340 m^2/g），结构非常稳定，能耐受极性和非极性溶剂的表面张力。$ZnCl_2$ 盐起到至关重要的作用，气凝胶的微观形貌、孔洞均取决于 $ZnCl_2$ 盐模板的含量。该方法提供了一种简单直接地制备碳气凝胶的新思路，从单体直接在超盐环境下聚合、碳化制备碳气凝胶从而绕过了有机气凝胶的制备步骤，整个过程只需自然干燥即可，大大降低了工艺复杂度及成本。所得的多孔碳气凝胶由于优异的机械稳定性和耐溶剂性，在环境处理等领域有着潜在的应用。

参 考 文 献

[1]   Kistler S S. Coherent expanded aerogels and jellies[J]. Nature，1931，127：741.

[2]   Pierre A C，Pajonk G M. Chemistry of aerogels and their applications[J]. Chemical Reviews，2002，102（11）：4243-4266.

[3]   Pekala R W. Organic aerogels from the polycondensation of resorcinol with formaldehyde[J]. Journal of Materials Science，1989，24（9）：3221-3227.

[4]   Barral K. Low-density organic aerogels by double-catalysed synthesis[J]. Journal of Non-Crystalline Solids，1998，225（3）：46-50.

[5]   王万兵，张睿，刘希邈，王灿，凌立成. 酚醛-糠醛基炭气凝胶对 NaCl 溶液的电吸附行为[J]. 新型炭材料，2007（1）：65-69.

[6]   张睿，梁晓怿，詹亮，李开喜，吕春祥. 酚醛-糠醛基炭气凝胶的合成和表征[J]. 新型炭材料，2002（4）：23-28.

[7]   Li W C，Reichenauer G，Fricke J. Carbon aerogels derived from cresol-resorcinol-formaldehyde for supercapacitors[J]. Carbon，2002，40（15）：2955-2959.

[8]   李文翠，郭树才. 酚类衍生物制备纳米材料气凝胶工艺过程研究[J]. 煤化工，2000（2）：26-28.

[9]   Fung A W P，Reynolds G A M，Wang Z H，Dresselhaus M S，Dresselhaus G，Pekala R W. Relationship between particle size and magnetoresistance in carbon aerogels prepared under different catalyst conditions[J]. Journal of Non-Crystalline Solids，1995，186：200-208.

[10]   Li F，Xie L，Sun G，Kong Q，Cao Y，Wei J，Ahmad A，Guo X，Chen C. Resorcinol-formaldehyde based carbon aerogel：preparation，structure and applications in energy storage devices[J]. Microporous and Mesoporous Materials，2019，279：293-315.

[11]   Al-Muhtaseb S A，Ritter J A. Preparation and properties of resorcinol-formaldehyde organic and carbon gels[J]. Advanced Materials（Weinheim），2003，15（2）：101-114.

[12]   Mulik S，Sotiriou-Leventis C，Leventis N. Time-efficient acid-catalyzed synthesis of resorcinol-formaldehyde aerogels[J]. Chemistry of Materials，2007，19（25）：6138-6144.

[13]   Michel A A，Nicholas L，Matthias M K. Aerogels Handbook[M]. New York：Springer，2011.

[14]   Barbieri O，Ehrburger-Dolle F，Rieker T P，Pajonk G M，Pinto N，Rao A V. Small-angle X-ray scattering of a new series of organic aerogels[J]. Journal of Non-Crystalline Solids，2001，285（1）：109-115.

[15]   Ren H，Zhu J，Bi Y，Xu Y，Zhang L，Shang C. Rapid fabrication of low density melamine-formaldehyde aerogels[J]. Journal of Porous Materials，2018，25（2）：351-358.

[16]   Godino-Ojer M，López-Peinado A J，Maldonado-Hódar F J，Pérez-Mayoral E. Highly efficient and selective catalytic synthesis of quinolines involving transition-metal-doped carbon aerogels[J]. ChemCatChem，2017，9（8）：1422-1428.

[17]　Enaiet Allah A，Tan H，Xu X，Farghali A A，Khedr M H，Alshehri A A，Bando Y，Kumar N A，Yamauchi Y. Controlled synthesis of mesoporous nitrogen-doped carbons with highly ordered two-dimensional hexagonal mesostructures and their chemical activation[J]. Nanoscale，2018，10（26）：12398-12406.

[18]　Salinas-Torres D，Léonard A F，Stergiopoulos V，Busby Y，Prieaux J，Job N. Effect of nitrogen doping on the pore texture of carbon xerogels based on resorcinol-melamine-formaldehyde precursors[J]. Microporous and Mesoporous Materials，2018，256：190-198.

[19]　Zhang N，Liu F，Xu S，Wang F，Yu Q，Liu L. Nitrogen-phosphorus co-doped hollow carbon microspheres with hierarchical micro-meso-macroporous shells as efficient electrodes for supercapacitors[J]. Journal of Materials Chemistry A，2017，5（43）：22631-22640.

[20]　Tsouris C，Mayes R，Kiggans J，Sharma K，Yiacoumi S，DePaoli D，Dai S. Mesoporous carbon for capacitive deionization of saline water[J]. Environmental Science & Technology，2011，45（23）：10243-10249.

[21]　Zhao J，Gilani M R H S，Liu Z，Luque R，Xu G. Facile surfactant-free synthesis of polybenzoxazine-based polymer and nitrogen-doped carbon nanospheres[J]. Polymer Chemistry，2018，9（33）：4324-4331.

[22]　Fang B，Binder L. A modified activated carbon aerogel for high-energy storage in electric double layer capacitors[J]. Journal of Power Sources，2006，163（1）：616-622.

[23]　Sepehri S，García B B，Zhang Q，Cao G. Enhanced electrochemical and structural properties of carbon cryogels by surface chemistry alteration with boron and nitrogen[J]. Carbon，2009，47（6）：1436-1443.

[24]　Ziegler C，Wolf A，Liu W，Herrmann A，Gaponik N，Eychmüller A. Moderne anorganische aerogele[J]. Angewandte Chemie International Edition，2017，129（43）：13380-13403.

[25]　Kocklenberg R，Mathieu B，Blacher S，Pirard R，Pirard J.P，Sobry R，Bossche G V. Texture control of freeze-dried resorcinol-formaldehyde gels[J]. Journal of Non-Crystalline Solids，1998，225（1-3）：8-13.

[26]　Job N，Théry A，Pirard R，Marien J，Kocon L，Rouzaud J，Béguin F，Pirard J. Carbon aerogels，cryogels and xerogels：influence of the drying method on the textural properties of porous carbon materials[J]. Carbon，2005，43（12）：2481-2494.

[27]　Lee K T，Oh S M. Novel synthesis of porous carbons with tunable pore size by surfactant-templated sol-gel process and carbonisation[J]. Chemical Communications，2002（22）：2722-2723.

[28]　Fischer U，Saliger R，Bock V，Petricevic R，Fricke J. Carbon aerogels as electrode material in supercapacitors[J]. Journal of Porous Materials，1997，4（4）：281-285.

[29]　Wu D，Fu R，Zhang S，Dresselhaus M S，Dresselhaus G. Preparation of low-density carbon aerogels by ambient pressure drying[J]. Carbon，2004，42（10）：2033-2039.

[30]　Liu C，Han J，Zhang X，Hong C，Du S. Lightweight carbon-bonded carbon fiber composites prepared by pressure filtration technique[J]. Carbon，2013，59：551-554.

[31]　Hao G，Jin Z，Sun Q，Zhang X，Zhang J，Lu A. Porous carbon nanosheets with precisely tunable thickness and selective CO_2 adsorption properties[J]. Energy & Environmental Science，2013，6（12）：3740.

[32]　Liu R，Wan L，Liu S，Pan L，Wu D，Zhao D. An interface-induced co-assembly approach towards ordered mesoporous carbon/graphene aerogel for high-performance supercapacitors[J]. Advanced Functional Materials，2015，25（4）：526-533.

[33]　Wei G，Miao Y，Zhang C，Yang Z，Liu Z，Tjiu W W，Liu T. Ni-doped graphene/carbon cryogels and their applications as versatile sorbents for water purification[J]. ACS Applied Materials & Interfaces，2013，5（15）：7584-7591.

[34]　Qian Y，Ismail I M，Stein A. Ultralight，high-surface-area，multifunctional graphene-based aerogels from

self-assembly of graphene oxide and resol[J]. Carbon，2014，68：221-231.

[35] Wang X，Lu L，Yu Z，Xu X，Zheng Y，Yu S. Scalable template synthesis of resorcinol-formaldehyde/graphene oxide composite aerogels with tunable densities and mechanical properties[J]. Angewandte Chemie International Edition，2015，54（8）：2397-2401.

[36] Ungureanu S，Birot M，Deleuze H，Schmitt V，Mano N，Backov R. Triple hierarchical micro-meso-macroporous carbonaceous foams bearing highly monodisperse macroporosity[J]. Carbon，2015，91：311-320.

[37] Wang Y，Tao S，An Y，Wu S，Meng C. Bio-inspired high performance electrochemical supercapacitors based on conducting polymer modified coral-like monolithic carbon[J]. Journal of Materials Chemistry A，2013，1（31）：8876.

[38] Agrawal P R，Kumar R，Uppal H，Singh N，Kumari S，Dhakate S R. Novel 3D lightweight carbon foam as an effective adsorbent for arsenic（V） removal from contaminated water[J]. RSC Advances，2016，6（36）：22899-29908.

[39] Wang J，Shen L，Nie P，Yun X，Xu Y，Dou H，Zhang X. N-doped carbon foam based three-dimensional electrode architectures and asymmetric supercapacitors[J]. Journal of Materials Chemistry A，2015，3（6）：2853-2860.

[40] Xu X，Zhou J，Nagaraju D H，Jiang L，Marinov V R，Lubineau G，Alshareef H N，Oh M. Flexible，highly graphitized carbon aerogels based on bacterial cellulose/ lignin: catalyst-free synthesis and its application in energy storage devices[J]. Advanced Functional Materials，2015，25（21）：3193-3202.

[41] Mukai S R，Nishihara H，Yoshida T. Morphology of resorcinol-formaldehyde gels obtained through ice-templating[J]. Carbon，2005，43（7）：1563-1565.

[42] Berthon S，Barbieri O，Ehrburger-Dolle F，Geissler，Achard P，Bley F，Hecht A，Livet F，Pajonk G M，Pinto N，Rigacci A，Rochas C. DLS and SAXS investigations of organic gels and aerogels[J]. Journal of Non-Crystalline Solids，2001，285（1）：154-161.

[43] 张厚琼，王朝阳，付志兵，刘秀英. RF 气凝胶扩孔影响因素初探[J]. 高分子材料科学与工程，2009，25（7）：155-158.

[44] Gebert M S，Pekala R W. Fluorescence and light-scattering studies of sol-gel reactions[J]. Chemistry of Materials，1994，6（2）：220-226.

[45] Horikawa T，Hayashi J I，Muroyama K. Size control and characterization of spherical carbon aerogel particles from resorcinol-formaldehyde resin[J]. Carbon，2004，42（1）：169-175.

[46] Horikawa T，Hayashi J，Muroyama K. Controllability of pore characteristics of resorcinol-formaldehyde carbon aerogel[J]. Carbon，2004，42（8-9）：1625-1633.

[47] Tamon H，Ishizaka H，Mikami M，Okazaki M. Porous structure of organic and carbon aerogels synthesized by sol-gel polycondensation of resorcinol with formaldehyde[J]. Carbon（New York），1997，35（6）：791-796.

[48] Saliger R，Bock V，Petricevic R，Tillotson T，Geis S，Fricke J. Carbon aerogels from dilute catalysis of resorcinol with formaldehyde[J]. Journal of Non-Crystalline Solids，1997，221（2）：144-150.

[49] Mirzaeian M，Hall P J. The control of porosity at nano scale in resorcinol formaldehyde carbon aerogels[J]. Journal of Materials Science，2009，44（10）：2705-2713.

[50] Feng Y N，Miao L，Tanemura M，Tanemura S，Suzuki K. Effects of further adding of catalysts on nanostructures of carbon aerogels[J]. Materials Science and Engineering：B，2008，148（1-3）：273-276.

[51] Job N，Pirard R，Marien J，Pirard J. Porous carbon xerogels with texture tailored by pH control during sol-gel process[J]. Carbon，2004，42（3）：619-628.

[52] Lin C，Ritter J A. Effect of synthesis pH on the structure of carbon xerogels[J]. Carbon，1997，35（9）：1271-1278.

[53] Yamamoto T，Nishimura T，Suzuki T，Tamon H. Control of mesoporosity of carbon gels prepared by sol-gel polycondensation and freeze drying[J]. Journal of Non-Crystalline Solids，2001，288（1）：46-55.

[54] Tannert R，Schwan M，Ratke L. Reduction of shrinkage and brittleness for resorcinol-formaldehyde aerogels by means of a pH-controlled sol-gel process[J]. Journal of Supercritical Fluids，2015，106：57-61.

[55] Alshrah M，Tran M，Gong P，Naguib H E，Park C B. Development of high-porosity resorcinol formaldehyde aerogels with enhanced mechanical properties through improved particle necking under CO_2 supercritical conditions[J]. Journal of Colloid and Interface Science，2017，485：65-74.

[56] Schwan M，Naikade M，Raabe D，Ratke L. From hard to rubber-like: mechanical properties of resorcinol-formaldehyde aerogels[J]. Journal of Materials Science，2015，50（16）：5482-5493.

[57] Schwan M，Ratke L. Flexibilisation of resorcinol-formaldehyde aerogels[J]. Journal of Materials Chemistry A, Materials for Energy and Sustainability，2013，1（43）：13462.

[58] Aghabararpour M，Mohsenpour M，Motahari S，Abolghasemi A. Mechanical properties of isocyanate crosslinked resorcinol formaldehyde aerogels[J]. Journal of Non-Crystalline Solids，2018，481：548-555.

[59] Alshrah M，Mark L H，Zhao C，Naguib H E，Park C B. Nanostructure to thermal property relationship of resorcinol formaldehyde aerogels using the fractal technique[J]. Nanoscale，2018，10（22）：10564-10575.

[60] Yu Z，Yang N，Apostolopoulou-Kalkavoura V，Qin B，Ma Z，Xing W，Qiao C，Bergström L，Antonietti M，Yu S. Fire-retardant and thermally insulating phenolic-silica aerogels[J]. Angewandte Chemie International Edition，2018，57（17）：4538-4542.

[61] Wang L，Wang J，Zheng L，Li Z，Wu L，Wang X. Superelastic，anticorrosive，and flame-resistant nitrogen-containing resorcinol formaldehyde/graphene oxide composite aerogels[J]. ACS Sustainable Chemistry & Engineering，2019，7（12）：10873-10879.

[62] Wang C，Cheng H，Hong C，Zhang X，Zeng T. Lightweight chopped carbon fibre reinforced silica-phenolic resin aerogel nanocomposite: facile preparation，properties and application to thermal protection[J]. Composites Part A: Applied Science and Manufacturing，2018，112：81-90.

[63] Yao R，Yao Z，Zhou J. Microstructure，thermal and electrical properties of polyaniline/phenolic composite aerogel[J]. Journal of Porous Materials，2018，25（2）：495-501.

[64] Verma N K，Khare P，Verma N. Synthesis of iron-doped resorcinol formaldehyde-based aerogels for the removal of Cr（Ⅵ）from water[J]. Green Processing and Synthesis，2015，4（1）：37-46.

[65] Jin H，Li J，Yuan Y，Wang J，Lu J，Wang S. Recent progress in biomass-derived electrode materials for high volumetric performance supercapacitors[J]. Advanced Energy Materials，2018，8（23）：1801007.

[66] Cao J，He P，Mohammed M A，Zhao X，Young R，Derby B，Kinloch I A，Dryfe R A W. Two-step electrochemical intercalation and oxidation of graphite for the mass production of graphene oxide[J]. Journal of the American Chemical Society，2017，139（48）：17446-17456.

[67] Wu Z，Sun Y，Tan Y，Yang S，Feng X，Müllen K. Three-dimensional graphene-based macro- and mesoporous frameworks for high-performance electrochemical capacitive energy storage[J]. Journal of the American Chemical Society，2012，134（48）：19532-19535.

[68] Pierre A C，Pajonk G M. Chemistry of aerogels and their applications[J]. Chemical Reviews，2002，102（11）：4243-4266.

[69] Wang Y，Wang C，Cheng W，Lu S. Dispersing WO_3 in carbon aerogel makes an outstanding supercapacitor electrode material[J]. Carbon，2014，69：287-293.

[70] Yang K，Ying T，Yiacoumi S，Tsouris C，Vittoratos E S. Electrosorption of ions from aqueous solutions by carbon

aerogel: an electrical double-layer model[J]. Langmuir, 2001, 17 (6): 1961-1969.

[71] Trick K A, Saliba T E. Mechanisms of the pyrolysis of phenolic resin in a carbon/phenolic composite[J]. Carbon, 1995, 33 (11): 1509-1515.

[72] Li F, Xie L, Sun G, Su F, Kong Q, Cao Y, Guo X, Chen C. Structural evolution of carbon aerogel microspheres by thermal treatment for high-power supercapacitors[J]. Journal of Energy Chemistry, 2018, 27 (2): 439-446.

[73] Ouchi K. Infra-red study of structural changes during the pyrolysis of a phenol-formaldehyde resin[J]. Carbon, 1966, 4 (1): 59-66.

[74] Zhang L, Liu H, Wang M, Chen L. Structure and electrochemical properties of resorcinol-formaldehyde polymer-based carbon for electric double-layer capacitors[J]. Carbon, 2007, 45 (7): 1439-1445.

[75] Hotova G, Slovak V. Effect of pyrolysis temperature and thermal oxidation on the adsorption properties of carbon cryogels[J]. Thermochimica Acta, 2015, 614: 45-51.

[76] Hasegawa G, Kanamori K, Kannari N, Ozaki J, Nakanishi K, Abe T. Studies on electrochemical sodium storage into hard carbons with binder-free monolithic electrodes[J]. Journal of Power Sources, 2016, 318: 41-48.

[77] Amaral-Labat G, Szczurek A, Fierro V, Masson A P E, Celzard A. "Blue glue": a new precursor of carbon aerogels[J]. Microporous and Mesoporous Materials, 2012, 158: 272-280.

[78] Yu Z L, Qin B, Ma Z Y, Huang J, Li S, Zhao H, Li H, Zhu Y, Wu H, Yu S. Superelastic hard carbon nanofiber aerogels[J]. Advanced Materials, 2019, 31 (23): 1900651.

[79] Yu Z L, Xin S, You Y, Yu L, Lin Y, Xu D W, Qiao C, Huang Z H, Yang N, Yu S H, Goodenough J B. Ion-catalyzed synthesis of microporous hard carbon embedded with expanded nanographite for enhanced lithium/sodium storage[J]. Journal of the American Chemical Society, 2016, 138 (45): 14915-14922.

[80] Yu Z L, Li G C, Fechler N, Yang N, Ma Z, Wang X, Antonietti M, Yu S. Polymerization under hypersaline conditions: a robust route to phenolic polymer-derived carbon aerogels[J]. Angewandte Chemie International Edition, 2016, 55 (47): 14623-14627.

第4章

生物质气凝胶

根据国际能源机构（IEA）的定义，生物质（biomass）是指通过光合作用而形成的各种有机体，包括所有的动植物和微生物。从广义上讲，生物质包括所有的植物、微生物，以及以植物、微生物为食物的动物及其生产的废弃物。从狭义上讲，生物质主要指农林业生产过程中除粮食、果实以外的秸秆，树等木质纤维素，农产品加工业下脚料，农林废弃物及畜牧业生产过程中的牲畜粪便和废弃物等物质。生物质气凝胶是原料为生物质的一种有机气凝胶，并且可以通过多种技术和手段对其进行功能化的富集，也可制备有机-无机杂化气凝胶，使其具有特殊的功能性。生物质资源在自然界中储量丰富、种类繁多，由生物质制备而成的气凝胶也因此具有诸多种类，并且具备不同的性质。

4.1 纤维素气凝胶 ◄◄◄

4.1.1 简介

纤维素一词最早在 1838 年由法国化学家 Anselme Payen 提出，它的本质是一种纤维状、坚韧、不溶于水的物质，分子式为$(C_6H_{10}O_5)_n$。随着煤炭、石油等化石能源的日益枯竭，这种无毒且可再生、可降解的天然高分子材料受到人们的广泛关注。自然界中纤维素分布十分丰富，植物与菌类中都可以找到它的身影，棉花的纤维素含量为 85%～90%，麻类为 65%～75%，木材、竹类为 40%～50%。据统计，每年通过光合作用产生的植物纤维素高达 10 亿吨，是一种名副其实的取之不尽、用之不竭的绿色能源[1]。

从化学结构上看，纤维素是一种线型大分子，可以将其定义为 D-吡喃葡萄糖单元通过 β-1, 4-糖苷键连接而成的高分子均聚物[2]。由图 4.1 的分子结构式可以看出，纤维素的每个葡萄糖单元含有三个醇羟基，其中 C2、C3 位为仲醇羟基，C6 位为伯醇羟基。这些羟基中具有较强极性的氢原子，会与另一个羟基上的氧原子相互吸引形成氢键，因此，纤维素大分子内部、纤维素分子间、纤维素与水分子间都能够形成氢键。并且，纤维素具有无毒、可再生、生物相容性和可降解的优点，使其非常适合作为制备水凝胶、气凝胶等智能凝胶材料的原料。

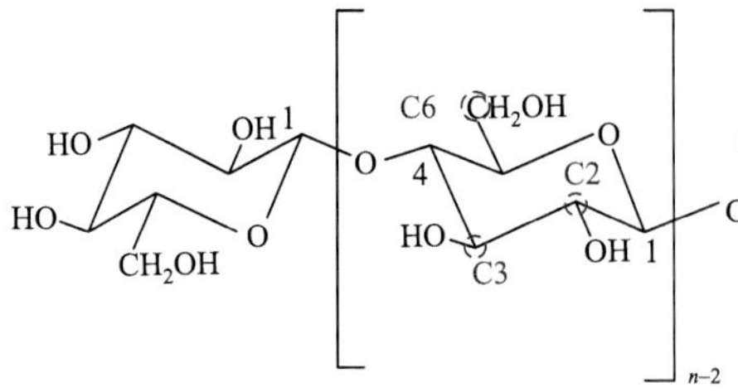

图 4.1 　 纤维素的化学结构（n 为聚合度）

4.1.2 分类

然而，生物质中的纤维素具有较为规整的聚集态结构（结晶度高、微纤聚集成束），难以直接溶于水和大部分的有机溶剂，因此以生物质为原料制备气凝胶时需要将其用机械、超声、高压均质或化学处理才可获得具有微米或者纳米尺度的纤维素形态[3]。这些经过物理或者化学拆分后的纤维素一般具有极大的比表面积，其表面的羟基或者修饰后的基团可通过一定的相互作用（氢键、静电吸附、化学交联等）驱动微纳纤维自组装形成网络结构，形成湿凝胶，最后经干燥处理得到具有三维网络结构的气凝胶[4]。

纤维素气凝胶是一种独立于无机气凝胶材料和有机聚合物气凝胶材料之外的第三代气凝胶材料[5]。其兼具绿色可再生纤维素材料和多孔气凝胶材料两者的优点，是集生物相容性和生物降解性、低密度、高比表面积于一体的新型绿色轻质材料。与传统的无机气凝胶和合成高分子气凝胶相比，纤维素气凝胶表现出相当高的强度和延展性，在环境工程（吸附剂、催化剂）、能源工程（电池、传感）、组织工程及 3D 生物打印等领域有着广泛的应用。

根据纤维素气凝胶的原料来源、分子结构、化学组成及合成方法，大致可将其分为纳米纤维素气凝胶、细菌纤维素气凝胶、再生纤维素气凝胶及纤维素衍生物气凝胶。

1. 纳米纤维素气凝胶

纳米纤维素气凝胶一般是以天然纤维素纳米网络结构为基础的气凝胶，具有各向同性的三维随机网络结构[6]。天然纳米纤维素的直径为 1～100 nm，长度分布在几百纳米至几微米之间，按照制备方法和形态结构差异，可将其分为纤维素纳米晶体（cellulose nanocrystalline，CNC）和纤维素纳米纤维（cellulose nanofiber，CNF）两大类。其中，纤维素纳米晶体是一种棒状晶体，结晶度高，尺寸在几纳米到几百纳米之间；纤维素纳米纤维是指长度可达微米级别的纳米纤维素材料，具有长而缠绕的结构，且含部分无定形结构，因而结晶度稍低，如图 4.2 所示。

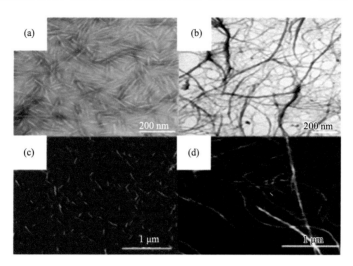

图 4.2　CNC（a，c）和 CNF（b，d）的 TEM 图和 AFM 图[7]

　　由于纤维素分子链上存在高活性的羟基，可以通过分子内和分子间氢键作用实现凝胶化，发生物理交联形成三维网络结构，因此，利用酸水解、机械处理和酶催化水解等手段处理棉、麻等天然纤维素，凝胶化后经过溶剂交换、冷冻/超临界干燥等技术制得有序多孔的天然纤维素气凝胶材料[8]。

　　1）纤维素纳米晶气凝胶

　　CNC 是一种通过酸水解除去纤维素中无定形区而保留结晶区的棒状晶体，也称纤维素晶须（cellulose whiskers，CW）。1947 年，Nickerson 和 Habrle[9]首次报道了可以通过硫酸催化纤维素纤维的降解而得到纤维素的胶体悬浮液，将悬浮液烘干后放在 TEM 中观察，发现里面存在着许多针状颗粒聚集体，经分析得知，该颗粒具有与原始纤维相同的晶体结构。由于 CNC 结晶度高、刚性大，因此用 CNC 制备的气凝胶有着可媲美于硅基气凝胶的高孔隙率和比表面积，弹性模量也可达数百千帕且不易碎。Thielemans 和 Heath[10]以天然纤维素-棉花为原料，用酸水解获得 CNC 分散液并凝胶化处理，随后经乙醇溶剂交换、超临界干燥处理获得了具有高密度（0.078 g/cm^3）、高比表面积（605 m^2/g）的纤维素气凝胶。油水吸附与分离是 CNC 气凝胶最常见的应用之一，由于 CNC 分子本身是亲水的，因此需要对形成的气凝胶进行后处理，以促进 CNC 与油的相互作用。Yang 和 Cranston[11]将纤维素用硫酸水解得到纳米微晶纤维素，而后分别通过表面酰肼化/醛化修饰得到酰肼化纳米微晶纤维素和醛化纳米微晶纤维素，再经化学交联制备了可形变恢复的超级吸附气凝胶。该气凝胶具有良好的油水吸附性，对水和十二烷的吸附量分别为 160 g/g 和 172 g/g。Fumagalli 等[12]将 CNC 气凝胶进行气相棕榈酰化，从而使冻干的 CNC 在非极性溶剂中可重新分散。此外，将 CNC 与另一种原料结合也可以增加疏水性或吸收能力。例如，Ahmadi 等[13]开发了用于装载疏水营养品的 CNC/乳清蛋白气凝胶，其装载鱼油的效率为 71.7%。

为进一步提高 CNC 气凝胶的强度、柔韧性并拓宽其功能性，科学家们选择往 CNC 溶胶中掺入纳米颗粒以增强其相关性能。Schiraldi 等[14]将蒙脱土和纤维素晶须进行混合，得到一种无机/有机混合气凝胶，由于黏土-晶须之间存在着协同作用，两者间更易形成坚固的三维网络结构，其压缩强度和模量也随之直线上升。此外，往 CNC 中加入导电性纳米颗粒[15]，如聚吡咯、碳纳米管或二氧化锰纳米颗粒等制成的导电气凝胶有着极其出色的电容保持性，在 1000 次循环后显示出高达 97.81% 的电容保持率，同时具有极低的内阻及高达 2.1 F/cm^2 的比电容，这归因于气凝胶的高强度/柔韧性和高度多孔性，从而提供了与集电器的良好接触，并增加了用于电解质扩散的离子路径。

2）纤维素纳米纤维气凝胶

CNF 有着比 CNC 更大的长径比，且产率更高。CNF 呈现出高长径比、高比表面积、低结晶度的纤维或晶须形态，将其分散在水中，可借助纤维间的氢键及长纤维的缠结形成三维网络，从而形成稳定的凝胶网络骨架，可进一步提高凝胶的强度和模量。因此，由其制备的气凝胶具有很好的柔韧性和抗压缩变形能力。Sehaqui 等[16]通过冷冻干燥对纤维素纳米微纤悬浮液进行干燥，制备出纤维素微纤气凝胶，具有高孔隙率、强度大及高模量的特点，且其压缩性能优异。该气凝胶经压缩之后微孔结构并未被破坏，且不会出现应力硬化现象。Wang 等[17]以低密度的巴尔杉木为原材料制备了具有蜂窝状多孔结构的纤维素气凝胶，而后利用硅烷化改善该气凝胶的润湿性能。改性后纤维素气凝胶具有很高的机械压缩性（可承受 60% 的可逆形变压缩）和弹性。此外，该气凝胶还表现出极好的油水选择性，对油的吸附量为 41 g/g，且可通过挤压的方式将油挤压出来，在 10 个挤压循环测试下其吸附量变化不大。

Wang 等[18]利用传统造纸过程的磨浆方法得到了微纤化纤维素，然后依次利用冷冻干燥及疏水改性制备出具有较高孔隙率、高回弹性且可多次回收利用的微纤化纤维素气凝胶材料。该气凝胶在使用时的压缩回复率可达 95%，对泵油、机油和硅油的吸附量分别为其自身质量的 197 倍、198 倍和 228 倍，且经挤压-吸附循环后，吸附量仍可保持在自身质量的 100 倍以上，显示出优异的重复使用性。Wu 等[19]利用纤维素为原料制备了超轻、弹性、耐火、导电的气凝胶材料，其对各种有机溶剂的吸附量范围为 100～320 g/g，且可以通过燃烧的方法去除所吸附的油污，实现气凝胶的多次重复利用。

此外，为赋予 CNF 气凝胶更多的功能性，可将 CNF 与其他高分子进行复合，以此得到具有多功能性的 CNF 复合气凝胶材料。Inomata 等[20]将纳米纤维素和温度敏感性高分子聚（N-异丙基丙烯酰胺）复合制备了具有温度敏感性的气凝胶材料。温度敏感性高分子的引入不仅提升了气凝胶的强度，还使得气凝胶在不同温度下具有可逆的亲疏水特性。Lu 等[21]首次证明了由交联的天然纤维素纳米纤维/微纤化纤维素（CNF/MFC）制成的压缩气凝胶在浸水后具有快速的形状恢复性能。他们将聚酰胺-3, 3-环氧丁腈树脂作为交联剂与纤维素纳米纤维进行反应后得到化学交联的纤维素气凝胶。采用该方法制备的气凝胶具有很好的柔韧性，在外力作用下产生形变后，可在 10 s 内迅速恢复到其原始的形状和体积。Pääkkö 等[22]以纤维素纳米纤维为模板单元，在其上进行原子沉积，经煅烧后可形成具有中空结构的无机纳米管气凝胶，在传感、药物包封、催化、过滤或微流控等应用领域有着很好的应用前景。

2. 细菌纤维素气凝胶

细菌纤维素（BC）是纤维直径为 0.01～100 nm 的新型生物材料。细菌纤维素气凝胶是纤维素气凝胶的一种主要类型，且与具有纤维素 II 型结晶结构的再生纤维素气凝胶之间形成了很好的互补。与植物纤维素气凝胶相比，细菌纤维素气凝胶不仅具有高的平均分子量、结晶度和机械稳定性，同时也具有高纯度和生物相容性等优良特性，使其可作为多孔支架，应用于生物医药和卫生保健等领域。生物医药领域的应用主要包括利用开孔的细菌纤维素支架作为人造血管、药物缓释和烧伤皮肤的伤口敷料。这种在润湿状态下还保持着高强度的细菌纤维素产品非常适合用作临时皮肤代替物。细菌纤维素具有高透氧性和保水能力，因此有利于促进皮肤组织的再生和限制感染。此外，具有合适孔隙率的细菌纤维素气凝胶是一种潜在的器官代替物或用作组织移植，因为该材料能够通过细胞培养而进行再生。

3. 再生纤维素气凝胶

再生纤维素气凝胶是发展得比较成熟的一类纤维素气凝胶，制备过程主要分为三步，首先将纤维素溶解在溶剂中形成凝胶，然后通过凝固、再生得到结构为纤维素 II 型的凝胶，进一步以水或乙醇置换即可得到再生纤维素气凝胶，其性能与纤维素的来源、溶剂、再生溶液及温度等有关[3]。作为一种天然高分子材料，纤维素的分子内和分子间存在较强氢键作用，难以被普通溶剂溶解，所以需要探究特定的溶剂以溶解天然纤维素。现在常用的制备纤维素气凝胶的溶剂主要有四水硫酸铵根合镍{[(NH$_4$)$_2$SO$_4$]NiSO$_4$·6H$_2$O}、氢氧化钠/尿素水溶液、氯化锂/N, N-二甲基乙酰胺、氯化锂/二甲基亚砜等。

Budtova[23]以氢氧化钠/水（NaOH/H$_2$O）为溶剂制备纤维素气凝胶。他们首先在 5℃水中溶胀纤维素，再将其与预冷为−6℃的 NaOH/H_2O 混合、搅拌，通过水浴再生和溶剂交换得到再生纤维素凝胶，最后经超临界 CO_2 干燥得到纤维素气凝胶。NaOH/H_2O 是纤维素的非良溶剂，其会促使纤维素之间产生相互作用而形成微相分离，进而得到凝胶。Sescousse 等[24]将溶质型木质素加入溶有微晶纤维素的NaOH/H_2O 溶液中，利用木质素分子产生的聚合物之间的静电作用促使微相分离，加速凝胶的形成，最终形成了具有更大孔径的气凝胶。Liebner 等[25]同样采用NaOH/H_2O 为溶剂，以细菌纤维素为原材料制得再生纤维素气凝胶。该气凝胶密度为 8.25 mg/cm^3，且有很好的尺寸稳定性，在干燥过程中尺寸收缩率仅为 6.5%。Hoepfner 等[26]用硫氰酸钙溶解纤维素，在乙醇中再生，通过用水冲洗、冷冻干燥或者超临界干燥除去多孔凝胶中的液体即得到气凝胶。该气凝胶具有纳米网络结构，抗弯强度可达 2 MPa。

4. 纤维素衍生物气凝胶

纤维素衍生物是一种以纤维素为原材料，通过纤维素葡萄糖单元中呈极性的羟基与化学试剂反应生成具有不同功能特性的衍生物[27]。利用纤维素衍生物制得的气凝胶不仅可以保持纤维素本身的性质，而且还赋予了纤维素气凝胶其他性能。醋酸纤维素（CA）是最早进行商业化生产的一类纤维素衍生物，用其作为原料可用于制备一种可降解的气凝胶。Tan 等[28]将 CA 分散在乙酸-二异氰酸盐溶液中，利用 CA 的羟基和羧基间发生的化学交联作用实现凝胶化，经超临界干燥后得到的纤维素气凝胶比表面积高达 300 m^2/g，密度为 100～350 kg/m^3，冲击强度远高于传统的间苯二酚-甲醛气凝胶。Lu 等[29]将金属离子 Fe^{3+} 作为交联剂，通过冷冻干燥的方法制备出羧甲基纤维素气凝胶，进一步改变 Fe^{3+} 的质量分数可以得到具有不同密度和孔隙率的纤维素气凝胶，密度可低至 0.0568 g/cm^3，孔隙率高达 90.45%。通过改变金属离子的类型，还可得到具有磁性或者光学性质的羧甲基纤维素气凝胶。

相比于从纤维素宏观整体去衍生化修饰，对纤维素微单元进行表面修饰能够保证纤维素内部提供更多的活性位点，并且交联强度也会更大，更有利于凝胶化，最终得到的气凝胶结构的完整性也会更好。Sehaqui 等[30]将催化剂 2, 2, 6, 6-四甲基哌啶氧化物（TEMOP）混合氧化剂加入纤维素纳米纤维水溶液中，使其表面羟基氧化，氧化纤维素分子链上的羧羟基之间连接变得紧密，具体表现为形成的气凝胶力学性能更为优异、抗压性能更强。Kobayashi 等[31]用次氯酸钠（NaClO）和亚氯酸钠（$NaClO_2$）对微纤化纤维素进行双重氧化，最终得到了高度有序纤维素骨架结构，由此形成的气凝胶兼具高力学强度和良好的透光性。

4.1.3 纤维素气凝胶的制备

纤维素分子链中有许多羟基，可通过形成分子间和分子内的氢键进行凝胶化，从而得到物理交联的三维网络结构。为此，总结出纤维素气凝胶材料的制备过程，首先可通过直接溶解法、水相分散法、有机溶剂衍生法等多种方法将纤维素样品溶解或分散，然后通过化学交联或者低温再生形成凝胶，最后利用溶剂交换或者干燥的方法（冷冻干燥、超临界干燥）除去纤维素凝胶内部的溶剂，最终获得纤维素气凝胶，制备过程如图 4.3 所示。

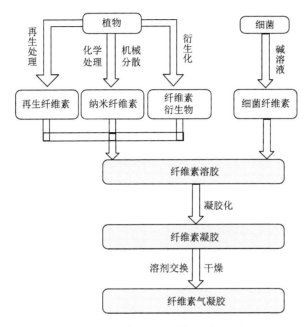

图 4.3　纤维素气凝胶制备流程图

1. **溶胶-凝胶过程**

对于形成纤维素水凝胶，有以下四种方法可供参考[27]：

（1）将纤维素溶解成溶液，然后通过纤维素再生技术得到纤维素水凝胶。

（2）将纤维素通过化学方法或机械处理得到纳米纤维素，再进行超声处理或机械搅拌得到纳米纤维素分散液，从而进一步制备纤维素水凝胶。

（3）对纤维素进行化学修饰得到纤维素衍生物溶液或分散液，而后通过纤维素衍生物表面特性基团的化学交联形成水凝胶。

（4）从细菌培养物中收集细菌纤维素，用一定浓度的 NaOH 水溶液处理细菌纤维素，得到细菌纤维素水凝胶。

2. **纤维素湿凝胶的干燥**

在纤维素气凝胶的制备过程中，干燥效果的好坏直接决定了纤维素气凝胶的质量，因此选择合适的干燥方式显得尤为重要。在传统的干燥方法中，纤维素气凝胶的骨架结构会受到气-液两相界面的表面张力、毛细管张力及渗透力,这些外力的作用都会使凝胶的体积在干燥过程中收缩并开裂,最后失去凝胶的网络结构。因此,气凝胶的制备必须采用特殊的干燥方法,目前常用的主要有冷冻干燥、超临界流体干燥和常压干燥三种方法。图 4.4 为采用不同干燥方法制备得到的气凝胶的微观结构。

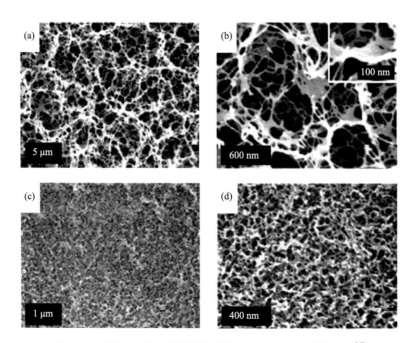

图 4.4   不同的干燥方法制得的纤维素(4%)气凝胶的形貌[6]
(a,b)冷冻干燥;(c,d)超临界流体干燥

1)冷冻干燥

冷冻干燥法是将物质中的水预先冻结成固体,然后在真空条件下进行升华干燥,过程中气凝胶材料会保持冻结状态下的骨架结构。与此同时,由于溶剂在低温低压条件下易于升华,材料内孔隙表面张力骤减,对材料骨架结构的破坏减小,因而能够制得尺寸稳定的气凝胶材料。目前常用的冷冻干燥方法主要有冰箱冷冻干燥法、液氮快速冷冻干燥及溶剂置换冷冻干燥法。这是因为不同的液体具有不同的表面张力,因此可以通过溶剂置换的方法将湿凝胶体系中的液体替换成表面张力较小的溶液,这样更易于气凝胶网络结构的保护。此外,预冻的速率对气凝胶的干燥也有着十分重要的影响。

2)超临界流体干燥

超临界流体干燥是指在临界状态下,水或其他溶剂(如甲醇和乙醇)从超临界流体中析出的干燥方法。换句话讲，当分散相的温度和压力高于临界点时，气-液界面消失，表面张力接近于零。因此，利用超临界流体干燥可以制得高品质的气凝胶。常用二氧化碳作为超临界干燥介质。这类方法以凝胶本身的结构为基础，选择合适的溶剂置换湿凝胶空隙中的水可以规避水和超临界二氧化碳亲和力低的问题，从而可以更好地保护气凝胶材料的骨架网络结构。

3）常压干燥

气凝胶的常压干燥主要通过改变凝胶结构来提高强度，或减少凝胶网络的毛细管张力来降低体积收缩，以完成正常的压力干燥过程。在气凝胶干燥过程中，常会因为受到表面张力的影响带来孔结构坍塌、收缩等问题，因此，在常压干燥之前预处理纤维素湿凝胶（如疏水改性、化学表面修饰、减少界面张力等），以获得更好的纤维素气凝胶材料。

4.1.4　微观结构

纤维素的聚集状态，即所谓的纤维素超分子结构，就是形成一种结晶区和无定形交错结合体系，结晶区的特点是纤维素分子链取向良好，密度较大。天然纤维素的结晶结构为典型的纤维素Ⅰ型，其特征峰在 15.1°、16.8°和 22.2°三处，这些峰分别与（101）、（10$\bar{1}$）和（002）晶面相对应，如图 4.5（a）所示。拥有此类晶型的主要有 CNF 气凝胶、CNC 气凝胶等天然纤维素气凝胶。经过改性后的气凝胶，如纤维素衍生物气凝胶、再生纤维素气凝胶等，称为纤维素Ⅱ型，其在 12.0°、20.0°和 21.6°处的特征峰分别与（101）、（10$\bar{1}$）和（002）晶面相对应，如图 4.5（b）所示[32]。

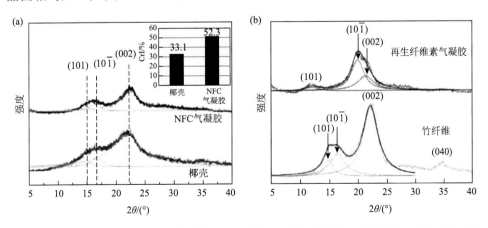

图 4.5　（a）椰壳粉末和 NFC 气凝胶的 XRD 谱图，插图为两者的结晶度指数；（b）再生纤维素气凝胶和竹纤维的 XRD 谱图[32]

原始的纤维素为较密实的结构，这是由于大量氢键使得纤维素分子链聚集而成。而纤维素气凝胶由相互连接的纤维组成，呈现丰富开放的多孔三维网络结构，导致其密度较低。当纤维之间的距离较大时，气凝胶的微观结构较松散，纤维段长度较小；而密度较大时，纤维之间的距离较小，微观结构较致密。图 4.6 为不同密度下纤维素气凝胶的微观结构。

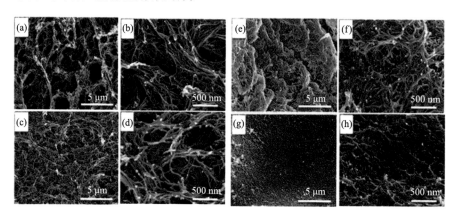

图 4.6　不同密度下纤维素气凝胶的 SEM 图[32]

（a，b）5.2 mg/cm³；（c，d）10.3 mg/cm³；（e，f）30.6 mg/cm³；（g，h）50.9 mg/cm³

氮气吸附-脱附曲线常用来表征气凝胶的孔隙率，而 Brunauer-Emmett-Teller（BET）可用于计算纤维素气凝胶的孔隙特征参数。纤维素气凝胶呈现典型的Ⅳ型吸附等温线，表明其含有介孔且吸附质-吸附剂存在较强的相互作用。此外，由孔径分布曲线可以看出，纤维素气凝胶主要是由微孔（大于 2 mm）和介孔（2～50 nm）构成；且随着密度的增大，气凝胶的孔隙率呈逐渐减小趋势。

4.1.5　宏观性能

1. 力学性能

纤维素分子表面具有丰富的羟基，因而是一种十分亲水的高分子材料。但是这种亲水性的存在会导致形成的气凝胶孔结构因纤维吸水而坍塌，得到的纤维素气凝胶也因而具有较差的力学性能。为了提高纤维素气凝胶的力学性能，可以向体系中引入 SiO_2、纳米黏土等增强剂，以促进纤维素基体与增强剂之间的优势互补、相互协同，进而达到提高气凝胶骨架力学强度的目的。常用的增强纤维素气凝胶的方法可概括为两种：一是添加增强组分提高材料自身骨架强度来提高材料的力学性能；二是通过增加纤维素气凝胶三维网络交联点的强度来巩固纤维素气凝胶内部骨架结构。纤维气凝胶的压缩应力随着密度的增加而增加，这是因为高密度的气凝胶具有较低的孔隙率[34]。

2. 吸附性能

纤维素吸附材料具有独特的结构特征和分子间氢键，它的吸附反应机理主要包括表面络合、离子交换、氧化还原等。通过在纤维素羟基位置上引入表面活性基团，从而在吸附过程中实现离子释放和交换。当在纤维素的羟基位置引入硫醇、氨基酸、羧基等其他活性基团时，活性的原子可以通过提供孤对电子与重金属离子在吸附剂的表面发生络合反应。纤维素吸附材料的结构特性、吸附过程的条件和周围环境都对其吸附效果有着重要影响。

3. 热稳定性

热重分析（TGA）和微商热重分析（DTG）通常用于表征材料的热稳定性。从图 4.7 可以看到，相比于原始的纤维素，纤维素气凝胶开始发生降解的温度较低，这是由气凝胶的网络结构造成的。因为纤维素气凝胶骨架由较细的纤维组成，且含有丰富的多孔结构，使其比表面积增加，从而反应活性位点增多，导致在高温下更易发生反应。但最大的降解速率对应的温度却相差无几，这说明制备的气凝胶仍具有较高的热稳定性。

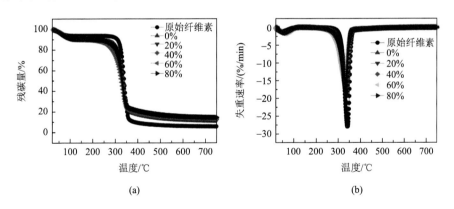

图 4.7　纤维素原料和不同乙酸浓度处理得到的纤维素气凝胶的 TGA（a）及 DTG（b）曲线[35]

4.1.6　应用

纤维素气凝胶具有低密度、高比表面积、高孔隙率等特征，通过负载其他功能性填料还可赋予其更多的功能，因此被广泛用于保温隔热、吸附分离及电磁等领域。

1）保温隔热材料

材料的保温隔热性能可以用热导率来衡量和评价。通常气凝胶的热导率是以空气为介质，近似于固相、气相和辐射传热的总和。纤维素气凝胶的固相传热减小可以通过减小气凝胶的体积密度来实现，气相传热减小可以通过缩小气凝胶孔隙尺寸来实现。当气凝胶的孔尺寸小于气体的平均自由程（70 nm）时，气相传热可以忽略不计。

Wicklein 等[36]将纳米纤维素和氧化石墨烯悬浮液进行混合，利用定向冷冻的方法制备了具有各向异性的纤维素基复合气凝胶。该复合气凝胶不仅具有质轻、阻燃的特性，而且还表现出良好的热绝缘性能，垂直于冰晶生长方向的热导率仅为 15 mW/(m·K)。Li 等[37]以天然木材为原料，经特定切割和化学处理后获得具有层级排列结构的木材，随后将样品冷冻干燥处理得到各向异性的纤维素碳气凝胶。此种气凝胶表现出各向异性的导热性能，垂直于纤维素纤丝方向的热导率极低，为 30 mW/(m·K)，表现出热绝缘的性能；平行于纤维素纤丝方向的热导率为 60 mW/(m·K)，表现出高效散热的性能。此外，Guo 等[38]以 N-羟甲基二甲基膦酰丙胺（MDPA）和丁烷三羧酸（BTCA）为共添加剂，采用后交联方法制备了阻燃 CNF 海绵状气凝胶。该气凝胶具有良好的隔热性能，热导率低至 32.58 mW/(m·K)。与纯 CNF 气凝胶相比，CNF/BTCA/MDPA 气凝胶具有较好的阻燃性能、优异的自熄性能和显著提高的残碳量（268%）。这些特性使得基于 CNF 的气凝胶成为潜在的热防护装备的材料。

2）油水分离材料

纤维素气凝胶的油水分离主要分为两类，第一类是对纤维素气凝胶进行疏水化改性，利用气凝胶表面形貌的多尺度性，采用物理或化学手段接枝疏水基团，降低表面能，提高水接触角使之超疏水，进而用于吸附溶剂、油类等。Zheng 等[39]用甲基三甲氧基硅烷改性纤维素纳米线，制得的气凝胶疏水角可达 110°以上，对溶剂和油的吸附能力可达 120 g/g。Xia 等[40]通过热化学气相沉积制备了甲基三氯硅烷改性的纤维素气凝胶，改性后的纤维素气凝胶的水接触角可达 141°，对原油和有机溶剂的吸附能力分别是自身质量的 116 倍和 140 倍。Korhonen 等[41]在纳米纤维素气凝胶骨架上均匀沉积一层疏水的二氧化钛，获得核壳结构的有机-无机复合纳米气凝胶，进而将其用于吸附水中的有机污染物（如液状石蜡和矿物油），且洗涤后可再重复利用。

第二类是加入交联剂增强纤维素气凝胶，由于纤维素表面亲水，且具备水下亲水亲油的特性，因此可将其用于过滤材料分离油水混合物和油水乳液。He 等[42]利用聚酰胺环氧氯丙烷树脂（PAE）与纤维素交联，得到亲水性纤维素气凝胶。用该气凝胶进行油水混合物及油水乳液分离，重复 10 次使用后分离效果分别可达 100%和 98.6%。Chem 等对纳米纤维素水溶液进行超声处理，冷冻干燥及碳化后获得具有亲水疏油特性的纳米纤维素碳气凝胶，其与水的接触角为 129°，与油的接触角几乎为 0°，且可承受 70%的形变并恢复至原状，可以实现大规模的油水分离。

3）电磁材料

将纤维素气凝胶或碳气凝胶浸泡于金属化合物的水溶液中，经化学或电化学还原，原位生成附着在纤维素骨架上的无机纳米颗粒；或是浸泡在含有导电粒子的溶液中，可得到具有电磁特性的复合气凝胶。

Liu 等[43]采用原位聚合的方法将聚苯胺（PANI）聚合到纤维素纳米纤维（CNF）和石墨烯（GNS）的表面上，随后冷冻干燥制成复合气凝胶材料。该 CNF/GNS/PANI 气凝胶表现出高的比表面积和丰富的 3D 宏观结构通道，从而赋予该材料高的电化学性能，经过 1000 次电化学循环测试下，复合气凝胶电容器的容量保持率达到 74.5%。Ikkala 等[44]以柔性的 CNF 气凝胶为模板，将其浸泡在导电聚合物聚苯胺与掺杂剂的甲苯溶液中，冷冻干燥后得到的导电气凝胶保持原有的孔结构而不坍塌，在极低的聚苯胺含量[0.1 vol%（体积分数，后同）]下即可得到较高电导率（10^{-2} S/cm）的柔性多孔纳米纤维素基气凝胶，在传感、导电、医学及制药领域有着广泛的应用。Liu 等[45]利用纳米纤维素分子链上的氧原子与金属阳离子之间的偶极作用，将纳米纤维素气凝胶置于硫酸亚铁/氯化钴的水溶液中，使得带有磁性的铁/钴颗粒均匀生长在气凝胶纳米纤维的表面，制备出可驱动的柔韧轻质磁性气凝胶。该磁性气凝胶不仅可以吸水，而且水分也可被挤出，有望用于微流体和电子制动器领域。

纤维素是一种可再生、可生物降解、生物相容性好、化学性质稳定的天然聚合物，以纤维素为原料制备的纤维素气凝胶凭借自身优异的物理化学性能在保温隔热、吸附分离及电磁等领域得到了应用。然而，关于纤维素气凝胶的制备和改性仍存在一些问题[27]：①纳米纤维素和细菌纤维素的机械处理工艺烦琐、成本高，并且纳米纤维素在干燥过程中易于自聚集；②再生纤维素气凝胶的制备过程中所需要的溶剂体系复杂，往往需要毒性很强的有机溶剂作为共溶剂，导致纤维素溶解成本过高，造成对环境的污染与破坏；③某些纤维素气凝胶的改性虽赋予其新性能，但过程中可能会破坏纤维素气凝胶的一些固有属性（如生物相容性、机械性）。因此，纤维素气凝胶的未来研究应聚焦：首先，需要构建一个有效、廉价、环保和无毒的纤维素溶剂体系来提高纤维素溶解效率；其次，必须加快溶胶-凝胶和溶剂交换过程以缩短生产周期，探索低成本的凝胶干燥方法；最后，通过物理混合或化学改性来改善纤维素气凝胶的性能和稳定性。

4.2 壳聚糖气凝胶 ◄◄◄

4.2.1 简介

壳聚糖是一种线型多糖，由 D-葡萄糖胺和 N-乙酰-D-氨基葡萄糖组成。该材料是通过甲壳素（一种广泛存在于甲壳类、贝类、昆虫类的外壳、角质层、齿和喙等处，天然存在的生物聚合物）的碱性脱乙酰作用和酶促降解作用而制备的，分子式为（$C_6H_{11}NO_4$）$_n$。相比于甲壳素自身具有加热不熔化的性质，壳聚糖由于含有游离氨基且是均态直链多糖，具有更高的活性和更温和的溶解性，其分子结构如图 4.8 所示。

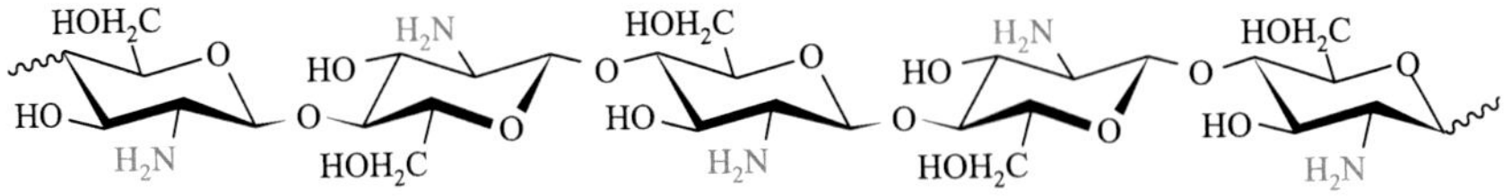

图 4.8   壳聚糖分子结构

由上述结构可以看到，壳聚糖分子中具有丰富的氨基和羟基，因此具有优异的化学反应活性，易与其他活性集团（羧基、醛基等）进行反应，进而实现众多类型的化学改性和化学交联过程，如 *N*-酰基化、*N*-烷基化和 *O*-酰基化，以及含氧无机酸的氧化、醚化和酯化反应等。由此预见，若是对这些反应进行合理的设计及细致的工艺控制，那么完全有可能合成具有特殊性能的壳聚糖衍生物，进而制备出具有特定功能的新型功能材料。

一般而言，壳聚糖具有很好的吸附性、成膜性、生物相容性和生物降解性等，因而在生物方面具有诸多优势，在组织工程、基因传递及创伤修复等领域有着非常广泛的应用。而以壳聚糖为基体制备得到的气凝胶及其复合材料在保持壳聚糖原有性质的基础上，赋予了材料极高的孔隙率和大的比表面积，在一定程度上拓展了壳聚糖材料在生物以外，如催化、空气清洁、绝热材料应用、废水处理、生物医学等领域的应用。

4.2.2   壳聚糖气凝胶的制备

壳聚糖气凝胶的形成需要化学或/和物理交联作用来实现。壳聚糖结构单元中的糖苷键是以半缩醛的形式存在的，在酸性水溶液中，壳聚糖会因为糖苷键的水解和氨基的质子化而发生溶解，为其参加交联反应提供前提基础。在此，总结了由壳聚糖溶液形成气凝胶的过程[46]：

（1）壳聚糖在酸性溶液中溶解：通常采用稀 CH_3COOH、稀 HCl 和稀 HNO_3 等常见的酸对壳聚糖进行溶解。

（2）凝胶化和水凝胶的形成：壳聚糖凝胶化的方法有两种，一种是在碱液（氢氧化钠溶液等）体系中进行物理交联；另一种是通过交联剂（半纤维素柠檬酸、甲醛和戊二醛等）进行化学交联。

（3）干燥前的预处理，包括溶剂交换或化学改性。

（4）超临界干燥/冷冻干燥：其中超临界干燥不会对气凝胶骨架结构造成破坏；冷冻干燥则可利用冰晶生长来调整孔隙率。

（5）干燥后处理。

4.2.3 微观结构

从微观形貌上看，壳聚糖气凝胶呈现出纵横交错的网络交联骨架结构，其网络骨架是由纤维状的结构组合而成，最后随机形成具有多级孔结构的气凝胶材料，如图 4.9 所示。

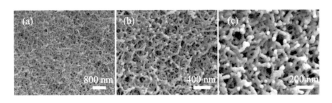

图 4.9 不同放大倍数下壳聚糖气凝胶的 SEM 图[47]

孔径尺寸分布对气凝胶材料的密度和隔热性能而言十分重要。由壳聚糖气凝胶的氮气吸附-脱附曲线可知在相对压力较小（小于 0.1）的阶段，氮气吸附量均非常低，说明形成氮气单分子层的过程较为微弱，可见其微孔结构较为稀少；随着相对压力的升高，曲线呈现出介孔尺寸结构的曲线分布；而当相对压力较高时，其吸附斜率呈现出相对缓和状态，表明气凝胶的大孔较少。根据 BJH 模型计算出的壳聚糖气凝胶材料的孔径分布情况，由结果分析可知，壳聚糖气凝胶孔径尺寸分布较广，范围集中在 40~100 nm 之间[47]。

4.2.4 宏观性能

1. 力学性能

壳聚糖气凝胶由于材料本身的特性和交联方式的不同往往表现出较差的力学强度，因此常通过添加交联剂以增强其力学性能。由图 4.10 可以看到，无论轴向还是径向，聚糖杂化气凝胶（P/CA）材料的压缩应力-应变曲线整体趋于非脆性多

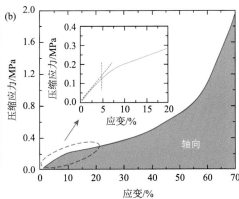

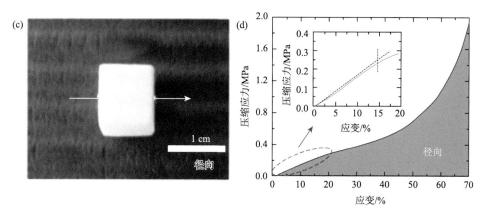

图 4.10   壳聚糖杂化气凝胶分别在轴向（a，b）、径向（c，d）的压缩应力-应变曲线[47]

孔高分子泡沫的形态。即便压缩轴向或径向样品至应变的 70%，也未见测试材料有任何裂纹或裂隙出现，可见，该杂化气凝胶材料具有较为强的韧性。此外，在应变 5%～15%范围内时，轴向和径向的样品均反映出线性弹性形变的特征，说明其在较低应变条件下完全具备可以恢复的弹性性能。

2. 热稳定性

实际应用中的气凝胶保温隔热材料往往处于温度变化的环境条件下，为更好地使壳聚糖气凝胶材料在不同温度下使用，对其进行热稳定性测试就显得非常必要。由热稳定性曲线分析可知，该气凝胶材料的最高使用温度可达 225℃（图 4.11），完全适用于建筑节能领域的实际应用。

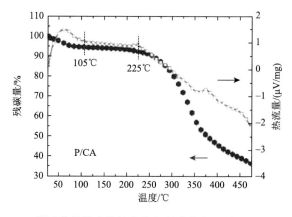

图 4.11   通过 TGA-DSC 测试获得的壳聚糖杂化气凝胶从室温到 500℃之间的热稳定性曲线[47]

3. 隔热性能

热导率是表征材料隔热性能的重要参数之一。由图 4.12 可以看到,壳聚糖杂化气凝胶材料的常温热导率为 27.1 mW(m·K),接近静态空气的热导率 0.0262 mW(m·K),且热导率数据优于传统商业化保温隔热材料。此外,在相近密度条件下,壳聚糖杂化气凝胶和氧化硅气凝胶在不同真空度下的常温热导率也较为接近,其固态热导率和气态热导率与氧化硅气凝胶均处于可比拟的范畴,表明壳聚糖杂化气凝胶具有优异的保温隔热性能。

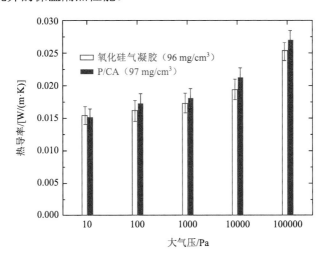

图 4.12　不同压强下氧化硅气凝胶与壳聚糖杂化气凝胶(P/CA)的热导率数据对比[47]

4.2.5　应用

1)药物输送载体

如今,越来越多的研究表明,使用高比表面积、高孔隙率的多孔材料来封装药物分子具有极大的应用空间。一方面,高比表面积的多孔材料可作为药物基质,能够快速进入体内,吸收大量药物,增加药物颗粒的稳定性,并加速药物释放;另一方面,使用具有大孔容积和可调节孔径的多孔材料存储各种药物,可防止药物在不需要的区域迅速降解或过早给药。在整个过程中,载体基质具有良好的生物相容性是得以实现药物输送的关键。基于此,具有可生物降解、生物相容性、无毒特性、对 pH 敏感特征及可修饰的表面化学性质的壳聚糖气凝胶受到了广泛关注。

López-Iglesias 等[48]通过溶胶-凝胶法合成了载万古霉素的壳聚糖气凝胶球,其对万古霉素最大载量和包封率分别为 27.3 μg/mg ± 2.8 μg/mg 和 13.7%± 1.4%。Wang 及其同事[49]制备了壳聚糖/羧甲基纤维素(CMC)/Ca^{2+}/氧化石墨烯(GO)的混合气凝胶作为 pH 响应性药物载体。这种混合气凝胶是通过静电自组装方法和冷冻干燥工艺制成的，由于壳聚糖和 CMC 是对 pH 敏感的多糖，因此混合气凝胶具有 pH 受控的 5-氟尿嘧啶（5-FU）输送特性。Chen 等[50]通过简单的绿色冷冻干燥技术制备了壳聚糖/GO 多孔气凝胶，并且首次研究了这种气凝胶作为可植入药物载体的潜力。他们发现，气凝胶的抗压强度随着 GO 的加入发生了明显提高。此外，壳聚糖/GO 多孔气凝胶显示出有效的盐酸阿霉素（DOX）传递能力，随着GO 含量的增加，吸附能力和缓释能力均显著提高。并且，整个药物释放过程是通过 pH 触发的，该壳聚糖/GO 多孔气凝胶在中性条件下表现出更高的药物释放。Radwan-Pragtowska 等[51]采用有机酸和丙二醇作为交联剂，通过微波辐射法制备了可生物降解，对 pH 敏感的壳聚糖气凝胶。他们研究该气凝胶分别从盐酸、蒸馏水和己烷溶剂中释放 5-FU 的能力，证实了经酸处理的壳聚糖/己二酸气凝胶对5-FU 的释放速率最高，可达到 8.2 mg/s。

2）吸附材料

壳聚糖气凝胶具有独特的多孔结构、丰富的比表面积及氨基基团，在可吸附材料领域具有很好的应用。Chang 等[52]通过以戊二醛、乙二醛和甲醛为交联剂的溶胶-凝胶法制备出交联的壳聚糖气凝胶。实验表明，溶于水溶液的壳聚糖易发生氨基离子化，进而可通过静电吸引作用吸附十二烷基苯磺酸钠（SDBS）分子，因此，该气凝胶对 SDBS 具有极高的吸附能力，可以从酸性水溶液中去除 SDBS，在控制 SDBS 污染方面具有潜在的应用。为改善壳聚糖气凝胶的力学性能，研究者尝试将壳聚糖和其他有机/无机组分复合。Wang 等[53]在壳聚糖溶液中加入硅酸甲酯，利用原位聚合的方式制备壳聚糖-二氧化硅复合气凝胶。与单一组分的气凝胶相比，该复合气凝胶具有优异的力学性能，且对刚果红染料的吸附量高达150 mg/g。Yu 等[54]制备了氧化石墨烯-壳聚糖复合气凝胶，其在相对高的 pH、高的温度和弱离子效应条件下，对 Cu^{2+} 表现出良好的吸附特性，吸附量可达25.4 mg/g。

3）催化材料

利用壳聚糖气凝胶中—NH_2 和—OH 基团的螯合功能，使其作为金属纳米颗粒催化剂的载体材料来使用。壳聚糖气凝胶的催化活性可分为三类：①直接有机催化以 Brønsted 为碱基的—NH_2 和氢键；②通过化学改性，使用—NH_2 基团作为有机催化剂的载体；③壳聚糖气凝胶作为无机材料的载体，如金属纳米颗粒和氧化物。

Valentin 等[55]首次报道了壳聚糖气凝胶用于催化的工作，采用多孔壳聚糖催化合成单酰基甘油酯。Taran 等[56]将铜负载于壳聚糖气凝胶颗粒上，成功将过渡金属配合物的催化能力与多糖的结构相结合，制备得到的气凝胶在惠斯根[3 + 2]环加成反应中表现出特别高的效率。Keshipour 和 Mirmasoudi[57]将二巯基己醇作为 Au

（III）的螯合剂负载在壳聚糖气凝胶上制备了一种新型的壳聚糖气凝胶非均相催化剂，其在某些脂肪醇、苄醇和乙苯的氧化反应中显示出良好的催化活性，且在温和及无溶剂的氧化反应中获得了高转化率和出色的选择性。

壳聚糖是一种可再生资源，可以从海鲜废物中大量提取，具有高度的加工灵活性（溶解性、易于交联）和丰富的氨基基团，可以用于设计具有定制特性和表面化学特性的各种微结构。在此过程中，以壳聚糖为基体制备出来的气凝胶因其独特且可调节的物理特性（如大比表面积、高孔隙率、低密度及聚阳离子特性），可带来其他生物聚合物无法轻易实现的独特功能，是继纤维素气凝胶之后的又一新型绿色材料。

4.3　海藻酸钠气凝胶　　<<<

4.3.1　简介

海藻酸是一种天然多糖，在自然条件下存于胞质中，起着强化细胞壁的作用。常见的褐藻，如海带、马尾藻、泡叶藻和巨藻等都是海藻酸的主要来源。从化学结构上来讲，海藻酸是直链型 1,4-键合的 β-D-甘露糖醛酸（M）和 α-L-古洛糖醛酸（G）的无规嵌段共聚物，其分子结构如图 4.13 所示。作为藻类可降解多糖之一的海藻酸钠最早是英国化学家 Stanford 于 1881 年在褐色海藻中提取而得，他发现该物质的溶液黏稠，具有易于成膜和凝胶的特性，因此常被用作稳定剂、增稠剂、分散剂等应用于食品、印纺、化妆品、医药等领域。

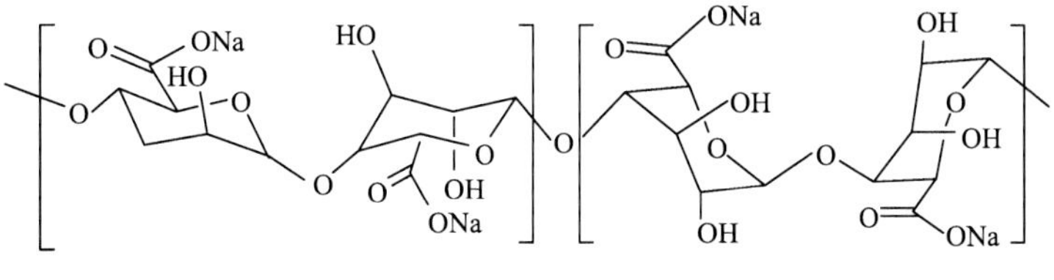

图 4.13　海藻酸钠的化学结构式

海藻酸钠通过调节 pH 或加入适当的交联剂形成凝胶，经干燥后便可形成气凝胶。海藻酸钠气凝胶内部一般都是网络交织的三维空间结构，因此具有一般气凝胶的高孔隙率等特点，加上海藻酸钠自身含有大量的羧基和羟基，因此可以用于制备复合材料来作为阻燃剂及吸附剂应用。此外，通过对海藻酸钠气凝胶进行化学或物理改性，可赋予电学性能，进而拓宽它的进一步应用。

4.3.2 海藻酸钠气凝胶的制备

海藻酸钠气凝胶的制备过程一般分为凝胶的形成及干燥两个阶段。

1. 溶胶-凝胶过程

海藻酸水溶液在遇到 Ca^{2+}、Zn^{2+}、Ba^{2+} 等二价金属阳离子水溶液时会形成凝胶。凝胶结构的形成遵循"核壳"机理，如图 4.14 所示。均聚的 G 链段分子链为双折叠式螺旋构象，分子链结构紧紧相扣，形成了灵活性较低的锯齿形构型，不易弯曲。两个均聚的 G 链段通过协同作用相结合，中间形成亲水的钻石形空间。而当这个空间被金属阳离子占据时，金属阳离子会与 G 链段上的氧原子发生耦合作用，使海藻酸链间结合得更紧密，由此，链段之间的相互作用使得三维凝胶结构得以形成[58]。此外，海藻酸钠中存在的羧基能够与胺类物质发生脱水缩合反应，形成酰胺键，使海藻酸钠分子链增长，进而形成水凝胶。

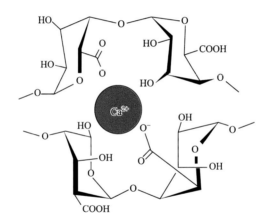

图 4.14　金属钙离子与 G 嵌段形成的核壳结构[59]

2. 海藻酸钠湿凝胶的干燥

干燥过程是海藻酸钠气凝胶制备过程中不可或缺的一步。水凝胶中的水分在去除过程中，分子间表面张力的作用会使水分子在凝胶的孔结构中产生毛细管压力，毛细管压力过大会导致凝胶的孔出现塌陷，使样品的孔结构遭到破坏，大大降低样品的比表面积，因此，选择合适的干燥技术在海藻酸钠气凝胶的制备过程中至关重要。

海藻酸钠气凝胶的干燥一般采用冷冻干燥技术。冷冻干燥是基于冰升华的原理，首先将水凝胶中的水全部冻结成冰，然后在真空条件下，使冰直接升华为水蒸气，得到气凝胶。与超临界干燥技术相比，冷冻干燥技术省去了有机溶剂与水的交换过程，无需在高压条件下进行操作，因此操作更为简单、安全，并且成本较低。另外，通过增加水凝胶中孔的孔壁机械强度也能大大降低干燥过程中对样品孔结构的破坏。

4.3.3　微观结构

海藻酸钠气凝胶的微观结构呈现出三维网络状，孔径为 5～8 μm（图 4.15）。均匀致密的蜂窝结构能够为材料提供良好的力学支撑，有助于提升气凝胶的压缩模量和比模量。

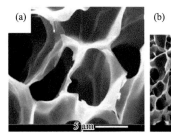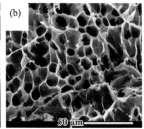

图 4.15　海藻酸钠气凝胶的 SEM 图[60]

（a）海藻酸钠气凝胶的高倍 SEM 图；（b）海藻酸钠气凝胶的低倍 SEM 图

4.3.4　宏观性能

1. 力学性能

压缩模量（compression modulus）是指材料受单向或单轴压缩时应力与应变的比值。实验上可由应力-应变曲线起始段的斜率确定，压缩模量越大，材料可压缩性越低，强度越大。比模量（specific modulus）是材料的模量与密度之比，是材料承载能力的一个重要指标。比模量越大，材料的强度和刚性越大。图 4.16 为不同 pH 的前驱体所制得海藻酸钠气凝胶的应力-应变曲线，从中可以看到，通过调节气凝胶前驱体 pH 后制得的气凝胶，可在保证气凝胶密度不变的同时提高压缩模量和比模量。

2. 热稳定性

通过热重分析（TGA）研究了不同 pH 的前驱体所制得海藻酸钠气凝胶的热稳定性，相应的曲线如图 4.17 所示。由于海藻酸盐中含有大量的羟基和羧基，这些亲水基团使得海藻酸盐气凝胶极易吸水，这部分结合水会在 40～150℃ 之间逐渐解吸（第一失重阶段），海藻酸盐气凝胶的主要失重阶段发生在 200～280℃ 之间（第二失重阶段），在 DTG 曲线上表现为一个尖锐的降解峰，该过程是由于海藻酸盐的骨架结构断裂，相邻羟基脱水，裂解为较为稳定的中间产物。不同 pH

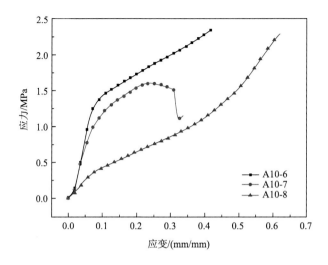

图 4.16　不同 pH 的前驱体所制得海藻酸钠气凝胶的应力-应变曲线[60]

A 代指海藻酸盐（alginate），A10-6 表示海藻酸盐含量为 10 wt%（质量分数，后同），海藻酸盐气凝胶前驱体的 pH 为 6，依次类推

的海藻酸盐溶胶对气凝胶在 580℃以下的热稳定性能几乎没有影响，当藻酸盐的碳化物在 580～700℃进一步氧化分解时（第三失重阶段），pH 降低会提高残碳的热稳定性，表现为图 4.17（a）中最后一段失重曲线消失，图 4.17（b）中最后一段降解峰消失，残碳量从 16.4%提升到 35%左右。

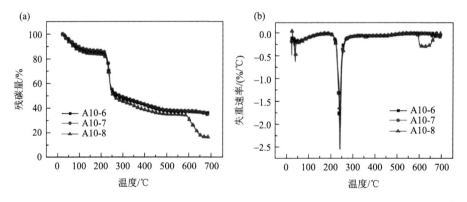

图 4.17　不同 pH 的前驱体所制得海藻酸钠气凝胶的 TGA 曲线（a）和 DTG 曲线（b）[60]

4.3.5　应用

1. 阻燃隔热材料

海藻酸盐的化学结构中存在着大量的 C、H、O 和金属元素，没有芳族基团，

在加热过程中会产生大量的 H_2O 和 CO_2，且羟基和羧基在加热时会发生脱水产生内酯类物质，这些产物能够稀释可燃性气体从而达到阻燃的作用。将海藻酸盐制成气凝胶材料，通过引入三维多孔结构来进一步提升其阻燃性能。Chen 等[61]通过冷冻干燥法制备得到海藻酸盐气凝胶，并测试了气凝胶的阻燃性能。由热失重分析和锥形量热数据显示，该海藻酸盐气凝胶具有良好的热稳定性与阻燃性能。Li 等[62]通过调节 pH 来制备海藻酸钠/黏土气凝胶。研究发现随着 pH 降低，该气凝胶压缩模量显著增加且结构从层状转变为更致密的网状，这种结构的存在极大地提高了材料的热稳定性与阻燃性能。

2. 吸附材料

由于海藻酸钠分子结构中存在着极性官能团（—COOH），加上气凝胶本身三维网络空间结构，因此，所制备的吸附材料对极性有机溶剂有着强烈的吸附作用。Escudero 等[63]测试了海藻酸钠气凝胶对污染物中正己醇的吸附，结果表明，1 g 气凝胶可吸附近 15 g 正己醇，即使在正己醇浓度很低时，也能遵循吸附动力学规律完成很好的吸附行为。Deze 等[64]以 Ca^{2+} 为交联剂制备了海藻酸钠气凝胶，并首次对比了该气凝胶与干凝胶在金属离子吸附方面的性能差异，证实了海藻酸钠气凝胶的多孔结构对 Cu^{2+} 和 Cd^{2+} 有着更好的吸附作用。Mallepally 等[65]用溶胶-凝胶法制备的海藻酸钠气凝胶可以吸收 120 g 氯化钠溶液（质量分数为 0.9%）或者 20 g 蒸馏水。

3. 储能材料

如何使器件拥有更短的充放电时间、更高的功率密度及更长的循环寿命是目前储能器件的研究热点。为此，海藻酸钠基气凝胶因具有高比表面积、高孔隙率及良好的导电性而成为超级电容器、锂离子电池等的理想电极材料。一方面，海藻酸钠能够与多价金属离子螯合的特性，使其能够简单方便地制备出均匀分布的金属负载碳材料；另一方面，气凝胶多孔通道的存在给导电粒子提供了快速且畅通的导电通道，使其具有更高的容量。Wang 等[66]以海藻酸钠和乙醇为原料，利用海藻酸钠不溶于乙醇的性质，通过冷冻干燥、高温热解和 KOH 活化制备了比表面积为 1811 m^2/g 的海藻酸钠基碳气凝胶。该材料在电流密度为 1 A/g 时比电容为 188 F/g，在 100 A/g 电流密度条件下比电容仍能维持在 122 F/g。Li 等[67]通过湿法纺丝、干燥、碳化等步骤制备了海藻酸钴碳气凝胶，将其应用在电池阳极材料。实验发现，这种阳极材料在 89 mA/g 下经过 100 次循环仍有 780 mA·h/g 的高可逆比容量，并且表现出出色的循环稳定性和倍率性能。Lv 等[68]利用 Ca^{2+} 与海藻酸钠螯合制备了海藻酸钙纤维，再用 HCl 洗去其中的 Ca^{2+}，然后将其浸泡在含不同过渡金属的盐溶液中，再经高温碳化得到了负载不同过渡金属（Ni、Fe、Cu）

的海藻酸钠基碳气凝胶，将负载金属的碳气凝胶作为锂离子电极材料进行测试。实验结果表明，这种电极材料具有良好的循环性能，经 200 次循环测试后，容量没有明显变化。Liu 等[69]以海藻酸钠和 $FeCl_3·6H_2O$ 为原料，利用克肯达尔效应制备了三维 Fe_2O_3 空心纳米颗粒/石墨烯气凝胶。这种气凝胶在 5 A/g 电流密度下比容量为 550 mA·h/g，在 0.1 A/g 电流密度下循环 300 次后比容量仍能维持在 729 mA·h/g。

4. 催化材料

电催化是储能领域的重要反应，可用于金属空气二次电池、燃料电池、电解水等领域中。传统的电催化剂主要为贵金属材料，但贵金属的高昂价格限制了其规模化生产。近年来，非贵金属电催化剂成为电催化领域的研究热点[70]。海藻酸钠与多价金属阳离子螯合的特性使金属负载变得简单方便，同时气凝胶的多孔结构使电催化剂的反应位点增多，促进电催化反应的进行。Zhao 等[71]以海藻酸钠、碳纳米管（CNT）、氯化钴（$CoCl_2$）为原料，通过在 N_2/NH_3 条件下热解得到含 CNT 的 N/Co 共负载海藻酸钠碳气凝胶。该材料作为氧还原反应（ORR）催化剂具有与工业化 Pt/C 相当的电流密度和起始电位（−0.06 V），同时在酸性和碱性溶液中耐受性更好。Li 等[72]报道了一种超薄石墨烯气凝胶，该材料具有较高的 OER、ORR 双功能催化活性，OER、ORR 的双功能电位差可降至 0.61 V，能与目前最先进的非贵金属双功能催化剂相媲美。

海藻酸钠气凝胶以来源丰富的海洋生物质资源海藻酸钠为原料，制备过程简单、方便，符合绿色环保的理念。目前已有大量关于海藻酸钠气凝胶在隔热、吸附、储能、电催化等领域应用的相关研究报道。海藻酸钠与多价金属阳离子螯合的特性，使金属负载碳材料的制备变得更加简单，因此，今后对海藻酸钠气凝胶的研究将引起更多科研工作者的关注。

4.4 其他多糖气凝胶

除植物纤维素、细菌纤维素、壳聚糖、海藻酸钠外，果胶、琼脂、淀粉等也可用于制备气凝胶，这些皆源自天然、半合成和合成材料，具有良好的生物相容性，在生物医学应用中有着极大的优势。除此之外，将它们分别进行物理/化学改性，或是复合其他功能性填料，可进一步拓展它们的应用范围。

随着环境污染与资源浪费问题的日益严重，发展绿色生物材料来取代传统材料的想法十分迫切。通过对生物质气凝胶材料的研究进行总结，可以看出低密度、高比表面积、良好生物相容性的生物质气凝胶，因优异的特性而被广泛应用于各个领域。利用不同生物质多糖材料的特点来提高和优化气凝胶的性能，制备出满足社会需求的气凝胶将是未来研究的热点。目前，关于生物质气凝胶的研究与应用还存在着许多问题[73]：诸如生物质气凝胶的孔隙率有待提高；现有的生物质材料多为亲水性材料，生产使用过程中耐水、耐候性问题待解决；生物质气凝胶材料的制备过程需简化、制造成本需降低，以便于实现大规模生产。因此，探索具有优异性能、简便操作、更强选择性、更宽应用范围的生物质气凝胶材料具有实践意义，也为未来气凝胶材料的发展目标和方向提供了明晰的指引。

参 考 文 献

[1] Salimi S，Sotudeh-Gharebagh R，Zarghami R，Chan S Y，Yuen K H. Production of nanocellulose and its applications in drug delivery：a critical review[J]. ACS Sustainable Chemistry & Engineering，2019，7（19）：15800-15827.

[2] Habibi Y，Lucia L A，Rojas O J. Cellulose nanocrystals：chemistry，self-assembly，and applications[J]. Chemical Reviews，2010，110：3479-3500.

[3] 刘亚迪，裴莹，郑雪晶，汤克勇. 纤维素基气凝胶的制备及功能材料构建[J]. 高分子通报，2018，9：8-21.

[4] Surapolchai W，Schiraldi D A. The effects of physical and chemical interactions in the formation of cellulose aerogels [J]. Polymer Bulletin，2010，65（9）：951-960.

[5] 黄兴，冯坚，张思钊，姜勇刚，冯军宗. 纤维素基气凝胶功能材料的研究进展[J]. 材料导报 A：综述篇，2016，4：30-34.

[6] 陶丹丹，白绘宇，刘石林，刘晓亚. 纤维素气凝胶材料的研究进展[J]. 纤维素科学与技术，2011，2：19-22.

[7] Chu Y，Sun Y，Wu W，Xiao H. Dispersion properties of nanocellulose：a review[J]. Carbohydrate Polymers，2020，250：116892.

[8] 廖望，高健领，刘治国. 纤维素纳米纤维气凝胶的制备方法及应用进展[J]. 西华大学学报（自然科学版），2020，5：68-75.

[9] Nickerson R F，Habrle J A. Cellulose intercrystalline structure[J]. Industrial & Engineering Chemistry，1947，39（11）：1507-1512.

[10] Heath L，Thielemans W. Cellulose nanowhisker aerogels[J]. Green Chemistry，2010，12（8）：1448-1453.

[11] Yang X，Cranston E D. Chemically cross-linked cellulose nanocrystal aerogels with shape recovery and superabsorbent properties[J]. Chemistry of Materials，2014，26（20）：6016-6025.

[12] Fumagalli M，Sanchez F，Boisseau S M，Heux L. Gas-phase esterification of cellulose nanocrystal aerogels for colloidal dispersion in apolar solvents[J]. Soft Matter，2013，9（47）：11309-11317.

[13] Ahmadi M，Madadlou A，Saboury A A. Whey protein aerogel as blended with cellulose crystalline particles or loaded with fish oil[J]. Food Chemistry，2016，196：1016-1022.

[14] Gawryla M D，van den Berg O，Weder C，Schiraldi D A. Clay aerogel/cellulose whisker nanocomposites：a nanoscale wattle and daub[J]. Journal of Materials Chemistry，2009，19（15）：2118-2124.

[15] Yang X，Shi K，Zhitomirsky I，Cranston E D. Cellulose nanocrystal aerogels as universal 3D lightweight substrates for supercapacitor materials[J]. Advanced Materials，2015，27（40）：6104-6109.

[16] Sehaqui H，Salajková M，Zhou Q，Berglund L A. Mechanical performance tailoring of tough ultra-high porosity

foams prepared from cellulose I nanofiber suspensions[J]. Soft Matter，2010，6（8）：1824-1832.

[17] Guan H，Cheng Z，Wang X. Highly compressible wood sponges with a spring-like lamellar structure as effective and reusable oil absorbents [J]. ACS Nano，2018，12（10）：10365-10373.

[18] Wang S，Peng X，Zhong L，Tan J，Jing S，Cao X，Chen W，Liu C，Sun R. An ultralight，elastic，cost-effective，and highly recyclable superabsorbent from microfibrillated cellulose fibers for oil spillage cleanup [J]. Journal of Materials Chemistry A，2015，3（16）：8772-8781.

[19] Wu Z Y，Li C，Liang H W，Chen J F，Yu S H. Ultralight，flexible，and fire-resistant carbon nanofiber aerogels from bacterial cellulose [J]. Angewandte Chemie International Edition，2013，52（10）：2925-2929.

[20] Inomata H，Goto S，Saito S. Phase transition of N-substituted acrylamide gels [J]. Macromolecules，2002，23（22）：4887-4888.

[21] Zhang W，Zhang Y，Lu C，Deng Y. Aerogels from crosslinked cellulose nano/micro-fibrils and their fast shape recovery property in water [J]. Journal of Materials Chemistry，2012，22（23）：11642-11650.

[22] Pääkkö M，Vapaavuori J，Silvennoinen R，Kosonen H，Ankerfors M，Lindström T，Berglund L A，Ikkala O. Long and entangled native cellulose I nanofibers allow flexible aerogels and hierarchically porous templates for functionalities [J]. Soft Matter，2008，4（12）：2492-2499.

[23] Budtova R G T. Aerocellulose: new highly porous cellulose prepared from cellulose-NaOH aqueous solutions [J]. Biomacromolecules，2008，9：269-277.

[24] Sescousse R，Smacchia A，Budtova T. Influence of lignin on cellulose-NaOH-water mixtures properties and on aerocellulose morphology [J]. Cellulose，2010，17（6）：1137-1146.

[25] Liebner F，Haimer E，Wendland M，Neouze M A，Schlufter K，Miethe P，Heinze T，Potthast A，Rosenau T. Aerogels from unaltered bacterial cellulose: application of scCO$_2$ drying for the preparation of shaped，ultra-lightweight cellulosic aerogels [J]. Macromolecular Bioscience，2010，10（4）：349-352.

[26] Hoepfner S，Rotke L，Milow B. Synthesis and characterisation of nanofibrillar cellulose aerogels [J]. Cellulose，2008，15：121-129.

[27] 彭长鑫，锁浩，崔升，李砚涵，江胜君，沈晓冬. 纤维素气凝胶的制备与应用进展[J]. 现代化工，2019，7：39.

[28] Tan C B，Ming B，Newman J K，Vu C. Organic aerogels with very high impact strength [J]. Advance Materials，2001，13：644-646.

[29] Lin R，Li A，Lu L，Cao Y. Preparation of bulk sodium carboxymethyl cellulose aerogels with tunable morphology [J]. Carbohydrate Polymers，2015，118：126-132.

[30] Wu Q，Engstrm J，Li L，Sehaqui H，Mushi N E，Berglund L A. High-strength nanostructured film based on β-chitin nanofibrils from squid illex argentinus pens by 2, 2, 6, 6-tetramethylpiperidin-1-yl oxyl-mediated reaction[J]. ACS Sustainable Chemistry & Engineering，2021，9（15）：5356-5363.

[31] Kobayashi Y，Saito T，Isogai A. Aerogels with 3D ordered nanofiber skeletons of liquid-crystalline nanocellulose derivatives as tough and transparent insulators [J]. Angewandte Chemie International Edition，2014，53（39）：10394-10397.

[32] 万才超，焦月. 纤维素气凝胶基多功能纳米复合材料的制备与性能研究[M]. 北京：科学出版社，2018.

[33] Fang Y，Chen S，Luo X，Wang C，Yang R，Zhang Q，Huang C，Shao T. Synthesis and characterization of cellulose triacetate aerogels with ultralow densities [J]. RSC Advances，2016，6（59）：54054-54059.

[34] Jiang F，Hsieh Y L. Amphiphilic superabsorbent cellulose nanofibril aerogels [J]. Journal of Materials Chemistry A，2014，2（18）：6337-6342.

[35] 刘晓婷，杨辉，申乾宏，盛建松，郭兴忠. 纤维素气凝胶的结构调控及其性能表征 [J]. 陶瓷学报，2020，6：41-43.

[36]　Wicklein B，Kocjan A，Salazar-Alvarez G，Carosio F，Camino G，Antonietti M，Bergström L. Thermally insulating and fire-retardant lightweight anisotropic foams based on nanocellulose and graphene oxide [J]. Nature Nanotechnology，2014，10（3）：277-283.

[37]　Zhao X P，Li T，Song J W. Anisotropic，lightweight，strong，and superthermally insulating nanowood with naturally aligned nanocellulose [J]. Science Advances，2018，4（3）：3724.

[38]　Guo L，Chen Z，Lyu S，Fu F，Wang S. Highly flexible cross-linked cellulose nanofibril sponge-like aerogels with improved mechanical property and enhanced flame retardancy [J]. Carbohydrate Polymers，2018，179：333-340.

[39]　Zhang Z，Sèbe G，Rentsch D，Zimmermann T，Tingaut P. Ultralightweight and flexible silylated nanocellulose sponges for the selective removal of oil from water [J]. Chemistry of Materials，2014，26（8）：2659-2668.

[40]　Zhai T，Zheng Q，Cai Z，Xia H，Gong S. Synthesis of polyvinyl alcohol/cellulose nanofibril hybrid aerogel microspheres and their use as oil/solvent superabsorbents [J]. Carbohydrate Polymers，2016，148：300-308.

[41]　Korhonen J T，Kettunen M，Ras R H A，Ikkala O. Hydrophobic nanocellulose aerogels as floating，sustainable，reusable，and recyclable oil absorbents [J]. ACS Applied Materials & Interfaces，2011，3（6）：1813-1816.

[42]　He Z，Zhang X，Batchelor W. Cellulose nanofibre aerogel filter with tuneable pore structure for oil/water separation and recovery [J]. RSC Advances，2016，6（26）：21435-21438.

[43]　Liu P，Zhang H，He X，Chen T，Jiang T，Liu W，Zhang M. Preparation of porous conductive cellulose nanofibril based composite aerogels and performance comparison with films [J]. Reactive and Functional Polymers，2020，157：104748.1-104748.10.

[44]　Wang M，Anoshkin I V，Nasibulin A G，Korhonen J T，Seitsonen J，Pere J，Kauppinen E I，Ras R H A，Ikkala O. Modifying native nanocellulose aerogels with carbon nanotubes for mechanoresponsive conductivity and pressure sensing [J]. Advanced Materials，2013，25（17）：2428-2432.

[45]　Liu S，Yan Q，Tao D，Yu T，Liu X. Highly flexible magnetic composite aerogels prepared by using cellulose nanofibril networks as templates [J]. Carbohydrate Polymers，2012，89（2）：551-557.

[46]　Takeshita S，Zhao S，Malfait W J，Koebel M M. Chemistry of chitosan aerogels：three-dimensional pore control for tailored applications [J]. Angewandte Chemie International Edition，2020，60（18）：9828-9851.

[47]　张思钊. 壳聚糖气凝胶的构筑设计与性能研究[D]. 长沙：国防科技大学，2018.

[48]　López-Iglesias C，Barros J，Ardao I，Monteiro F J，Alvarez-Lorenzo C，Gómez-Amoza J L，García-González C A. Vancomycin-loaded chitosan aerogel particles for chronic wound applications [J]. Carbohydrate Polymers，2019，204：223-231.

[49]　Shen J，Wang R，Shou D，Lv O Y，Kong Y，Deng L H. pH-controlled drug delivery with hybrid aerogel of chitosan，carboxymethyl cellulose and graphene oxide as the carrier[J]. International Journal of Biological Macromolecules，2017，103：248-253.

[50]　Chen Y，Qi Y，Yan X，Ma H，Chen J，Liu B，Xue Q. Green fabrication of porous chitosan/graphene oxide composite xerogels for drug delivery [J]. Journal of Applied Polymer Science，2014，131（6）：40006.

[51]　Radwan-Pragłowska J，Piątkowski M，Janus Ł，Bogdał D，Matysek D. Biodegradable，pH-responsive chitosan aerogels for biomedical applications [J]. RSC Advances，2017，7（52）：32960-32965.

[52]　Jiao X L，Chang X H，Chen D R. Chitosan-based aerogels with high adsorption performance [J]. Journal of Physical Chemistry B，2008，112：7721-7725.

[53] Wang J, Zhou Q, Song D, Qi B, Zhang Y, Shao Y, Shao Z. Chitosan-silica composite aerogels: preparation, characterization and Congo red adsorption [J]. Journal of Sol-Gel Science and Technology, 2015, 76 (3): 501-509.

[54] Yu B W, Xu J, Liu J H, Yang S T, Luo J B, Zhou Q H, Wan J, Liao K, Wang H F, Liu Y S Adsorption behavior of copper ions on graphene oxide-chitosan aerogel [J]. Journal of Environmental Chemical Engineering, 2013, 1 (4): 1044-1050.

[55] Valentin R, Molvinger K, Quignard F O, Brunel D. Supercritical CO_2 dried chitosan: an efficient intrinsic heterogeneous catalyst in fine chemistry [J]. New Journal of Chemistry, 2003, 27 (12): 1690-1692.

[56] Chtchigrovsky M, Primo A, Gonzalez P, Molvinger K, Robitzer M, Quignard F, Taran F. Functionalized chitosan as a green, recyclable, biopolymer-supported catalyst for the [3 + 2] Huisgen cycloaddition [J]. Angewandte Chemie International Edition, 2009, 48 (32): 5916-5920.

[57] Keshipour S, Mirmasoudi S S. Cross-linked chitosan aerogel modified with Au: synthesis, characterization and catalytic application [J]. Carbohydrate Polymers, 2018, 196: 494-500.

[58] 姜静娴. 生物质基多功能性气凝胶的制备及其在水处理和能源领域的应用[D]. 杭州: 浙江大学, 2019.

[59] 田秀秀. 多功能海藻酸钙碳气凝胶的制备与性能研究[D]. 青岛: 青岛大学, 2019.

[60] 李欣儡. 基于藻酸盐的阻燃气凝胶制备及其性能研究[D]. 成都: 西华大学, 2019.

[61] Chen H B, Wang Y Z, Sánchez-Soto M, Schiraldi D A. Low flammability, foam-like materials based on ammonium alginate and sodium montmorillonite clay [J]. Polymer, 2012, 53 (25): 5825-5831.

[62] Li X L, Chen M J, Chen H B. Facile fabrication of mechanically-strong and flame retardant alginate/clay aerogels [J]. Composites Part B: Engineering, 2019, 164: 18-25.

[63] Escudero R R, Robitzer M, di Renzo F, Quignard F. Alginate aerogels as adsorbents of polar molecules from liquid hydrocarbons: hexanol as probe molecule [J]. Carbohydrate Polymers, 2009, 75 (1): 52-57.

[64] Deze E G, Papageorgiou S K, Favvas E P, Katsqros F K. Porous alginate aerogel beads for effective and rapid heavy metal sorption from aqueous solutions: effect of porosity in Cu^{2+} and Cd^{2+} ion sorption [J]. Chemical Engineering Journal, 2012, 209: 537-546.

[65] Mchugh M A, Mallepally R R, Bernard I. Superabsorbent alginate aerogels[J]. Journal of Supercritical Fluids, 2013, 79: 202-208.

[66] Ma H B, Wang B B, Li D H, Tang M W. Alginate-based hierarchical porous carbon aerogel for high-performance supercapacitors [J]. Journal of Alloys and Compounds, 2018, 749: 517-522.

[67] Li D, Yang D, Zhu X, Jing D, Xia Y, Ji Q, Cai R, Li H, Che Y. Simple pyrolysis of cobalt alginate fibres into Co_3O_4/C nano/microstructures for a high-performance lithium ion battery anode [J]. Journal of Materials Chemistry A, 2014, 2 (44): 18761-18766.

[68] Lv C, Yang X, Umar A, Xia Y, Jia Y, Shang L, Zhang T, Yang D. Architecture-controlled synthesis of M_xO_y (M = Ni, Fe, Cu) microfibres from seaweed biomass for high-performance lithium ion battery anodes [J]. Journal of Materials Chemistry A, 2015, 3 (45): 22708-22715.

[69] Liu L, Yang X, Lv C, Zhu A, Zhu X, Guo S, Chen C, Yang D. Seaweed-derived route to Fe_2O_3 hollow nanoparticles/N-doped graphene aerogels with high lithium ion storage performance [J]. ACS Applied Materials & Interfaces, 2016, 8 (11): 7047-7053.

[70] 瞿作昭, 许跃龙, 任斌, 张利辉, 刘振法. 海藻酸钠基炭气凝胶的研究进展 [J]. 炭素技术, 2020, 4(39): 1-4.

[71] Zhao W, Yuan P, She X, Xia Y, Komarneni S, Xi K, Che Y, Yao X, Yang D. Sustainable seaweed-based

one-dimensional（1D）nanofibers as high-performance electrocatalysts for fuel cells [J]. Journal of Materials Chemistry A，2015，3（27）：14188-14194.

[72] Li Q，Sun Z，Yin C，Chen Y，Pan D，Yu B，He T，Chen S. Template-assisted synthesis of ultrathin graphene aerogels as bifunctional oxygen electrocatalysts for water splitting and alkaline/neutral zinc-air batteries[J]. Chemecal Engneering Journal，2023，458：141492.

[73] 王亦欣，陈茜，匡映，姜发堂，严文莉. 植物多糖气凝胶材料应用的研究进展 [J]. 武汉工程大学学报，2017，39（5）：443-449.

第5章

聚酰亚胺气凝胶

聚酰亚胺（PI）气凝胶相比于其他高分子气凝胶，具有较高的强度、自熄性、低介电常数及优异的耐温性，有希望取代无机二氧化硅气凝胶应用于航空航天等领域。本章主要是对聚酰亚胺气凝胶的制备及性能调控规律进行详细介绍，并将与不同维度纳米颗粒复合的聚酰亚胺气凝胶复合材料的性能特点进行总结。

5.1 简 介 ◁◁◁

聚酰亚胺是指主链上含有酰亚胺环（—CO—N—CO—）的一类聚合物，通常是由二酐和二胺缩聚而成的一类工程塑料。1908年，Bogert和Reshow利用氨基苯甲酸酐和氨基苯甲酸酯的熔融缩聚成功得到第一个聚酰亚胺。自此之后的一段时间内聚酰亚胺并未被大众所瞩目，直到20世纪中期，随着各行业对于耐高温性能材料的重视和研究，聚酰亚胺才开始作为一种高分子聚合物材料被发展起来。1961年，杜邦公司成功合成出二苯醚型聚酰亚胺薄膜。1965年，聚酰亚胺胶黏剂、涂料、泡沫与纤维材料相继问世，从此得以蓬勃发展。

聚酰亚胺的分类方式主要有以下几种：①根据重复单元的化学结构，聚酰亚胺主要分为脂肪族、半芳香族及芳香族三大类，其中芳香族类最为常见（图5.1）；②根据链间相互作用，聚酰亚胺一般分为线型和交联型两大类；③根据

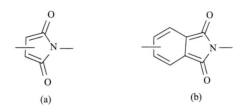

图5.1 脂肪族（a）和芳香族（b）结构聚酰亚胺结构示意图

聚酰亚胺树脂种类，分为热塑型和热固型两大类。表 5.1 为几种常见的合成聚酰亚胺的二胺单体和二酐单体。

表 5.1　常见的二胺单体和二酐单体

二胺单体	二酐单体
对苯二胺（PPDA）	3, 3′, 4, 4′-联苯四羧酸二酐（BPDA）
4, 4′-二氨基二苯硫醚（DDS）	2, 2-双（3, 4-二羧基基）六氟丙烷二酐（6FDA）
2, 2′-二甲基联苯胺（DMBZ）	均苯四甲酸二酐（PMDA）
甲基联苯胺（MEBZ）	4, 4′-氧双邻苯二甲酸酐（ODPA）
4, 4′-二氨基二苯醚（ODA）	三苯双醚四甲酸二酐（HQDPA）

随着航空航天领域的飞速发展，一些发达国家和发展中国家正努力追寻一种同时具有轻质、耐高温和高强度的材料。基于聚酰亚胺的诸多优势，如优异的热稳定性、阻燃性能、力学性能、绝缘性、耐腐蚀性等，得到了越来越多的关注，聚酰亚胺系列产品如聚酰亚胺黏结剂、纤维、气凝胶和薄膜也因此相继问世，进而被广泛应用于航空、航天、微电子、纳米、液晶、生物等领域。

聚酰亚胺气凝胶兼具气凝胶的高比表面积、高孔隙率与低热导率等特性，以及聚酰亚胺的高机械强度、高热稳定性等特点，可以有效地弥补目前无机/有机气凝胶存在的缺陷，使其成为一种综合性能优异的三维多孔材料，在航空航天、节能建筑、环境净化等领域具有广泛的应用前景。聚酰亚胺气凝胶最早是由 Aspen 气凝胶公司的 Wendell Rhine 等[1]于 2006 年制备出来的，他们采用线型的二酐和二胺为原料，使用超临界干燥工艺，但是所制备的聚酰亚胺气凝胶体积收缩率很高。随后几年，研究人员 Kawagishi 等[2]和 Meador 等[3-5]在聚酰亚胺气凝胶的制备上进行了大量研究。他们在二酐和二胺体系的基础上不断尝试加入各种交联剂——1, 3, 5-三氨基苯氧基苯（TAB）、八（氨基）-笼状倍半硅氧烷（OAPS）等，来制备具有更丰富化学交联结构的聚酰胺酸，再通过化学亚胺化、超临界二氧化碳干燥等步骤，成功制得具有更低密度、高比表面积、强耐热性、低热导率和介电常数的聚酰亚胺气凝胶。近十几年的研究使得聚酰亚胺气凝胶得到了快速发展，同时又对聚酰亚胺气凝胶提出更高的性能要求，需要研究人员对聚酰亚胺气凝胶进行更为深入的研究以更好地控制孔结构和气凝胶的宏观性能。聚酰亚胺气凝胶经缩聚、溶胶-凝胶、化学亚胺化及超临界干燥制备出后，通过该方法制备高性能聚酰亚胺气凝胶的研究层出不穷。Meador 等[6]首次以 3, 3′, 4, 4′-联苯四羧酸二酐（BPDA）和异丙二胺（BAX）为反应单体，以八（氨基）-笼状倍半硅氧烷（OAPS）为交联剂，以乙酸酐和吡啶为化学亚胺化脱水剂，通过超临界干燥制备了低密度、高孔隙率、可弯折的聚酰亚胺气凝胶。

在此工作基础上，Guo 等[5]以 BPDA 为二酐，OAPS 为交联剂，研究了刚性和柔性芳香二胺为混合二胺单体时聚酰亚胺的性能。研究发现，二胺的种类及刚性二胺和柔性二胺的比例都会对气凝胶的密度、孔隙率、比表面积、力学强度和热稳定性产生影响。其中，具有刚性结构的对苯二胺（PPDA）取代柔性 4,4′-二氨基二苯醚（ODA）将会使聚酰亚胺气凝胶在凝胶化过程中的收缩率明显提升，而增加刚性 2,2′-二甲基联苯胺（DMBZ）的比例则会使气凝胶的收缩率降低。另外，DMBZ 与 ODA 混合使用既可以提高气凝胶的柔韧性，又可以大幅提高气凝胶的防潮性。气凝胶通常具有较低的介电常数，Meador 等[7]以 DMBZ 和/或 ODA 为混合或单独二胺，以 3,3′,4,4′-二苯酮四酸二酐（BTDA）和/或 BPDA 为混合或单独二酐单体，通过 1,3,5-三氨基苯基醚交联，乙酸酐和吡啶脱水亚酰胺化，再经丙酮交换，超临界 CO_2 干燥后制备了具有低介电常数的聚酰亚胺气凝胶。在研究了二胺种类及刚性与柔性二胺的配比对聚酰亚胺气凝胶性能影响的基础上，Meador 等[8]又充分探究了聚酰亚胺骨架结构对气凝胶性能的影响，通过化学亚胺化-超临界干燥制备了一系列二胺与二酐相互组合的聚酰亚胺气凝胶。研究表明，以 DMBZ 为单体时，聚酰亚胺气凝胶的收缩率最小但压缩模量最大，可制得高力学强度的气凝胶；以 ODA 或 DMBZ 为单体时，则可制得可卷曲的膜状聚酰亚胺气凝胶；当气凝胶骨架中含有 PPDA 时，气凝胶的最高分解温度超过 600℃。以 ODA 为二胺单体，BPDA 为二酐单体，经 TAB 交联，化学亚胺化和超临界干燥过程制备的聚酰亚胺气凝胶虽然力学强度较高，但耐湿性较差。为解决这一问题，Meador 等[9]将 50 mol%的 ODA 用聚（丙二醇）双（2-氨基丙基醚）替换，制备得到的聚酰亚胺气凝胶接触角高达 80°。即使在水中浸泡，气凝胶仍然可保持较高的耐湿性。Yang 等[10]首先以 2,4,6-三（4-氨基苯）吡啶（TAPP）为交联剂，以含刚性联苯结构的 BPDA 为二酐单体，苯并咪唑为二胺单体，经乙酸酐/吡啶脱水、丙酮交换和超临界干燥后制得玻璃化转变温度高达 350℃的聚酰亚胺气凝胶。Yang 等[11]又以芳香族含氟二胺 2,2′-二（三氟甲基）-4,4′-二氨基联苯和脂环二酐 1,2,3,4-环丁烷四甲酸二酐（CBDA）为反应单体，笼状倍半硅氧烷（POSS）为交联剂，制备了具有疏水性和低介电常数的聚酰亚胺气凝胶。在此工作基础上，Zhang 等[12]通过改变单体种类，以 BPDA 为二酐单体，5-氨基-2-（4-氨基苯基）苯并噁唑（APBO）为二胺单体，以 OAPS 为交联剂，再通过超临界 CO_2 干燥制备了具有优异热稳定性和超低介电常数的聚酰亚胺气凝胶。Feng 等[13]以 ODA 为反应二胺，BPDA 为二酐，经 TAB 交联、化学脱水和超临界干燥后制备了聚酰亚胺气凝胶，并在低温低压下对气凝胶的热导率进行测试。研究结果表明，由 ODA 和 BPDA 制备的聚酰亚胺气凝胶在 5 Pa、−130℃时，热导率仅为 8.42 mW/（m·K）。同时，气凝胶所处环境的气体氛围也会对气凝胶的热导率产生影响，CO_2 气氛中的热导率稍低于 N_2 氛围中的热导率。

5.2　聚酰亚胺气凝胶的制备　　<<<

聚酰亚胺气凝胶的制备符合气凝胶的一般制备过程，包括溶胶-凝胶、老化和干燥过程。在聚酰亚胺气凝胶的制备过程中，通常由二酐和二胺在极性溶剂（如 N, N-二甲基甲酰胺、N, N-二甲基乙酰胺、N-甲基吡咯烷酮）中经缩聚反应后生成前驱体聚酰胺酸溶胶，再对聚酰胺酸进行后续的处理后得到。因处理方式的不同而衍生出来两种聚酰亚胺气凝胶的制备方法，一种为化学亚胺化-超临界干燥制备聚酰亚胺气凝胶，另一种为冷冻干燥-热亚胺化制备聚酰亚胺气凝胶。

5.2.1　化学亚胺化–超临界干燥

化学亚胺化-超临界二氧化碳干燥法制备聚酰亚胺气凝胶通常的流程是将二酐和二胺预先在适当的极性溶剂中进行缩聚反应，生成聚酰胺酸溶胶；聚酰胺酸再与交联剂混合，使聚酰胺酸凝胶化，生成聚酰胺酸凝胶；在凝胶中加入脱水剂（乙酸酐）和催化剂（吡啶），聚酰胺酸发生化学亚胺化反应形成聚酰亚胺湿凝胶；进行溶剂（丙酮、乙醇）置换然后超临界干燥除去溶剂得到聚酰亚胺气凝胶[14]。化学试剂对 PAA 溶液的亚胺化可以在室温下进行，也可以在 30~50℃的稍高温度下进行，反应条件较为温和。常用的交联剂有：1, 3, 5-三氨基苯氧基苯（TAB）、八（氨基）-笼状倍半硅氧烷（OAPS）、笼状倍半硅氧烷（POSS）、1, 3, 5-均三苯甲酰氯（BTC）等。

以二酐与二胺为反应单体，经化学亚胺化-超临界干燥制备的聚酰亚胺气凝胶在凝胶化过程中通常需要使用有机胺类作为交联剂，以减少溶胶-凝胶过程和干燥过程中产生的体积收缩。这些交联剂虽然可以有效赋予聚酰亚胺气凝胶一些优异的性能（如更高的力学强度、柔韧性等），但是，诸如 OAPS、TAB、TAPP、POSS 等交联剂尚未商业化或者价格高昂，不利于大规模应用。因此，寻求一种已商业化且价格低廉的交联剂是大规模制备聚酰亚胺气凝胶的关键。Meador 等[15]以 BTC 替代 OAPS、TAB、TAPP 等交联剂，由此制备的聚酰亚胺气凝胶除热稳定性稍有降低外，压缩模量、比表面积均与 OAPS、TAB 交联的聚酰亚胺气凝胶相当甚至更高。

综上所述，化学亚胺化-超临界干燥制备的聚酰亚胺气凝胶具有较高的孔隙率、比表面积、优异的力学性能和高温稳定性。然而，该制备过程存在交联剂价格昂贵，化学亚胺化使用的乙酸酐/吡啶易对人体产生损伤，溶剂交换所需溶剂不环保、交换周期长，所需设备要求高等问题。因此，该化学亚胺化-超临界干燥制备方法在一定程度上限制了聚酰亚胺气凝胶的生产规模。

5.2.2　物理低温凝胶-热亚胺化法

针对化学亚胺化-超临界干燥制备聚酰亚胺气凝胶过程中存在的周期长、不环保、操作困难等问题，相关研究人员试图通过改进聚酰亚胺前驱体的制备方法，制备出水溶性的前驱体聚酰胺酸，再通过冷冻干燥、热亚胺化等简单、便捷、环保的方式制备聚酰亚胺气凝胶。实现聚酰亚胺冷冻干燥-热亚胺化制备的关键在于制备具有水溶性的聚酰胺酸。聚酰胺酸成盐化是将聚酰胺酸与有机碱络合，所用的有机碱主要有：三乙胺（TEA）、N, N-二甲基乙醇胺、氨水等。聚酰胺酸盐的溶解性与分子链中叔胺的离子浓度有很大的关系，采用低级的脂肪叔胺时，制备的聚酰胺酸盐易溶于水，否则易形成凝胶。物理低温凝胶过程中通过控制温度及冷源的方式可以构筑不同孔尺寸和孔结构的聚酰亚胺气凝胶。这种可设计的微观结构，能够满足更多领域的需求。另外，采用冷冻干燥可以避免长时间的溶剂置换等问题。基于此，Wu 等[16]首次报道了冷冻干燥-热亚胺化过程制备聚酰亚胺气凝胶的方法。反应单体 ODA 与 PMDA 经缩合聚合生成聚酰胺酸，再加入氨丙基三甲氧基硅烷（APTMOS），获得末端被 APTMOS 包裹的聚酰胺酸［APTMOS- capped poly（amic acid），AP-PAA］，将 AP-PAA 沉淀在去离子水中，经洗涤、干燥后得到干燥的 AP-PAA，再将其与 TEA 在水中混合后形成 AP-PAA 的盐溶液，所得盐溶液经冷冻干燥和热亚胺化后制备得到聚酰亚胺气凝胶。该方法在制备前驱体 PAA 之后，避免了乙酸酐/吡啶、丙酮的使用，使聚酰亚胺气凝胶的制备过程更加符合绿色化学的要求。与超临界干燥法得到的气凝胶的微观结构不同，该方法制备的聚酰亚胺气凝胶包含大量的孔结构，具有较宽的孔径分布尺寸。

Zhang 等[17]借鉴上述工作，对水溶性前驱体 PAA 的制备过程进行了探索并加以改进，使制备过程更加便捷。具体是将 TEA 加入到 ODA 与 PMDA 缩聚之后的浓溶液中，反应之后经沉析、洗涤、冷冻干燥后制得丝状水溶性 PAA 盐。该方法制备的 PAA 盐易收集，更易在水中溶解，为聚酰亚胺气凝胶水溶性前驱体的制备工作奠定了基础。水溶性前驱体 PAA 的制备过程如图 5.2 所示。

综上所述，由水溶性的前驱体-聚酰胺酸通过冷冻干燥-热亚胺化制备聚酰亚胺气凝胶的方法不仅操作简单、经济、环保，而且所制备的聚酰亚胺气凝胶同样具有质轻、高力学强度和高温稳定性等优点，因此为聚酰亚胺气凝胶的规模化生产提供了可能。

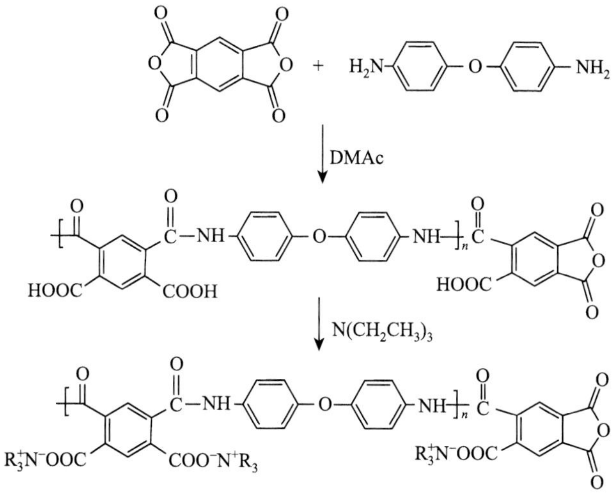

图 5.2　水溶性聚酰胺酸的合成[17]

R = —CH₂CH₃

5.3　聚酰亚胺气凝胶的结构及其影响因素 <<<

聚酰亚胺气凝胶同时具有机械强度好、热稳定性出色等聚酰亚胺特有的性能，以及密度低、隔热性能优异等气凝胶特有的优点，可以满足飞行器进入、下降、登录系统（EDL）、航空服（EVA）、航天器的充气启动减速器系统（LOFTID）等航天领域对新材料的需求。材料的密度、孔隙率及比表面积等性能指标是其在航空等领域应用的关键。而气凝胶的微观结构与其分子结构、前驱体固含量及交联剂等密切相关，因此探究分子结构、固含量及交联剂等对气凝胶孔隙特性的调控规律至关重要。

5.3.1　分子结构

聚酰亚胺分子结构呈现多样性，主要来源于多样性的二酐和二胺单体。因此，不同分子结构的聚酰亚胺气凝胶会呈现不同的孔隙特性。这是因为气凝胶的收缩行为与其纳米结构的组装特性有关。在凝胶过程中，特别是在初始凝胶阶段，固体分子之间和溶剂分子之间的分子间相互作用在气凝胶纳米结构组装的形成中起着重要作用。一般聚合物链上存在刚性结构、大的侧基基团均可以有效抑制聚酰亚胺气凝胶在制备过程产生的收缩，降低气凝胶的密度、提高孔隙率和比表面积。这是因为聚酰亚胺的分子链刚性越强或者存在大的侧基基团可以增加分子链的扭曲程度、增加堆积密度，在一定程度上阻止收缩。

吕冰[18]采用一系列不同的二酐、二胺单体，通过冷冻干燥法制备含有不同分子结构的聚酰亚胺气凝胶。由图 5.3 可知，在冷冻干燥过程中冰晶生长的升华作用促使气凝胶多孔结构的形成，且它们的孔径大多数分布于几十至上百微米之间。随着分子链刚性程度的逐渐增加，所制备的聚酰亚胺气凝胶的微观孔结构会变得略微致密，进而使其孔尺寸分布也略显降低。然而，对于 BPDA-ODA 体系和 BPDA-PPDA 体系，它们的微观孔形貌基本相似，孔径的大小和分布也基本相同。

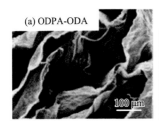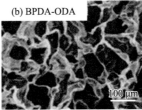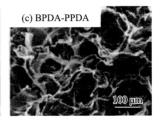

图 5.3   不同分子结构的聚酰亚胺气凝胶的 SEM 图[18]

Guo 等[19]探究了 DMBZ、PPDA、ODA 二胺对聚酰亚胺气凝胶性能的影响。制备了具有不同分子结构的聚酰亚胺气凝胶。由图 5.4 可知，由刚性 PPDA 制备的气凝胶具有密集的纳米纤维结构。这可能是聚酰亚胺寡聚体具有更高的链刚性、高平面性和交叉链长度较短，导致加工过程中更大的收缩。这与使用 DMBZ 作为二胺［图 5.4（a）］、ODA 作为二胺［图 5.4（c）］或组合作为二胺［图 5.4（d）］制备的气凝胶对比，它们在纤维链周围具有更开放的孔隙。用 50 mol% PPDA 和 50 mol% ODA 混合物制成的气凝胶类似于 100 mol% PPDA 气凝胶的结构，具有相似的收缩和密度。图 5.4（f）显示了由 DMBZ 和 ODA 混合物制成的聚酰亚胺气凝胶膜的横截面。由于溶剂在铸造过程中的蒸发，薄膜表面看起来更密集，但薄膜内部的纤维状结构类似于较厚的圆柱状样品。

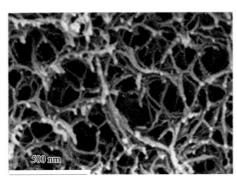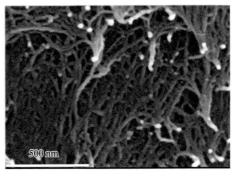

(a) 0.09 g/cm³，94%孔隙率，498 m²/g   (b) 0.28 g/cm³，84%孔隙率，396 m²/g

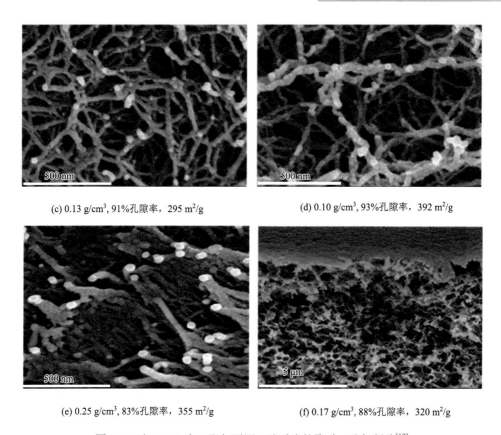

(c) 0.13 g/cm³，91%孔隙率，295 m²/g　　　　(d) 0.10 g/cm³，93%孔隙率，392 m²/g

(e) 0.25 g/cm³，83%孔隙率，355 m²/g　　　　(f) 0.17 g/cm³，88%孔隙率，320 m²/g

图 5.4　以 BPDA 为二酐与不同二胺反应的聚酰亚胺气凝胶[19]

（a）100 mol% DMBZ；（b）100 mol% PPDA；（c）100 mol% ODA；（d）50 mol% DMBZ + 50 mol% ODA；（e）50 mol%
PPDA + 50 mol% ODA；（f）50 mol% DMBZ + 50 mol% ODA 气凝胶膜的横截面，相关密度、孔隙率和比表面积在图下
方列出

　　Viggiano 等[20]将 3, 3′, 4, 4′-联苯四羧酸二酐（BPDA）与 4, 4′-二氨基二苯醚
（ODA）及具有大侧基基团的 9, 9′-双（4-氨基苯基）芴（BAPF）两种二胺共聚，
通过调控 BAPF 的摩尔比探究了大侧基基团对气凝胶孔隙特性的影响。从图 5.5
可以看出，随着 BAPF 摩尔比的增加气凝胶的收缩率明显降低，不添加 BAPF 的
样品收缩率约 20%，而含有 50 mol% BAPF 的样品收缩率减小至 5%。收缩率的减
小可能是由于 BAPF 对链堆砌程度的影响，大侧基结构的存在使得聚合物链产生
扭结构象和不那么紧密的网络，有效阻止了气凝胶在加工过程中收缩。由于收缩
会影响气凝胶的密度，因此增加 BAPF 的摩尔比确实会导致如预期的密度显著下
降［图 5.5（b）］。此外，比表面积随 BAPF 摩尔比增加而增加，当加入 30 mol%
BAPF 时比表面积达到最大值。这归因于 BAPF 会破坏聚合物链堆砌程度而增加
微孔隙率，因此会增加气凝胶的比表面积，但 BAPF 的摩尔比超过 35 mol%时会

导致更大的孔径［图 5.5（d）］。不添加 BAPF 时，气凝胶的孔径分布更窄，峰值在 20～25 nm 之间。而添加 50 mol% BAPF 制备的气凝胶，孔径分布较宽，孔尺寸的峰值分别在 44 nm、10 nm 和 8 nm 处。气凝胶分布变宽主要是由于 BAPF 的加入抑制了收缩，能够保留更多的大孔，而小孔的出现是由于庞大的侧基增加了自由体积。

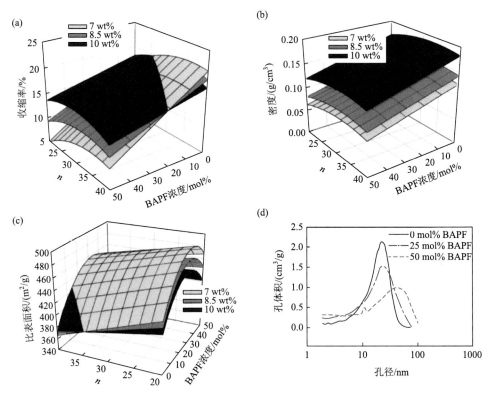

图 5.5　不同摩尔比 BAPF 制备的 BPDA-ODA/BAPF 气凝胶的孔隙特性[20]

（a）收缩率；（b）密度；（c）比表面积；（d）孔尺寸分布；n 代表聚合度

　　Pantoja 等[21]为了提高聚酰亚胺气凝胶的柔性，在聚酰亚胺分子链中引入脂肪族的分子链，将 4 个、6 个和 10 个亚甲基链作为芳香二胺中的连接基，制备了一系列的柔性聚酰亚胺气凝胶。通过实验发现脂肪族二胺 1,4-双（4-氨基苯氧基）丁烷含量的增加会导致使用 7 wt%聚合物制造的气凝胶的收缩率从 15%增加到 30%以上［图 5.6（a）］，但是孔隙特性与二胺中二甲基空间的长度无关。这要归因于脂肪族单元的灵活性，它们无法抵抗驱动孔隙破裂的拉普拉斯力。另外，比表面积随着 BAPx 浓度的增加和二甲基空间的长度的增加而减小［图 5.6（c）］。聚酰亚胺的分子链刚性越强，制得的聚酰亚胺气凝胶体积密度和成型收缩率越小。

这主要是由于气凝胶的收缩主要发生在热亚胺化过程中，随着分子链刚性逐渐增加，亚胺化时链段的扭曲程度和堆积密度逐渐降低，在一定程度上起到了阻止气凝胶收缩的作用，单位质量的体积变大，聚酰亚胺气凝胶的密度变小[22]。

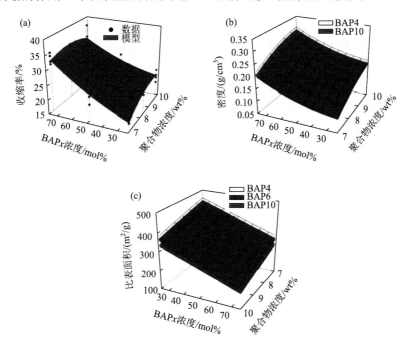

图 5.6　含有 BAPx（x 代表芳香二胺连接基的数量，$x = 4$、6、10）单元柔性聚酰亚胺气凝胶的孔隙特性[21]

（a）收缩率；（b）密度；（c）比表面积

通过以上对先前工作的总结归纳得出，为得到具有高孔隙率、低密度、高比表面积的聚酰亚胺气凝胶，可以选择具有刚性的分子结构如联苯结构的酐或者胺，以及具有大侧基基团的单体，并且加入适量的交联剂（如 TAB）在低固含量下制备。刚性的分子结构、大的侧基基团可以增加分子链的堆积密度，降低收缩率。增加交联也可以有效地增加骨架的强度，抑制孔结构的坍塌。

5.3.2　固含量

聚酰亚胺气凝胶的孔隙特性除了与分子结构有关之外，还与溶胶的固含量息息相关。一般，样品的密度随着溶胶固含量的增加而增加。同时，随着固含量的增加，气凝胶的孔隙率降低。

一般，随着聚酰亚胺气凝胶前驱体聚酰胺酸盐固含量逐渐增加，所制备的气凝胶孔径会略有减小。如图 5.7 所示，当聚酰亚胺气凝胶的化学结构相同时，聚酰胺酸盐固含量越大，气凝胶的孔径分布越窄，其原因主要为：当前驱体溶液的固含量增加时，同一体积内的分子链数目会有一定的增加，进而使分子链的刚性增加，导致其微观结构更加致密紧凑。当固含量达到 6%时，ODPA-ODA 体系聚酰亚胺气凝胶的孔径大幅度降低至 10 μm 以内[16]。

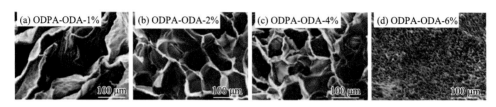

图 5.7   不同固含量聚酰胺酸盐制备的聚酰亚胺气凝胶[16]

Wu 等[23]通过改变聚酰胺酸盐的固含量，定向冷冻制备了一系列具有不同孔径的聚酰亚胺气凝胶。通过进一步观察和比较，确定低 PAA 浓度有利于形成具有较大孔和较薄孔壁的聚酰亚胺气凝胶（图 5.8）。相反，在高 PAA 浓度下可以形成具有较小孔和较厚孔壁的聚酰亚胺气凝胶。这意味着可以通过 PAA 浓度的变化有效调整聚酰亚胺气凝胶的孔径。

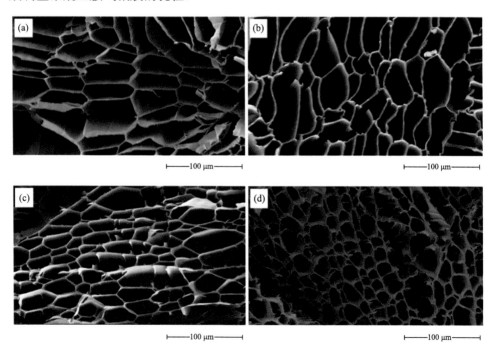

图 5.8   不同固含量聚酰胺酸制备的各向异性聚酰亚胺气凝胶的径向微观形貌[23]

（a）3%；（b）5%；（c）8%；（d）10%

5.3.3 交联剂

目前聚酰亚胺气凝胶最常用的交联剂主要有：无机交联剂和有机交联剂。其中无机交联剂为氧化石墨烯（GO）、碳纳米管（CNT）等，有机交联剂为 1, 3, 5-三（4-氨基苯基）苯（TAPB）、1, 3, 5-三氨基苯氧基苯（TAB）、八（氨基）-笼状倍半硅氧烷（OAPS）、聚马来酸酐（PMA）、均苯三甲酰氯（TMC）等。一般，所使用交联剂的含量对制备的气凝胶的微观形貌会产生重要影响。以无机交联剂 CNT 为例，Zhang 等[24]探究了 CNT 和多巴胺功能化 CNT（mCNT）对聚酰亚胺气凝胶微孔形貌的影响（图 5.9）。与之前报道的超临界干燥聚酰亚胺气凝胶不同，上述所有样品都显示出均匀的珊瑚礁石状。这种形态上的差异是由在凝胶亚胺化和交联反应过程中竞争速度和干燥方法的不同导致的。此外，所制备的气凝胶骨架和孔径也取决于交联剂的含量。对于 PI-CNT 复合气凝胶，当 CNT 含量从 0.6%增加到 1.0%时，气凝胶骨架变厚，孔径变大。当采用 mCNT 作为交联剂时，mCNT 含量对气凝胶的微观孔形貌没有明显差异。此外，当交联剂的含量相同时，相比于 PI-CNT 复合气凝胶，PI-mCNT 复合气凝胶孔径更大，骨架更粗。

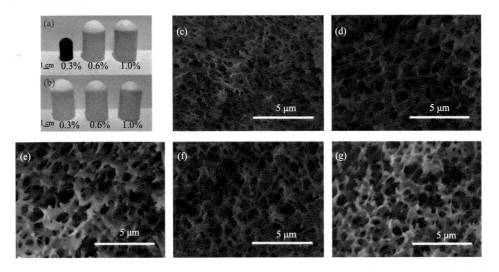

图 5.9　不同 CNT 含量的 PI-mCNT 复合气凝胶（a）和不同 CNT 含量的 PI-mCNT 复合气凝胶（b）的照片；PI 复合气凝胶的 SEM 图：（c）PI-CNT0.6，（d）PI-CNT1.0，（e）PI-mCNT0.3，（f）PI-mCNT0.6 和（g）PI-mCNT1.0[24]

在聚酰亚胺气凝胶的制备过程中引入交联剂可有效提高气凝胶的孔隙特性，这是因为交联剂的引入可以有效增加骨架的强度，限制分子链在干燥、亚胺化等过程中产生的收缩。Wu 等[25]通过苯三甲氧基硅烷、四乙氧基硅烷和 γ-

氨基丙基二乙氧基硅烷之间的水解-凝结反应制备了一种廉价的交联剂，即氨基功能化超支化聚硅氧烷（NH₂-HBPSi），探究了该交联剂对气凝胶特性的影响。通过实验发现，不同分子结构的聚酰亚胺添加交联剂以后，气凝胶的收缩率、密度、孔隙率呈现不同的规律。从图 5.10（a）可以看出，对于柔性结构的 BPDA-ODA 气凝胶，加入 NH₂-HBPSi 时引入交联结构导致微孔隙坍缩减少，进而气凝胶的收缩率降低；然而刚性结构 BPDA-DMBZ 气凝胶随着交联剂的增加，收缩率会增加。这可能是由于 NH₂-HBPSi 替换了刚性 BPDA-DMBZ 低聚物，从而降低了湿凝胶的刚度和机械性能，进而导致高收缩率。BPDA-ODA 和 BPDA-DMBZ 基气凝胶的密度分别为 0.16～0.20 g/cm³ 和 0.12～0.16 g/cm³ [图 5.10（b）]。当然，收缩率的下降会导致在 NH₂-HBPSi 负载达到 12.5 wt% 之前，BPDA-ODA 基气凝胶的密度下降。进一步将 NH₂-HBPSi 增加到 12.5 wt%，则会导致气凝胶密度的增加，这主要是由于 NH₂-HBPSi 的固有密度比聚酰亚胺的固有密度更高。相对而言，对于基于 BPDA-DMBZ 的样品，密度随交联剂浓度增加呈线性增加，这主要源于恒定的收缩。不同配方的气凝胶孔隙率均在 85%～91%范围内 [图 5.10（c）]，由于孔隙率与密度之间的反关系，这遵循气凝胶密度的相反趋势。

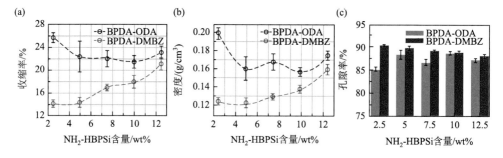

图 5.10　不同 NH₂-HBPSi 含量交联的聚酰亚胺气凝胶的收缩率（a）、密度（b）和孔隙率（c）[25]

　　研究表明与化学交联聚酰亚胺相比，自交联聚酰亚胺气凝胶具有更低的体积收缩率。造成该现象的原因可能是由于化学交联得到的湿凝胶在干燥过程中不同部位和凝胶内外所处状态不同，造成不同部位收缩率不同。而自交联中交联剂 TAB 的加入，为相对孤立的分子链之间提供了一个牢固的化学交联点，从而使分子链之间的运动是相互联系的，即局部的收缩会导致整体的收缩，从而使收缩率增大。自交联的凝胶，分子链之间的物理作用也会使其成为一个整体，但物理作用所形成的交联点强度较低，分子链之间的运动依旧是相对独立的，因此局部的收缩不会对整体造成较大影响，收缩率较小。

5.3.4　凝胶条件

聚酰亚胺气凝胶的凝胶主要是通过低温凝胶和基于化学亚胺化凝胶的纺丝。对于物理低温凝胶，此种方法是通过冰模板法引入三维多孔结构，因此通过控制冰晶的生长，也就是冷源的位置可以制备具有不同孔形貌的聚酰亚胺气凝胶。一般，采用常规冷冻方式获得的气凝胶往往表现为无规多孔结构；采用定向冷冻（单向和双向）的方式可以获得具有取向（通孔结构/平行片层）的多孔结构。下面对聚酰亚胺气凝胶的不同孔形态进行简单阐述。

吕冰[18]通过冷冻干燥法制备了一系列的聚酰亚胺气凝胶，通过扫描电子显微镜（SEM）对聚酰亚胺气凝胶的微观结构进行观察（图 5.11），可以发现采用常规冷冻干燥法制备的聚酰亚胺气凝胶呈现出多孔结构，且其孔径主要分布在几十到几百微米的范围内[8]。气凝胶的这种无序多孔结构，主要是由冰晶在冷冻过程中升华所致。并且气凝胶的孔尺寸与冷冻温度、冷冻速率密切相关。快速冷冻获得的聚酰亚胺气凝胶内部微孔小，呈现出更为规则的折叠形状，且其孔径也明显小于慢速冷冻得到的聚酰亚胺气凝胶。出现这一现象的原因可能是冷冻速率较慢时，形成的冰晶更大，且随着温度逐渐降低溶解性下降，聚合物易析出聚集，干燥后留下的孔也就越大。当冷冻速率较快时，形成的冰晶较小，聚合物来不及析出，有利于形成致密的多孔结构。

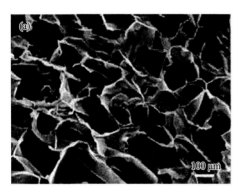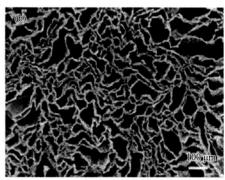

图 5.11　不同冷冻条件获得 ODPA-ODA-2%PI 气凝胶的 SEM 图[18]

（a）慢速冷冻；（b）快速冷冻

Wang 等[26]通过采用冷冻纺丝技术，制备了具有较高机械强度的聚酰亚胺气凝胶纤维，其具有三维多孔结构，孔结构与纺丝过程中冷冻温度有关，如纤维截面及轴向截面 SEM 图（图 5.12）中所示。径向横截面 SEM 图表明，纤维的平均孔径随着冷冻温度的降低而减小，当冷冻温度为–30℃、–60℃、–90℃、–196℃（液氮）时，气凝胶纤维的孔径分别为 70 μm±9.3 μm、55 μm±10.4 μm、40 μm±9.7 μm 和 25 μm±8.4 μm。

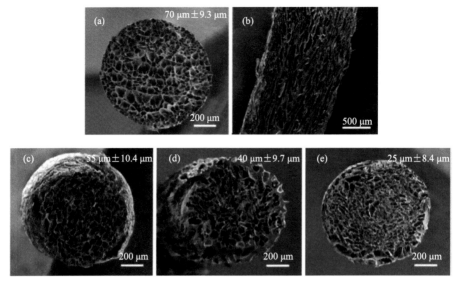

图 5.12   不同冷冻温度条件下制备的聚酰亚胺气凝胶的 SEM 图[26]
（a, b）–30℃；（c）–60℃；（d）–90℃；（e）–196℃

另外，通过控制冷冻方式还可以控制气凝胶的微观结构。采用单向冷冻方式往往可以获得具有取向的通孔结构气凝胶[9]。例如，Wu 等[23]采用一种简单、低成本且环保的方法来制备各向异性聚酰亚胺（PI）气凝胶。在将聚酰胺酸铵盐水溶液从型材定向到圆柱模具的中心轴的过程中，冰晶优选沿圆柱模具的径向生长。通过冷冻干燥使冰晶升华后，在气凝胶中形成各向异性的孔结构。从圆柱形样品沿径向，即沿冻结方向的剖面看，气凝胶呈现近似蜂窝状的孔隙结构；从圆柱形样品的轴向也就是侧面看，气凝胶显示出近似排列的管状结构。

除了在单一方向上形成温度梯度，制备取向孔的气凝胶之外，在水平和垂直方向上均形成温度梯度则可以制备出大片层结构的聚酰亚胺气凝胶。采用双向冷冻方式制备的聚酰亚胺气凝胶，可获得垂直排列的片层结构（图 5.13）[27]。具有定向多孔结构的各向异性材料比各向同性材料表现出更优异的隔热性能，因为各向同性材料常常受到局部过热的困扰，这不利于复杂环境下的热管理。各向异性气凝胶可以显著减少传热并在特定方向上表现出较好的隔热性，同时一些热量会在另一个方向上扩散以避免局部热量集中，这会增加总的传热屏障，从而实现更佳的隔热效果。

与物理低温凝胶策略不同的是，采用化学凝胶方式制备的聚酰亚胺气凝胶的孔骨架主要呈现纳米纤维结构，孔径主要在纳米尺度。例如，Meador 等[8]采用超临界二氧化碳干燥的方式制备了八（氨基）-笼状倍半硅氧烷（OAPS）交联的聚酰亚胺气凝胶。该气凝胶的 SEM 图如图 5.14 所示，结合比表面积测试可以发现，其孔径主要分布在纳米级尺度。

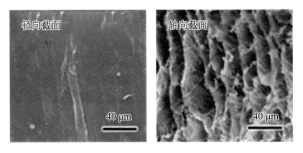

图 5.13　聚酰亚胺/细菌纤维素（PI/BC）气凝胶的径向、轴向截面 SEM 图[27]

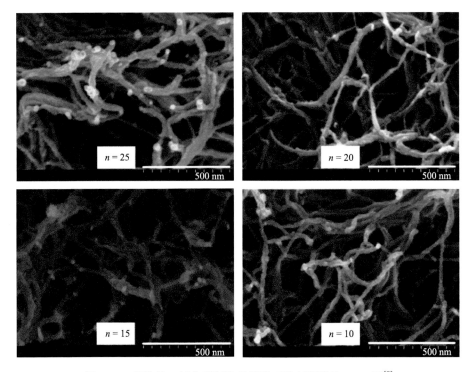

图 5.14　超临界二氧化碳制备的聚酰亚胺气凝胶的 SEM 图[8]

上述制备聚酰亚胺气凝胶广泛采用的干燥方式为超临界二氧化碳干燥和冷冻干燥。然而，超临界二氧化碳干燥需要极端的干燥条件，存在成本高和安全等问题；冷冻干燥虽然能够通过消除表面张力实现高孔隙率，但在冷冻干燥过程中，由于水分子的重排，形成的气凝胶容易破碎，干燥时间通常很长。因此，最方便和经济的替代方法是常压干燥。然而，湿凝胶的孔隙结构通常承受不了孔隙内溶剂蒸发过程中较大的毛细管压力，导致了孔隙的高收缩率和损耗，因此降低气凝胶在常压干燥中的收缩率面临着巨大挑战。为实现聚酰亚胺气凝胶的工业化生产，减少溶剂交换过程的持续时间将极大降低成本、降低收缩率、提高孔隙率，是目前生产聚酰亚胺气凝胶的关键。Lee 等[28]重点研究了溶剂交换过程中溶剂在传统气相沉积法干燥聚酰亚胺气凝胶纳米孔形成过程中的作用，并提出了在溶剂交换过程中形成合适的凝胶结构能够抑制溶剂交换和干燥过程中的收缩，从而实现干燥后的高孔隙率。同时发现在溶胶-凝胶过程中，选择供电子溶剂如 DMAc 和 NMP，或加入嵌段共聚物表面活性剂增加介质黏度可以延长凝胶时间，使气凝胶骨架变粗，孔隙由主要的介孔状态转变为大孔状态，即改变溶剂环境可以成功调控气凝胶的孔径分布。因此，在溶剂交换过程中，调整 N-甲基吡咯烷酮（NMP）、甲苯（Tol）、丙酮（Acet）、甲基乙基酮（MEK）、乙醇（EtOH）、环己烷（CH）等混合溶剂的比例，即可获得可控的孔结构。Ning 等[29]利用一锅溶剂热合成法制备聚酰亚胺气凝胶时发现仅 NMP/三甲苯混合溶剂（体积比 1 : 1.85）作为反应介质时可以产生均匀连接的微球形貌，进一步证实了反应溶剂对气凝胶微观形貌的调控作用。Wu 等[30]利用低沸点溶剂和升华干燥制备高性能聚酰亚胺气凝胶。这种新方法是基于 PMDA/DDM 聚酰胺酸前驱体在甲醇/四氢呋喃溶剂中的独特凝胶现象，凝胶时间可能是最终气凝胶性能的一个重要问题。从 SEM 图中可以看出凝胶 1 d 的气凝胶形态会产生一些由纳米颗粒组成的短而厚的不规则棒［图 5.15（a）］。当将凝胶时间延长到 2~4 d 时，形态转变为纳米纤维状。

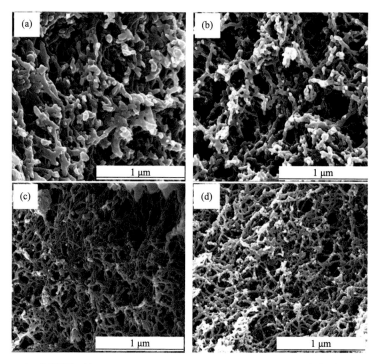

图 5.15   在不同凝胶时间 1 d（a）、2 d（b）、3 d（c）和 4 d（d）下气凝胶的 SEM 图[30]

聚酰亚胺气凝胶的孔结构与材料的隔热、力学性能等密切相关，因此探究不同因素对其调控规律是非常重要的。通过以上对前人工作的总结可以发现，小孔径的气凝胶可以通过增加溶胶的固含量、交联点的密度及冷冻温度实现。另外，采用冷冻干燥法制备的气凝胶可以通过控制冷源的方式，制备无规、单向、双向的聚酰亚胺气凝胶。

5.4 聚酰亚胺气凝胶的性能 ◀◀◀

5.4.1 热性能

1. 热稳定性

如今，随着人们对能源利用效率的日益提高，高性能的保温材料在各个领域特别是建筑、航空航天等的应用需求日益增加。由于气凝胶材料有着高孔隙率、超低密度及极低的热导率等优势，得到研究人员越来越多的关注。与传统的二氧化硅气凝胶相比较，高分子气凝胶往往表现出更好的机械性能及热化学稳定性，然而大量的有机组分使得其热稳定性较差，且大多数的有机气凝胶（如聚乙烯醇气凝胶、纤维素气凝胶、聚氯乙烯气凝胶等）的分解温度较低，一般都低于 200℃。不同于传统的有机高分子材料，聚酰亚胺含有多个芳香苯环等结构，并且酰亚胺环之间存在共轭效应，赋予聚酰亚胺分子刚性大且分子链之间相互作用强的优势，从而使其具有较好的耐高温性能，玻璃化转变温度（T_g）一般都高于 200℃，使其可以长期在此温度条件下使用[13]。此外，一些经过结构改性的聚酰亚胺气凝胶还可耐高于 300℃的高温。同时，聚酰亚胺具有优异的耐低温特点，基于其结构的稳定性，聚酰亚胺气凝胶在液氦液氮中（−269℃）不会发生脆裂，并且在低温下依然可以保持较好的压缩强度。因此，相对于传统的泡沫（如聚氨酯泡沫、聚苯乙烯泡沫等），聚酰亚胺气凝胶的耐高温及耐低温稳定性有望满足一些特殊领域的迫切需求。

目前，提高聚酰亚胺气凝胶的热分解温度主要是从单体、分子链改性或者加入阻燃剂等方面着手，改善气凝胶的热稳定性。由于合成聚酰亚胺的二酐和二胺两类单体的多样性，聚酰亚胺的分子结构可通过选用不同的单体匹配进行调控，进而调控其相关的性能，诸如热稳定性、机械强度及其他性能来满足相关所需的特性。一般，所含单体为芳香族结构的二酐和二胺合成的聚酰亚胺的热稳定性要优于脂肪族类的聚酰亚胺。这是由于芳香族的聚酰亚胺分子链上含有大量苯环、酰亚胺基团等，这些化学键具有较高的键能，且相互之间存在较强的分子间作用力，使得它们在较高温度下才会发生断裂，进而破坏聚酰亚胺的分子结构。此外，芳香环的存在不仅可以提高聚酰亚胺的耐高温性能，而且可以改善其机械强度。这是由于芳香结构不仅赋予聚酰亚胺分子骨架一定的刚性，而且通过改变其链间的相互作用力，进而改善机械性能和热稳定性。

一般，所采用的二胺单体的刚性越强，制得的聚酰亚胺的耐高温稳定性越好。在合成耐高温性的聚酰亚胺的二酐单体中，不同二酐所合成的聚酰亚胺的热性能存在一定差异，且一般均酐类＞醚酐类＞酮酐类＞砜酐类；在二胺单体中，对位二胺＞间位二胺[13, 15]。

ODPA-ODA 体系聚酰亚胺气凝胶的热稳定性与 BPDA-ODA 和 BPDA-PPDA 体系具有显著的差异：ODPA-ODA 体系聚酰亚胺气凝胶热失重为 5%的分解温度为 490.5℃，而 BPDA-ODA 和 BPDA-PPDA 体系的相应热分解温度接近 600℃。以上具有不同化学结构的聚酰亚胺气凝胶热稳定性的差异主要在于 ODPA-ODA 体系的聚酰亚胺气凝胶分子结构中存在较多键能相对较低的醚键。此外，当热分解温度达到 800℃时，ODPA-ODA 体系的聚酰亚胺气凝胶大约有 30%的残碳量，而 BPDA-ODA 和 BPDA-PPDA 体系的残碳量高达 60%左右。

Pantoja 等[21]研发了用 4～10 个亚甲基单位芳香胺（BAPx）制备的聚酰亚胺气凝胶。对于含有较大摩尔比 BAPx 和较长二甲基链的样品，热分解温度提前，因为脂肪族不如完全芳香族聚酰亚胺热稳定。典型的在氮气中热解的聚酰亚胺，有大量的炭产量。炭产量的差异与脂肪族含量有关。使用 25 mol% BAP4 制备的气凝胶具有约 7.3 wt%的脂肪族含量，而使用 25 mol% BAP10 的气凝胶则具有约 11 wt%的脂肪族含量。使用 75 mol%的 BAP4 和 BAP10 制备的气凝胶分别具有 9.3 wt%和 19 wt%的脂肪族含量［图 5.16（a）］。热分解温度（T_d）在 25 mol% BAPx 的气凝胶中最高，并随着 BAPx 浓度的增加而逐渐降低，直到 50mol%～60 mol% BAPx 达到最小值［图 5.16（b）］。

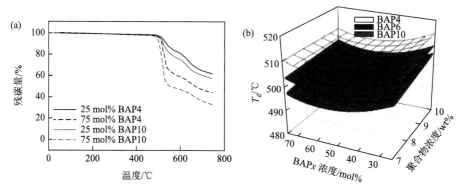

图 5.16　BAPx 基聚酰亚胺气凝胶的热性能 TGA（a）、分解温度的经验模型（b）[21]

　　Viggiano 等[20]在聚酰亚胺分子链中引入大侧基以降低气凝胶在高温环境中的收缩。图 5.17（a）显示了来自无 BAPF 和 50 mol%的 BAPF 研究的代表性气凝胶样品的 TGA 曲线。将 BAPF 加入到聚合物中稍微将分解温度从 598℃降低到 585℃。为了评估老化对不同 BAPF 含量制备的气凝胶的影响，在 150℃和 200℃下对所有成分进行等温老化 500 h。在研究过程中，样品在 24 h、100 h 和 500 h 时从烤箱中取出，以测量质量、密度和直径收缩的变化。与以往的研究一样，收缩和密度最显著的变化发生在老化研究的前 24 h 内，并在其余的研究中保持停滞。由于体积收缩，没有 BAPF 的气凝胶的密度在前 24 h 从 0.16 g/cm^3 增加到 0.36 g/cm^3，之后保持不变。相比之下，使用 50 mol% BAPF 制备的气凝胶的密度在 500 h 以后从 0.14 g/cm^3 增加到 0.19 g/cm^3［图 5.17（b）］。任何气凝胶的质量损失均很少（＜1%），因此，所有密度变化都是由于体积收缩。收缩率随着聚合物浓度的增加和 BAPF 含量的增加而降低，而用 50 mol% BAPF 和 10 wt%聚合物制备的样品的收缩率最低（约 8%）［图 5.17（c）］。很明显，BAPF 含量的增加导致高温下样品密度显著降低，从而导致收缩率较小［图 5.17（d）］。

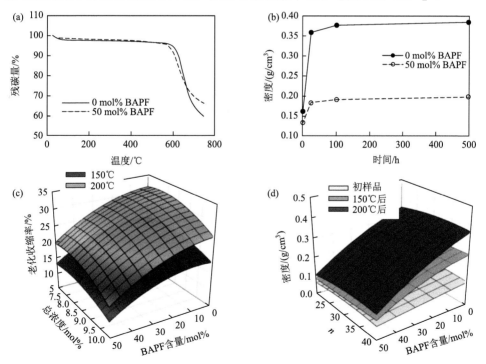

图 5.17　（a）含有 0 mol%和 50 mol%BAPF 的聚酰亚胺气凝胶的 TGA 曲线；（b）在 200℃的等温老化样品中，含有 0 mol%BAPF 和 50 mol%BAPF 的密度和时间的函数；（c）150℃、200℃等温老化引起的收缩与聚合物浓度和 BAPF 含量函数的经验模型；（d）150℃、200℃等温老化引起的密度变化与聚合物浓度和 BAPF 含量函数的经验模型[20]

2. 隔热性能

多孔固体材料的热导率通常由热传导、热辐射和热对流三部分组成。PI 材料半结晶或无定形的聚集态结构会造成声子的散射，使其具有较低的热导率，而 PI 气凝胶极低的密度和超高的孔隙率使其热传导系数极大降低，是理想的绝热材料。同时，PI 气凝胶中存在大量的固-气界面，对红外线具有多重反射效果，降低了热辐射效率。此外，PI 气凝胶独特的孔结构会形成"克努森效应"，限制了热对流，表现出优异的绝热效果。Zhao 等[31]利用 PI 纳米纤维作为增强体，制备了密度为 0.06 g/cm^3、孔隙率为 95%的蜂窝状 PI 复合气凝胶。与 PI、PS 和 PU 泡沫相比，这种 PI 复合气凝胶具有突出的高温稳定性和热绝缘性，在 300℃下的热导率仅为 77 mW/(m·K)。Kantor 等[32]则报道了一种 SiO$_2$-PI 复合气凝胶，当 SiO$_2$ 气凝胶的添加量为 35 wt%时，该复合气凝胶的热导率仅为 17.5 mW/(m·K)，低于空气的热导率［26 mW/(m·K)］。Yuan 等[33]通过调节聚酰胺酸羧酸盐水溶液浓度及咪唑化反应条件，获得了一种具有微观层状结构的 PI 气凝胶。该 PI 气凝胶具有良好的隔热性能，在 300℃下的热导率仅为 31 mW/(m·K)。Zhang 等[27]采用双向冷冻技术制备了一种各向异性聚酰亚胺/细菌纤维素（b-PI/BC）气凝胶。由于通过双向冷冻技术获得的良好排列的层状结构，b-PI/BC 气凝胶表现出明显的各向异性隔热行为，在径向（垂直于片层）具有 23 mW/(m·K)的超低热导率，在轴向（平行于片层）具有近两倍［44 mW/(m·K)］的超低热导率。

5.4.2　力学性能

对于材料的实际应用，其力学性能至关重要。聚酰亚胺是一类主链具有较多的苯环和含氮五元杂环结构的高分子材料，在经历亚胺化过程后，其主链上的杂环结构与碳氧双键之间会产生一定的共轭效应，使分子链具有较强的刚性，进而赋予聚酰亚胺优异的力学性能和结构稳定性。然而对于聚酰亚胺气凝胶而言，除了聚酰亚胺本身化学结构的因素，其宏观力学性能与分子结构、交联剂、固含量（密度）及填料等因素密切相关。

1. 分子结构

如上所述，当采用不同的二酐和二胺单体制备时，会导致聚酰亚胺气凝胶的化学结构不同，进而对其热性能及力学性能产生较大影响。例如，有研究者采用 ODPA、BTDA 为二酐单体合成不同分子结构的 TEEK 聚酰亚胺气凝胶，讨论化学结构对聚酰亚胺气凝胶力学性能的影响。通过对比可以发现，由于 TEEK-L 的分子链刚性较大，因此该系列的聚酰亚胺气凝胶表现出更高的强度及杨氏模量。这说明分子链刚性越大，所制备的聚酰亚胺气凝胶的强度越强。

Xi 等[34]采用 PMDA、BPDA、BTDA 作为二酐单体，PPDA、DMBZ、ODA 作为二胺单体，分别制备了由不同单体构成的聚酰亚胺气凝胶，其屈服强度和杨氏模量如图 5.18 所示。实验结果表明：聚酰亚胺气凝胶的杨氏模量和屈服强度随着二胺或二酐刚度的增加而增加，其中 PMDA-ODA 体系的聚酰亚胺气凝胶展现出最高的杨氏模量（45.7 MPa）、BPDA-PPDA 体系的聚酰亚胺气凝胶展现出最高的屈服强度（2.9 MPa）。现有聚酰亚胺气凝胶的刚性来自芳香族二胺和二酐成分，由于其固有的分子刚性和高的分子间缔合力，增加了本体气凝胶的刚度。许多研究已经将柔性连接纳入聚酰亚胺的主链化学中，以降低分子刚度并提供扭转迁移率。特别令人感兴趣的是使用脂族间隔物作为氨基与苯氧基之间的连接，以增加聚酰亚胺的溶解度和可加工性。这些研究使用具有不同长度脂族间隔物的芳香族二胺，由 3~12 个亚甲基组成，以制备坚韧、可溶性和柔性的聚酰亚胺薄膜。基于此，Meador 等[35]为提高较厚的聚酰亚胺气凝胶材料的弯曲半径，在芳香族二胺中引入了 4 个、6 个和 10 个亚甲基链作为连接基团。用这些柔性二胺代替聚酰亚胺骨架中的 DMBZ，使其在厚度高达 2~3 mm 时可以弯曲。同时研究发现，气凝胶的模量随着间隔物中亚甲基数量的增加而降低。

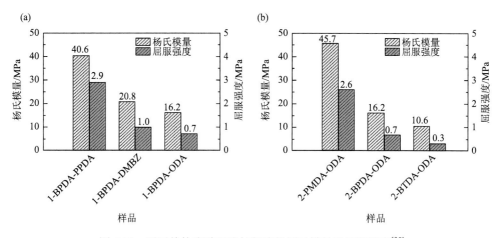

图 5.18　不同单体聚酰亚胺气凝胶的杨氏模量及屈服强度[35]

2. 交联结构

除了自身的分子结构对聚酰亚胺气凝胶的力学性能产生重要影响外，制备过程中采用交联剂的种类也对其力学性能有影响。目前研究人员采用无机纳米颗粒或各种有机交联剂来制备交联结构的聚酰亚胺气凝胶，为获取高强度的聚酰亚胺气凝胶提供了一种有效方法[11]。

例如，美国国家航空航天局的研究人员 Meador 等对于聚酰亚胺气凝胶的制备进行了大量研究。他们在二酐和二胺体系的基础上不断尝试加入各种交联剂，如 TAB、OAPS、TMC 等，来制备具有更强化学交联网络的聚酰胺酸，再通过化学亚胺化、超临界二氧化碳干燥等步骤，成功制得具有更低密度、高比表面积、高强度的聚酰亚胺气凝胶。Meador 等以芳香二酐 BPDA 和芳香二胺双苯胺对二甲苯为反应单体，以 OAPS 为交联剂制备具有共价交联网络的聚酰亚胺气凝胶。该方法制备的交联型气凝胶薄膜表现出极低的收缩率、低的热导率［14 mW/(m·K)］和超低密度（0.1 g/cm^3），更重要的是，具有 1~5 MPa 的超高压缩模量，表明加入合适的交联剂可以有效提升聚酰亚胺气凝胶的力学性能，使其具备在更广阔空间内应用的潜力。Simón-Herrero 等[36]以 TAPA 为交联剂制备了交联型气凝胶，相比同单体制备的线型 PI 气凝胶，其杨氏模量提高了 34%。Zhang 等[37]则分别以苯乙烯/马来酸酐共聚物（PSMA）与降冰片烯二酐/马来酸酐共聚物（PMN）为交联剂，制备了相比 TAB 交联时具有更低密度和体积收缩率的 PI 气凝胶。尽管侧基不同，但这两种气凝胶具有相似的纤维结构和初始分解温度（300℃），最大模量可达 21.3 MPa（PMN 型）。

3. 固含量

固含量同样是影响聚酰亚胺气凝胶力学性能的主要因素之一，随着固含量增加，气凝胶密度增加，杨氏模量及压缩强度等力学性能随之增加，但是当固含量过高时可能会导致溶质分散不均匀，进而导致气凝胶出现应力集中现象，降低其力学性能。

例如，通过对比 ODPA-ODA 体系下不同固含量聚酰亚胺气凝胶循环压缩曲线和其压缩循环过程中能量损失系数图可以发现：四种不同固含量的聚酰亚胺气凝胶均表现为柔性可回弹材料的特征。随着固含量增加，气凝胶密度逐渐增大，杨氏模量逐渐增大，当应变相同时其压缩强度也随之增大，最高可达 1.443 MPa。此外，经过反复加载-卸载后，固含量为 2%时的 ODPA-ODA 体系气凝胶能量损失最小，具有更好的压缩回弹性能。

4. 纳米颗粒

对于聚酰亚胺气凝胶而言，纯聚酰亚胺气凝胶的力学性能一般相对较差。因此，仿照其他复合材料通过引入填料来提升力学性能的方法，可以通过在聚酰亚胺气凝胶中引入其他填料来提升其力学性能。

例如，Wang 等[38]利用氟位移反应制备的氨基功能化碳纳米管的高接枝比特性，合成了具有三维多孔网络结构的聚酰亚胺复合气凝胶。所有的气凝胶样品都显示出高度互连的三维互通网络结构。加入氨基功能化碳纳米管的聚酰亚胺气凝胶的压缩模量达到 47.3 MPa，比线型聚酰亚胺气凝胶高出 1126%（图 5.19）。制备的 PI/CNT-NH$_2$ 复合气凝胶在高温条件下仍能保持其 96%的原始压缩模量。

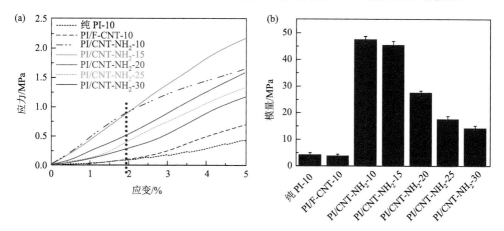

图 5.19 添加不同比例氨基功能化碳纳米管的聚酰亚胺复合气凝胶在室温下的应力-应变曲线（a）和杨氏模量（b）[38]

Zhao[31]等利用聚酰亚胺纳米纤维作为增强填料，水溶性聚酰胺酸作为基体，通过冷冻干燥及后续的热处理制备得到聚酰亚胺纳米纤维增强的聚酰亚胺气凝胶。如图 5.20 所示，添加纳米纤维作为增强填料后，聚酰亚胺气凝胶在相同应变下的最大应力明显提升，且杨氏模量和弹性应变能等性能也显著优于纯聚酰亚胺气凝胶。其机理在于聚酰亚胺纳米纤维和聚酰亚胺气凝胶孔壁之间连接形成的机械互锁效应可以有效分散应力，从而显著提高气凝胶的力学性能。然而，当加入纳米纤维过量时，可能存在团聚现象，使得聚酰亚胺气凝胶的力学性能反而下降。因此，在向气凝胶基体中添加填料时需要注意填料的用量，避免填料的团聚引起力学性能下降。

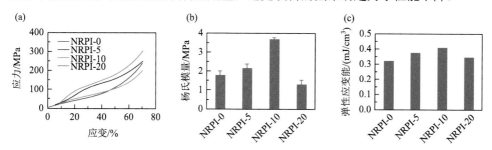

图 5.20 不同比例纳米纤维增强聚酰亚胺（NRPI）气凝胶的应力-应变曲线、杨氏模量及弹性应变能[31]

5. 微观结构

聚酰亚胺气凝胶的力学性能还与其微观结构有关。不同的孔径、孔结构会呈现不同的力学性能。另外组装单元也影响其力学性能。对于各向异性的气凝胶，其力学性能同样也呈现各向异性。在轴向上的压缩模量远大于径向上的压缩模量。这是由于取向后气凝胶片层结构得到增强，在平行于片层方向上受力时，堆叠的层状结构发生抵抗弯曲的作用，而随着弯曲程度的加深这种抵抗作用进一步增强。但是在径向方向，即垂直于片层的方向，片层间缺少作用力的支撑，受到压缩时更多的是片层间的距离减小，因此抵抗压缩变形的能力小一些。力学各向异性气凝胶的优势在于同一种材料拥有两种不同模量，应用范围也因此更加广泛。

除了上述的刚性聚酰亚胺气凝胶以外，近年来，研究人员对于弹性聚酰亚胺气凝胶的研究也日益广泛。相较于刚性聚酰亚胺气凝胶，具有弹性的聚酰亚胺气凝胶具有更好的形状适配性、易加工及耐疲劳等刚性气凝胶所不具备的特性，具备更广阔的应用前景。一般，目前制备弹性聚酰亚胺气凝胶有两种方法，一种通过双向冷冻的方法制备得到各向异性的聚酰亚胺气凝胶，该气凝胶在轴向表现为刚性，而在径向表现为柔性；另一种是采用高强度的聚酰亚胺纳米纤维作为基体材料，通过在水中均匀分散、冷冻干燥及后续的热处理得到弹性的聚酰亚胺纳米纤维气凝胶。下面分别对用这两种方法制备的弹性聚酰亚胺气凝胶进行介绍。

Xu 等[39]采用聚酰胺酸作为基体材料，加入凯夫拉纤维分散液作为孔调节剂，通过双向冷冻的方法制备得到了各向异性的聚酰亚胺复合气凝胶。当应力垂直孔壁方向加载时，可以通过孔结构的形变来抵抗应力的破坏，而撤销应力时孔结构可以恢复原状，从而赋予聚酰亚胺气凝胶柔弹特性。

Hou 等[40]采用静电纺丝制备的聚酰亚胺纳米纤维作为基体材料，通过冷冻干燥，热亚胺化交联制备得到了聚酰亚胺纳米纤维气凝胶。如图 5.21 所示，该纳米纤维气凝胶具有良好的压缩回弹性能，在经历 1000 次 60%应变下的压缩循环后，其应力-应变曲线无明显波动；在经历 1000 次的压缩循环测试后，该聚酰亚胺纳米纤维气凝胶的最大应力仅损失了 0.7 kPa，能量损耗因子保持在 0.3。这表明

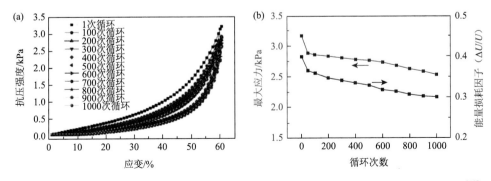

图 5.21　聚酰亚胺纳米纤维气凝胶的压缩循环曲线（a）、最大应力及能量损耗曲线（b）[40]

其具有良好的压缩回弹性能。该聚酰亚胺纳米纤维气凝胶具有良好柔弹性的机理有如下两点：首先，静电纺丝制备的聚酰亚胺纳米纤维本身具有高杨氏模量；其次，通过热亚胺化纳米纤维之间的交联产生的稳定互通三维网络结构。

本节主要总结了聚酰亚胺气凝胶的制备方法、结构、性能及其相关的应用。其中，制备方法主要包括缩聚反应、超临界 CO_2 干燥和冷冻干燥等工艺。主要分析概括了单体化学结构、聚酰胺酸固含量及制备工艺等对聚酰亚胺气凝胶微观结构和性能的影响。总结了高的孔隙率、高强度和模量、优良的化学性能和耐高温等固有特性赋予聚酰亚胺气凝胶多功能的优点，可以作为理想的热防护材料广泛应用于防冻、隔热绝缘和耐热等领域。此外，具有良好机械性能的轻质聚酰亚胺气凝胶可应用于极端环境。

5.5　聚酰亚胺气凝胶复合材料 <<<

聚酰亚胺气凝胶相比于其他高分子气凝胶具有优异的力学性能、耐热性及耐腐蚀性等，因此被广泛应用于航空航天、建筑材料等领域。然而，聚酰亚胺气凝胶在制备或者后期应用过程中仍存在着很大的局限性，如高收缩率、高热导率、功能单一。为了提高聚酰亚胺的热、力学性能以及拓宽聚酰亚胺气凝胶的应用领域，可以通过复合功能性纳米材料，制备多功能的、高性能的聚酰亚胺气凝胶，满足人们对高性能、多功能材料的需求，解决目前高分子气凝胶材料存在的一些问题。本节主要对聚酰亚胺气凝胶复合材料的制备方法、复合增强机理及其性能的影响规律进行概括。

5.5.1　聚酰亚胺气凝胶复合材料的制备

1. 共混法制备聚酰亚胺气凝胶复合材料

共混法是直接在溶胶中加入功能纳米材料，进行凝胶、干燥。此种方法操作简单，但是需要功能纳米材料能够均匀地分散在前驱体溶液中。目前利用纳米材料表面丰富的官能团能够在溶剂中稳定分散，通过共混法制备了一系列的聚酰亚胺气凝胶复合材料，如聚酰亚胺/氧化石墨烯、聚酰亚胺/二氧化硅、聚酰亚胺/碳纳米管、聚酰亚胺/纳米纤维等复合材料，赋予了其优异的力学性能及多功能性。

Zhang 等[41]利用氧化石墨烯和钴离子与聚酰胺酸之间的氢键和配位作用生成双交联网络结构，制备了聚酰亚胺/还原氧化石墨烯/钴（PI/rGO/Co）气凝胶。制备方法如图 5.22 所示，将氧化石墨烯与 Co 粒子和聚酰胺酸盐进行共混，通过冷冻干燥、热亚胺化得到双交联的聚酰亚胺气凝胶。

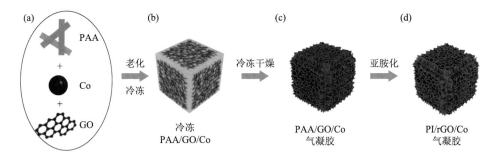

图 5.22　PI/rGO/Co 气凝胶的制备方案[41]

（a）水性分散体，包括 PAA（水溶性聚酰亚胺前驱体）、GO 片和钴离子；（b）形成均匀的凝胶和冰，然后将均匀的凝胶冷冻干燥；（c）PAA/GO/Co 气凝胶，这是 PI/rGO/Co 气凝胶的原型；（d）最终的 PI/rGO/Co 气凝胶，它是在 250℃下在氮气气氛中亚胺化后获得的

　　Liu 等[42]将 MXene 与聚酰胺酸水溶液进行混合，通过冷冻干燥热亚胺化制备了一种 MXene/聚酰亚胺气凝胶。该气凝胶具有超轻、大的可逆压缩性、优异的抗疲劳性、可逆拉伸性和高电导率优点。通过共混制备聚酰亚胺气凝胶复合材料虽然操作简单，但是在共混过程，纳米材料的小尺寸效应引起的团聚也是不可避免的。同时为了提高纳米材料的分散性需要对其进行改性，从提高与聚酰亚胺基体的相容性。

2. 原位聚合制备聚酰亚胺气凝胶复合材料

　　原位聚合是将功能性纳米材料直接在缩聚反应前加入，通过在纳米材料表面引入可反应的基团，参与二酐和二胺的缩聚反应。此种方法解决了有机-无机材料之间的相容性问题，并且有效提高了纳米材料与溶剂的亲和力。参与缩聚反应的纳米材料同时可以充当交联剂、增强剂，降低材料的收缩率。此种交联剂也可以代替化学交联剂，如 TAB、OAPS 等避免了昂贵交联剂带来的成本问题。

　　CNT 具有高的刚度、强度和电导率，使其成为树脂基聚合物增强中最有前途和有效的取代体之一。CNT 由于较高的比表面积和表面能，小尺寸通常有很强的聚集倾向，因此很难在聚合物宿主中均匀分散。Zhu 等[43]在 CNT 表面接枝二胺 ODA，不仅与溶剂和宿主聚合物提供亲和力，而且与 PAA 末端酐基反应，与聚合物链形成强共价键。这些改性 CNT 可以作为刚性交联剂和线型增强剂（图 5.23）。也有工作者通过在 CNT 上接枝多巴胺[44]或直接氟化等方法，制备了具有高接枝比的氨基功能 CNT[45]，并制备了一系列的 CNT 复合聚酰亚胺气凝胶。

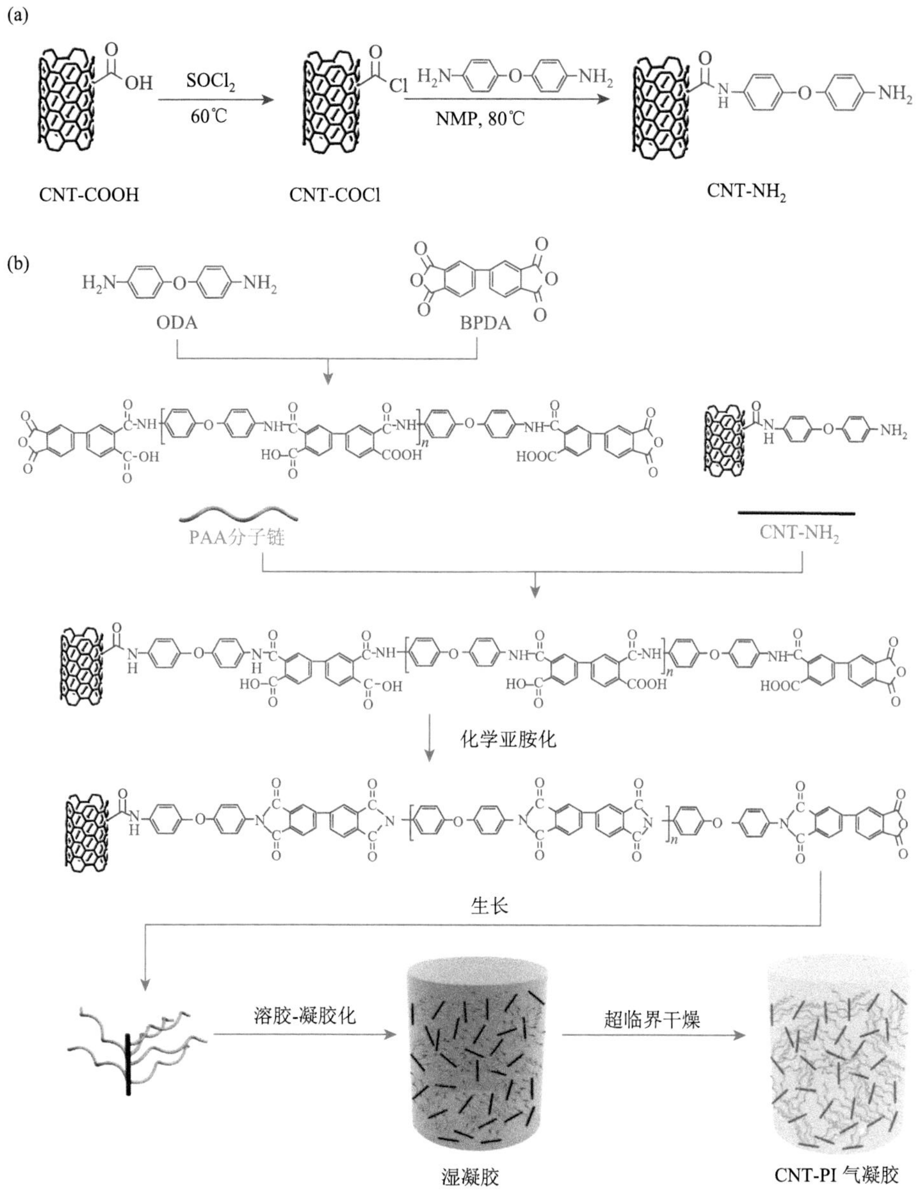

(a)

(b)

图 5.23　（a）CNT-NH$_2$ 的制备；（b）制备 CNT-PI 气凝胶的示意图[43]

　　除了对纳米颗粒表面进行功能改性以外，也可以将纳米材料的前驱体加入到溶胶中，与聚酰胺酸进行共凝胶过程，制备聚酰亚胺气凝胶复合材料。Zhang 等[46]通过将二氧化硅的前驱体硅醇溶液加入聚酰胺酸水溶液中，硅醇在聚酰胺酸溶液中进行缩聚制备了具有二元网络结构的二氧化硅/聚酰亚胺气凝胶（图 5.24）。

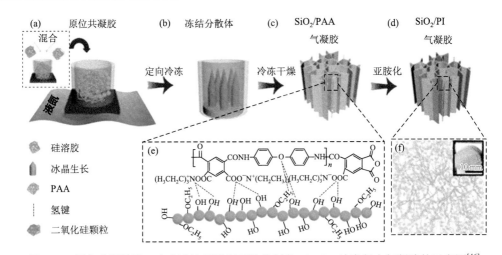

图 5.24   原位共凝胶法、定向冷冻干燥和亚胺化制备 SiO_2/PI 纳米复合气凝胶的示意图[46]

（a）PAA 溶液与硅溶胶原位共凝胶和定向冷冻混合；（b）冰从底部向顶部生长；（c）冷冻干燥后的 SiO_2/PAA 气凝胶；（d）亚胺化后的 SiO_2/PI 气凝胶；（e）二氧化硅颗粒和 PAA 链之间的氢键；（f）散布的聚酰亚胺和二氧化硅颗粒

5.5.2   不同维度纳米颗粒对气凝胶性能的影响

1. 零维纳米材料/聚酰亚胺气凝胶纳米复合材料

零维材料是一些纳米尺度的材料，如纳米球（SiO_2、ZIF、Ag）等。Fan 等[47]通过一锅冷冻干燥合成的氨基化硅纳米颗粒交联聚酰亚胺（PI/SiO_2）复合气凝胶的形态如图 5.25（a）～（d）所示。所有的气凝胶都呈现出蜂窝状的多孔结构，孔隙大小随添加 SiO_2 数量的不同而变化。纯的聚酰亚胺气凝胶孔径较大，在 10～20 μm 范围内，分布广泛［图 5.25（a）］。加入 SiO_2 纳米颗粒，复合气凝胶表现出较小的孔径和分布更均匀，PI/SiO_2-2 复合气凝胶在这些样品中最小的孔径为 9 μm［图 5.25（c）］。PI/SiO_2-2 复合气凝胶的 TEM 图［图 5.25（d）］验证了 SiO_2 在 PI 中加入，并表明 SiO_2 纳米颗粒在 PI 基质中的均匀分散。然而，进一步增加 SiO_2 纳米颗粒的数量会导致 PI/SiO_2-3 孔径（13 μm）的轻微增加，这可能是由于 PI 基质中 SiO_2 纳米颗粒的团聚，如图 5.25（d）所示。PI/SiO_2-2 复合气凝胶的孔径较小是由于 SiO_2 纳米颗粒上聚合物链和官能团之间的强相互作用以及无机 SiO_2 的空间作用。从理论上讲，气凝胶的多孔结构高度依赖于凝胶过程中形成的结构平面性和分子间相互作用。在 PAA/SiO_2 水凝胶中，PAA 和 NH_2-SiO_2 纳米颗粒通过氢键和酰胺键之间的物理或化学相互作用可以形成交联点，在冷冻干燥过程中保持三维互连结构，从而形成多孔结构。SiO_2 纳米颗粒上更多的官能团导致在水凝胶中形成的交联点增加，从而在最终的气凝胶中形成较小的孔径。PAA 链与 NH_2-SiO_2 纳米颗粒之间的化学相互作用，与 PAA 相比，PAA/SiO_2 复合材料的

C—N 键强度增加，而 C—O 键强度降低，表明 PAA 链与 NH_2-SiO_2 纳米颗粒之间形成的酰胺键更多。应变-应力曲线如图 5.25（e）所示，表明 PI/SiO_2-2 复合气凝胶可以压缩 80%或以上，而不会发生灾难性的崩溃。由 PI/SiO_2-2 复合气凝胶的应变-应力曲线线性部分计算的压缩模量为 30.4 MPa±2.9 MPa，远高于类似密度的聚酰亚胺-硅混合气凝胶（0.7～12 MPa）［图 5.25（f）］。具体的比模量表示压缩模量与表观密度之比，这可以更好地表明超轻材料的力学性能。PI/SiO_2-2 复合气凝胶的比模量为 384 kN·m/kg，大大高于图中所列的大多数气凝胶材料，通常显示比模量小于 100 kN·m/kg［图 5.25（f）］。PI/SiO_2-2 复合气凝胶的热导率仅随温度的升高而略有增加，在 300℃时，热导率仅为 33.2 mW/(m·K)［图 5.25（g）］。

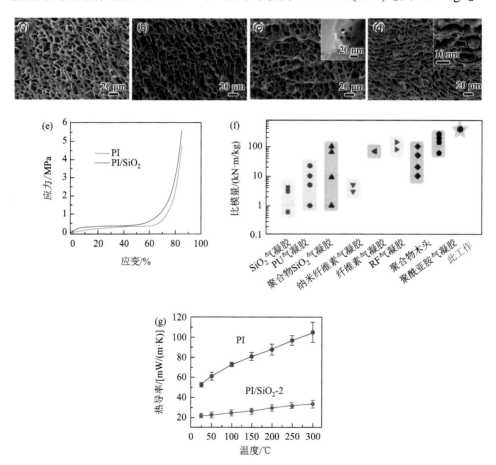

图 5.25　具有不同 SiO_2 负载量的 PI/SiO_2 复合气凝胶的 SEM 图：（a）PI、（b）PI/SiO_2-1、（c）PI/SiO_2-2 和（d）PI/SiO_2-3，在图（c）中嵌入显示了 PI/SiO_2-2 对应的 TEM 图；（e）PI 和 PI/SiO_2 气凝胶的应变-应力曲线；（f）此工作 PI/SiO_2 气凝胶与普通气凝胶材料（包括 SiO_2 气凝胶）的比模量；（g）PI 和 PI/SiO_2-2 气凝胶在 25～300℃不同温度下的热导率[47]

Zhang 等[46]提出了一种"共凝胶"方法，但不同于传统的混合方法，以获得纳米复合气凝胶。以正硅酸四乙酯（TEOS）为 SiO_2 前驱体，聚酰胺酸（PAA）为 PI 前驱体，将 PAA 溶液与无机硅溶胶混合，然后对该混合物进行定向冻结、冷冻干燥和热亚胺化，得到 SiO_2/PI 纳米复合气凝胶。PAA 链和硅溶胶之间的氢键导致了混合物的良好分散。除了为气凝胶和分散介质提供有机基体外，碱性 PAA 水溶液还为硅溶胶的凝胶过程提供了碱性条件。将该纳米复合凝胶的原位产生过程称为"共凝胶"。来自定向冻结和均匀性的有序几何结构保证了良好的机械性能，同时制备的 SiO_2/PI 气凝胶在防潮、阻燃和保温方面表现出令人满意的性能。SiO_2/PI-3 和 SiO_2/PI-4 气凝胶在线弹性区域分别表现出 1.96 MPa 和 2.02 MPa 的更高压缩模量，对应于 52.7 m^2/s^2 和 47.8 m^2/s^2 的比模量［图 5.26（a）］。图 5.26（b）显示了气凝胶的点燃时间（TTI）、熄灭时间（TTE）和燃烧时间（IT）值。SiO_2/PI-n 气凝胶的所有 TTI 都被延迟，对应于增加的极限氧指数（LOI）值。SiO_2/PI-n 气凝胶具有较长 TTE 和 IT 的原因是其表现出持续燃烧和弱火焰。相反，纯 PI 气凝胶表现出强烈的火焰并在短时间内完全燃烧，对应于较短的 TTE 和 IT。此外，在图 5.26（c）中的丁烷喷灯（约 1300℃）的火焰中进一步研究了 SiO_2/PI-3 的高温阻燃性能。在加热 10 min 期间未观察到烟雾或结构损坏。SiO_2/PI-3 气凝胶由于残留的无机成分仍能保持结构完整性，因此可承受长时间加热。优异的隔热性是气凝胶材料的关键特性。所制备的 SiO_2/PI-3 气凝胶在 25℃下表现出 31.1 mW/(m·K)的低热导率。由于热稳定性高，这些气凝胶可以在高温条件下用作绝缘材料。对于 SiO_2/PI-3 气凝胶，随着温度从 25℃ 增加到 300℃，热导率从 31.1 mW/(m·K) 增加到 58.5 mW/(m·K)，低于 PI 气凝胶［图 5.26（e）］。此外，同时考虑到热导率和最高工作温度，SiO_2/PI-3 气凝胶的隔热性能优于大多数其他聚合物基气凝胶和类气凝胶材料［图 5.26（f）］。

Wu 等[48]通过在缩聚反应中加入 ZIF，经过超临界 CO_2 干燥和碳化过程，制备了新型多孔碳材料聚酰亚胺/ZIF（PI/ZIF）复合气凝胶。一个有趣的发现是，

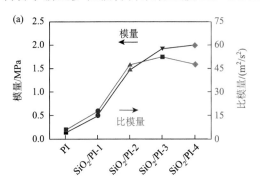
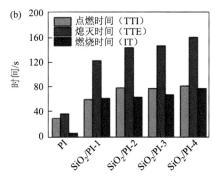

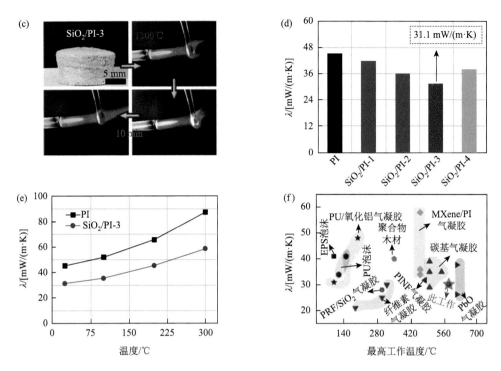

图 5.26 （a）PI 和 SiO$_2$/PI-*n* 气凝胶的压缩模量和比模量；（b）PI 和 SiO$_2$/PI-*n* 气凝胶的 TTI、TTE 和 IT；（c）SiO$_2$/PI-3 气凝胶在 1300℃下使用丁烷喷灯的阻燃性；（d）PI 和 SiO$_2$/PI-*n* 气凝胶的热导率；（e）PI 和 SiO$_2$/PI-3 气凝胶在 25℃、100℃、200℃、300℃下在空气气氛中的热导率；（f）气凝胶类材料、PbO 气凝胶、碳基气凝胶、EPS 泡沫、PU 泡沫、PU/氧化铝气凝胶、聚合物木材、PRF/SiO$_2$ 气凝胶、纤维素气凝胶、MXene/PI 气凝胶、PINF 气凝胶的热导率与最高工作温度的关系[46]

聚酰胺酸链中的羧基与金属离子之间有强络合，但是有机金属骨架是不稳定的，在与聚酰胺酸（PAA）溶液混合时会坍塌，从而产生了独特微观结构碳气凝胶。从 SEM 中可以看出，所制备的 PI 气凝胶的互连纳米纤维结构消失了，这是由于碳化过程中毛细管压力引起的收缩［图 5.27（a）和（b）］。从图 5.27（c）可以看出，ZIF-8 的含量对 PI/ZIF 复合气凝胶的 CO$_2$ 整体吸附影响很小，保持在 9 cm^3/g STP 左右。这表明，虽然 ZIF 负载导致气凝胶形态发生剧烈变化，但对 CO$_2$ 吸附的影响非常小。同样，对于 ZIF-67 系列复合气凝胶，将 ZIF-67 的浓度增加到 20 wt%导致 CO$_2$ 吸附量从 7.8 cm^3/g STP 略微增加到 10 cm^3/g STP，与 BET 比表面积呈相反趋势，说明 CO$_2$ 捕获性能与 BET 比表面积（通常称为基于表面积的物理吸附）之间没有明显的关系［图 5.27（e）］。请注意，这些非碳化气凝胶的 CO$_2$ 捕获率低于文献中报道的 PI 气凝胶和纯 ZIF 晶体，远不能满足实际应用的需求。然而，在碳化时，对于 ZIF-8 气凝胶，当浓度增加到 15 wt%或

20 wt%时,CO_2吸附量急剧增加到约 50 cm^3/g STP(2.23 mmol/g),与纯碳化 ZIF-8
粉末的吸附能力相似,是碳化气凝胶所证明的最高水平之一[图 5.27(d)]。ZIF-67
系列碳气凝胶获得了类似的结果,15 wt%和 20 wt% ZIF-67 的 CO_2 吸附量高达
50 cm^3/g STP(显著高于纯碳化 ZIF-67 粉末)[图 5.27(f)]。将这一结果归因于
碳化后微米级孔的稳定性,这是 ZIF 负载浓度增加的直接结果。一般 CO_2 碳化
后的吸附结果非常乐观,考虑到生产这种气凝胶的经济成本,使用 15 wt% ZIF
含量的负载是 CO_2 吸附的最佳选择。此外,碳气凝胶和 CO_2 的分层形态通过控
制其他因素,如 ZIF 粒径、碳化条件或探索其他 ZIF 的掺入,甚至可以进一步
提高吸附能力。然而,从大规模制备这些功能性气凝胶的角度来看,ZIF 在聚合
物溶液中的超声分散和超临界干燥方法在制备 PI/ZIF 复合气凝胶方面存在一定
的局限性。为了克服这些问题,机械搅拌是将 ZIF 分散在聚合物溶液中的理想
替代方法,与超声处理相比,它更简单、成本更低。至于干燥方法,常温/烘箱
干燥或加压气体膨胀可能是制备聚酰亚胺气凝胶的良好替代方法,尤其是后者
已被证明与超临界干燥相比,赋予气凝胶相似的孔隙率和增加的比表面积。总
体而言,上述结果表明,分级碳化 PI/ZIF 复合气凝胶的制备和使用在碳捕获和
储存方面的实际应用很有前景。

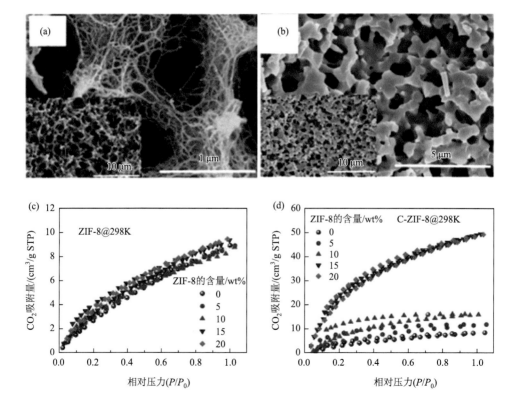

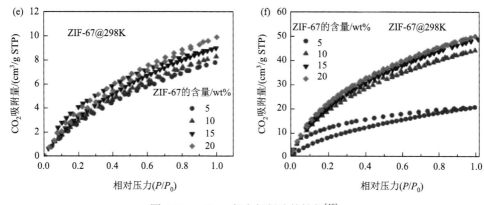

图 5.27　PI/ZIF 复合气凝胶的性能[48]

（a，b）10 wt% ZIF-67 聚酰亚胺气凝胶碳化前后的 SEM 图；气凝胶在碳化之前（c，e）和之后（d，f）在 298 K 处的 CO_2 吸收等温线

Xu 等[49]开发了一种共价后组装策略，以在气凝胶基质中制备分散 MOF 颗粒的复合材料。简而言之，酸酐基团修饰的 MOF（UiO-66-NH_2）颗粒通过一锅酰胺化聚合反应与聚酰亚胺（PI）单体共价偶联，然后经过凝胶-溶胶、冷冻干燥和热酰亚胺化过程得到 UiO-66-PI 气凝胶（图 5.28）。设计的复合材料在 CO_2 环加成反应中表现出出色的催化活性和对染料的优异吸附能力。UiO-66-PI 气凝胶具有分级结构和吸湿性，被设计为 CO_2 与环氧化物[2 + 3]环加成的催化微反应器，因为反应物分子可以吸附在气凝胶壁上然后转移到 MOF 颗粒（活性成分）上进行催化反应。与使用 UiO-66-NH_2 催化剂相比，在混合气凝胶（10 wt%）的催化下，苯基环状碳酸酯的产率提高了 12%。在其他反应底物系统中也观察到了类似的结果，这是由于 UiO-66-PI 气凝胶的结构模式允许催化剂和反应物之间有更大的接触面积。由于 MOF/气凝胶复合材料的高化学稳定性，制备的混合气凝胶催化剂易于

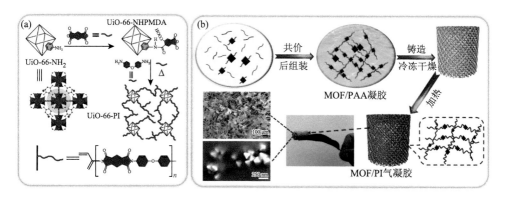

图 5.28　（a）用 PMDA 对 UiO-66-NH_2 进行后合成修饰，随后用 ODA 和 PMDA 进行聚合；（b）通过共价后组装方法制备 MOF/PI 气凝胶的示意图[49]

通过简单的浸泡和洗涤重复使用。通过连续观察在循环中碳酸盐产率的保留率来研究该微反应器催化剂的可重复使用性，结果表明该材料在第三次循环后仍保持其初始催化活性的91%以上，证实了其稳定性。

2. 一维纳米材料/聚酰亚胺气凝胶纳米复合材料

一维纳米材料如碳纳米管（CNT）、银纳米纤维等，相比于零维材料具有高的长径比，当与聚酰亚胺气凝胶复合以后体现了巨大的优势。例如，当与导电材料复合时，更容易在气凝胶壁内部形成连续的导电通路，以及一维纳米材料之间形成机械互锁，阻止纳米材料的滑移现象。因此目前研究工作者制备了一系列的一维纳米材料/聚酰亚胺气凝胶，其表现出优异的物理特性。一维材料由于特殊的长径比关系，具有特殊的理化性能，引起了人们对一维材料的兴趣。一维纳米材料如 CNT、银纳米线等呈现出一系列新颖的力、声、热、光等特性。CNT 作为一维材料的典型代表，对增强高分子基体材料的力学性能有显著的促进作用。Wang 等[45]采用原位聚合法将 CNT 与聚酰亚胺复合得到了聚酰亚胺/碳纳米管（CP）气凝胶，其压缩应力-应变（δ-ε）如图 5.29 所示。从图 5.29 中可以清晰地观察到 CP 与纯聚酰亚胺气凝胶相似，主要包括弹性形变化、平台化、致密化三种形态。特别需要注意的是，CP 展现出最长的平台（5.6%~68.5%），这意味着其在达到致密化状态前的吸收能量最大，归因于塑性变形的减少，气凝胶被紧紧压实。这主要是由于 CNT 的浓度增加，导致气凝胶具有较硬的微结构进而使其强度增加。此外，添加 CNT 后，气凝胶的最高抗压强度及模量分别达到了 361.3 kPa（CP12）和 323.6 kPa（CP21），提高了 54%和 39.1%。这主要是由于 CNT 形成的互联结构起到了很好的应力转移，从而使其力学性能明显提高。

Zhang 等[27]通过双向冷冻技术制备了具有良好结构成型性、高机械强度和优异隔热性能的双向各向异性聚酰亚胺/细菌纤维素（b-PI/BC）复合气凝胶。聚酰亚胺使复合气凝胶具有强大的力学性能，而一维的细菌纤维素纳米纤维在气凝胶

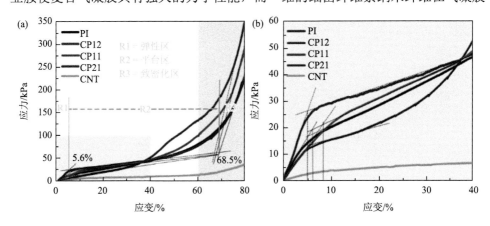

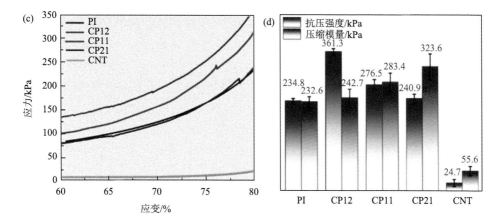

图 5.29　（a）纯 CNT 气凝胶、纯聚酰亚胺气凝胶、CP 气凝胶的压缩应力-应变曲线；（b，c）压缩应力-应变曲线某一区间的放大；（d）纯 CNT 气凝胶、纯聚酰亚胺气凝胶和 CP 气凝胶的抗压强度和模量[45]

中的均匀分散可以抑制收缩并保持结构完整性，从而导致更高的孔隙率和更低的密度，进而减少整个气凝胶的热传导。由于通过双向冷冻技术获得了排列良好的层状结构，b-PI/BC 气凝胶表现出明显的各向异性绝热行为，在径向（垂直于层状结构）的热导率为 23 mW/(m·K)，而轴向热导率为径向的两倍［44 mW/(m·K)］。热导率的各向异性可以显著减少径向传热，同时有助于面内热扩散以避免热量局部化，与随机和单向对应物相比具有显著优势。因此，这种各向异性 PI/BC 气凝胶可以作为一种有前途的热管理材料，用于实际和复杂的隔热应用。

　　这些纳米填充剂增强聚酰亚胺气凝胶仍然表现出有限的机械性能，可能是由于纳米填充剂在聚合物基质中的分散性差，以及填充剂和基质之间的界面黏附性弱，这源于填料和基质的异质性或不相容性。同质一维材料与聚酰亚胺具有更好的相容性。Zhao 等[31]报道了一种使用短电纺聚酰亚胺纳米纤维作为增强相的聚酰亚胺气凝胶的显著均匀性增强。结果发现，短纳米纤维可以通过聚酰亚胺基质内的机械连锁效应帮助应力转移，避免应力集中，支持复合材料的整个框架。纳米纤维增强聚酰亚胺（NRPI）气凝胶的结构形状和机械性能有所提高，压缩模量为 3.7 MPa，密度为 54.4 mg/cm³。而且由于高孔隙率和三维网络，NRPI 气凝胶比商业绝缘材料表现出更好的保温性能，尤其是在高温条件下。NRPI 气凝胶可以压缩 70%而不会严重坍塌。NRPI-0、NRPI-5、NRPI-10 和 NRPI-20 的杨氏模量分别为 1.8 MPa±0.2 MPa、2.2 MPa±0.1 MPa、3.7 MPa±0.1 MPa 和 1.3 MPa±0.3 MPa。NRPI 气凝胶的杨氏模量通常随着短纳米纤维含量的增加而同时增加。NRPI-10 气凝胶显示了优化的杨氏模量，几乎是 NRPI-0 气凝胶的两倍。随着短纳米纤维含量的增加，NRPI 气凝胶模量的增加是由于纳米纤维与均匀增强基质之间良好的界面相互作用，纳米纤维有助于分散孔壁和纳米纤维的应力。然而，随着短纳米纤维含量的进一步增加，过多的短纳米纤维会聚集，纤维端的数量和纤维端产生的缺陷增加，导致 NRPI-20 的杨氏模量减小。弹性应变能是材料吸收弹性变形的能力，是证明其韧性的重要参数。从 NRPI-0 到 NRPI-10，弹性应变能从 0.32 mJ/cm^3 增加到 0.40 mJ/cm^3，这表明加入短纳米纤维提高了 NRPI 气凝胶的韧性。

一维纳米材料除了可以提高气凝胶的力学性能、降低气凝胶在后处理过程中由于热应力带来的收缩，具有导电性的一维纳米材料在聚酰亚胺中更容易形成导电通路，由此制备的导电聚酰亚胺气凝胶复合材料可以应用于可穿戴电子设备、电磁屏蔽等领域。电磁屏蔽的机理是采用低电阻的导体材料，对电磁能流产生反射和引导作用，在导体材料内部产生与源电磁场相反的电流和磁极化，从而减弱源电磁场的辐射效果。其中，通常采用 SE 来表示材料的电磁屏蔽效能。一般，选用填料的导电性越高，样品的电磁屏蔽效果越好。就金属的导电性而言，Ag＞Cu＞Au＞Al＞Zn＞Ni，因此，Ag 通常被用作导电填料来提高高分子材料的电磁屏蔽效能。Ma 等[50]合成了具有不同形貌的 Ag 纳米填料，探究了不同维度的 Ag 纳米填料对聚酰亚胺气凝胶电磁屏蔽性能的影响。通过简单的一步法，制备了 Ag 纳米球、Ag 纳米线、Ag 纳米片填充的超轻聚酰亚胺气凝胶复合材料。结果表明，聚酰亚胺/Ag 纳米线复合材料显示出最高的电磁干扰屏蔽效能，这是由于 Ag 纳米线的三维导电网络更密集，其中无缝连接的 Ag 纳米线网络提供了气凝胶内部的电子快速传输通道。当 Ag 纳米线的负载量为 4.5 wt%时，其最大屏蔽效能达到 1208 dB/(g·cm^3)（200 MHz），650 dB/(g·cm^3)（600 MHz），明显优于其他复合材料。这主要得益于气凝胶内部相互连接的 Ag 纳米线网络的反射，以及气凝胶内部界面的多次反射所产生的吸收，有助于增强屏蔽效果。

3. 二维纳米材料/聚酰亚胺气凝胶纳米复合材料

二维纳米材料具有独特的纳米片结构、大的比表面积和非凡的物理化学性能，引起了科研工作者极大的兴趣。二维纳米材料与聚酰亚胺气凝胶复合，更有利于形成屏蔽层，实现对电磁波、火焰的阻隔。另外，纳米片层可以有效地承担载荷，增强气凝胶的力学性能。石墨烯和 MXene 由于卓越的结构和性能获得了广泛关注。诸如高长宽比、活性化学表面及各种合成工艺等共同特征赋予石墨烯和 MXene 独特的优势。Yu 等[51]通过单向冷冻制备各向异性的聚酰亚胺（PI）/石墨烯复合气凝胶。PI/石墨烯复合气凝胶具有各向异性的导电性、电磁干扰（EMI）屏蔽、传热和压缩性能。此外，低密度（0.076 g/cm^3）的 PI/石墨烯复合气凝胶表现出 26.1～28.8 dB 的高 EMI 屏蔽效能（SE），当石墨烯含量为 13 wt%时其 EMI SE 值达到 1373～1518dB·cm^2/g。Zhan 等[52]在通过与 2, 2′-二甲基联苯胺反应以获得聚酰胺酸之前，用均苯四甲酸二酐（PMDA）接枝 GO 颗粒以获得 GO 改性的 PMDA。使用 1, 3, 5-三（4-氨基苯基）苯使聚酰胺酸链交联，并使用乙酸酐和吡啶进行化学亚胺化，从而得到聚酰亚胺凝胶。通过凝胶的超临界干燥获得的气凝胶样品显示，在 5.2 wt% GO 的情况下，直径收缩率从未改性的 9.0%显著降低到 0.8%，与未改性气凝胶相比，表面能降低 9.1%，高比表面积（＞504 m²/g），高孔隙率（＞93%）和低堆积密度（＞0.0905 g/cm³）。这些气凝胶显示出大大提高的烃油吸收能力。

MXene 拥有与石墨烯同样杰出的优良导电性，是一种具有金属导电特性的新型二维材料，具有极其优异的电磁屏蔽性能。Liu 等[42]开发了一种界面增强策略，将单个 MXene 片与聚酰亚胺大分子连接起来，构建多功能、超弹性和轻质 MXene/PI 气凝胶复合材料。随着 MXene 含量增加，MXene/PI 气凝胶复合材料导电性增强，这是因为 MXene 的增加，能够形成更加完整的导电网络。优异的机械柔韧性和导电性（4 S/m）使该气凝胶具有阻尼、优异的宽带微波吸收性能（5.1 GHz 时＜−10 dB）和柔性应变传感器的应用前景。MXene/PI 较高的孔隙率赋予其优异的保温隔热性能，热导率为 32 mW/(m·K)。优异的隔热和阻燃性能使 MXene/PI 气凝胶成为理想的防火材料。与导电材料的复合赋予 PI 气凝胶多功能化，但 MXene 在空气中的氧化问题也是急需解决的问题。其他导电材料如碳纳米管、氧化石墨烯、银纳米线等也是制备导电性复合 PI 气凝胶的候选材料，氧化石墨烯表面的官能团能够增加聚合物分子链的交联度，提高 PI 气凝胶的抗压性。

如今，人们迫切需要在较宽的有效频率范围内具有强吸收能力的高性能微波吸收材料，以消除日益严重的电磁辐射污染。与传统的粉末金属基吸波材料不同，纳米材料组装的多孔气凝胶材料作为多功能吸波材料受到广泛关注。这些质量轻且可压缩的多孔材料特别有利于便携式武器和质量敏感的航空航天设备。Dai 等[53]通过界面增强和双向冷冻方法制备了具有可逆可压缩性、各向异性压力敏感性和微波吸收性能的轻质、坚固和多孔的 MXene/聚酰亚胺（MP）气凝胶。MXene 板之间的界面通过掺入的聚酰亚胺得到了有效增强，同时由于产生的双重温度梯度，在双向冷冻过程中构造了各向异性的波状层状结构［图 5.30（a）］。高度各向异性的气凝胶沿薄片方向显示出明显更高的机械强度和导电性，但在法向方向上具有更好的弹性和更少的能量耗散［图 5.30（b）］。可逆压缩的多孔 MP 体系结构不仅提供稳定且可重复的电阻响应，而且在应变为 50%的情况下，对于 1000 次加载-释放循环，可供长期使用的可辨别方向的压力传感器［图 5.30（d）］。各向异性和多孔结构有利于微波吸收。结构优化可在 3.9～18 GHz 范围内产生可调的有效吸收带宽（EAB）。特别是，在 MP 气凝胶厚度仅 1.91 mm 的情况下，对报道的基于 MXene 的微波吸收器显示出 6.5 GHz 的最佳 EAB，而 EAB 覆盖了厚度为 2.5 mm

气凝胶的整个 X 波段［图 5.30（c）］。这些有前途的特性使界面增强的各向异性MXene 气凝胶适用于可穿戴的压阻器件和微波吸收材料。

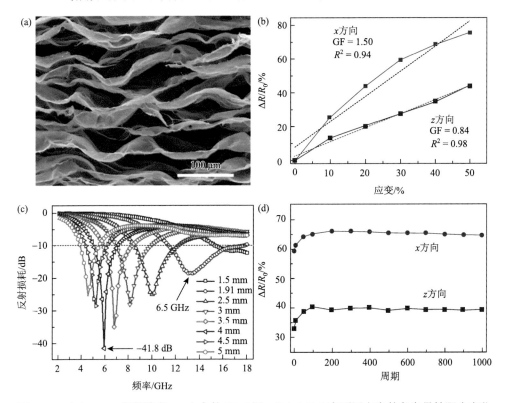

图 5.30   （a）MP-3 气凝胶在 x-z 方向的 SEM 图；（b）MP-3 在不同方向的各向异性阻力变化与压缩应变，应变系数 GF 是电阻变化除以应变；（c）反射损耗曲线；（d）不同方向上在 50%压缩应变下 1000 次循环的电阻变化[53]

相比于一些高导电的材料，高导热的材料应用于电子器件、热管理领域也引起研究者的广泛关注。传统的三维（3D）热导体或散热器通常是体积庞大的固体，密度高、制备工艺烦琐、不易携带，不能满足目前对软、柔性电子设备的需求。而气凝胶的高孔隙率、低密度，与导热材料复合构建高导热通路，可实现热导体或散热器向轻量化方向发展。导热材料中氮化硼（BN）由于二维片层结构及良好的导热性、抗化学腐蚀性，被用于制备高导热薄膜材料。Wang 等[54]将氮化硼分散液和水溶性聚酰胺酸溶液混合，经溶胶-凝胶、冷冻干燥、热亚胺化制备了低密度（6.5 mg/cm³）、高导热[6.7 W/(m·K)]的 FBN-PI 气凝胶［图 5.31（a）～（d）］。因此，由冷冻干燥-热亚胺化得到的导热 FBN-PI气凝胶可用于热电器件冷侧的轻质散热器，提高发电效率［图 5.31（e）和（f）］。

Yang 等[55]采用十八胺盐改性 MMT 为填料，通过原位聚合的方法制备了聚酰亚胺/MMT 纳米复合气凝胶，并考察了 MMT 的加入对该复合气凝胶力学性能的

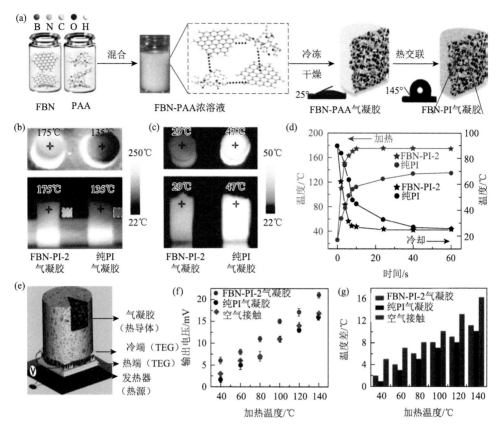

图 5.31　（a）FBN-PI 气凝胶制备工艺示意图；加热时（b）和冷却时（c）FBN-PI-2 气凝胶和纯 PI 气凝胶的红外图像；（d）FBN-PI-2 气凝胶和纯 PI 气凝胶在加热和冷却时的温度-时间曲线；（e）设备配置的示意图；（f）设备的示意机制（TEG 位于气凝胶下方）；（g）在不同加热温度下产生的电压[54]

影响。相关结果表明，有机 MMT 的加入明显改善了气凝胶的微观孔结构。并且，聚酰亚胺/MMT 纳米复合气凝胶的压缩强度、拉伸强度和断裂伸长率随改性 MMT 添加量的增加呈现先增加后降低的趋势。且当改性 MMT 添加量为 4 wt%时，该复合气凝胶的压缩强度和拉伸强度分别达到 2.65 MPa 和 1.96 MPa，较纯气凝胶分别提高了 15%和 9%。这是由于有机 MMT 层承载了大部分施加的载荷，可以显著增强气凝胶的力学性能。此外，改性 MMT 与基体之间的氢键增强了界面作用，使得复合气凝胶的储能模量明显高于纯聚酰亚胺气凝胶。聚酰亚胺气凝胶的独特化学结构赋予其优良的阻燃性能，目前，可通过在聚酰亚胺气凝胶中加入无机填料特别是二维层状材料，来形成阻隔层以提高阻燃性能及其他性能，满足实际应用。关于阻燃二维聚酰亚胺气凝胶复合材料的研究工作，主要采用的阻燃添加剂为石墨烯、层状双氢氧化物（LDH）和蒙脱土（MMT）等。例如，Zuo 等[56]采用石墨烯和 MMT 二元体系，可以明显改善聚酰亚胺气凝胶材料的热稳定性及阻燃性能。相关结果表明，得到的最佳复合气凝胶的压缩模量高达 14.0 MPa，比模量高达 155.5 MPa·cm^3/g。此外，得到的复合气凝胶失重 10 wt%时的分解温度为 574.3℃，高于纯聚酰亚胺气凝胶的分解温度约 20℃。聚酰亚胺复合气凝胶的 LOI 高达 55%，其阻燃性能得到显著增强，表明石墨烯和 MMT 可以协同增强聚酰亚胺复合气凝胶的阻燃性能，其作为高性能阻燃材料具有很大的潜力。

4. 零维、一维和/或二维纳米材料多元杂化聚酰亚胺气凝胶复合材料

不同维度的纳米材料进行杂化与聚酰亚胺复合可以协同改善气凝胶的物理性能。一方面，纳米材料通过插层、静电吸引等作用可以使一些无法稳定分散在溶液中的纳米材料实现稳定分散；另一方面，多种纳米材料杂化可以增加内部的界面数量。

Wu 等[57]通过冷冻干燥途径掺入氧化石墨烯（GO）和纳米级二氧化锆（ZrO$_2$）制成线型结构的 PI 纳米复合气凝胶。GO 和 ZrO$_2$ 不仅可以单独而且可以协同提高物理性能，使密度为 70 mg/cm^3，孔隙率为 95%，收缩率为 19%，热导率为 0.0266 W/(m·K)的纳米复合气凝胶具有优异的性能。这种使用合理物理掺入纳米填料而不是昂贵的多功能单体的简便途径显著提高了制备的 PI 纳米复合气凝胶的整体性能。纳米填料的掺入很容易形成新的界面，这增加了气凝胶的总体积并导致低密度。对于 PI/rGO 和 PI/（rGO + ZrO$_2$）气凝胶，密度降低至 70.00 mg/cm^3 左右，这意味着 GO 对密度降低最有效。单独加入纳米级 ZrO$_2$ 也可以降低密度，这可能是因为纳米级 ZrO$_2$ 有助于形成更小的孔，因此会产生更高的孔隙率。由于密度较低，该纳米复合气凝胶的孔隙率自然高于纯 PI 气凝胶。Zhang 等[41]报道了一种新颖的双交联策略，以获得具有叉指状细胞结构的冻干且坚固的聚酰亚胺/氧化石墨烯/钴（PI/rGO/Co）气凝胶。双交联策略归因于源自氧化石墨烯的氢键（GO 片）和来自钴离子的配位相互作用。相互交叉的蜂窝结构是获得具有低密度、柔韧性、高模量（0.506 MPa 压缩模量，拉伸模量提高 43%）和高抗疲劳性（1000 次循环）气凝胶的关键因素。可以对所制备的气凝胶进行改性，以实现 146.1°的水接触角的疏水性。它也很难点燃，并且表现出极好的热稳定性和低的热导率［在 25℃时为 0.040 W/(m·K)；在 100℃时为 0.046 W/(m·K)］。Xue 等[58]通过氧化石墨烯（GO）和层状双氢氧化物（LDH）之间的静电吸引作用实现了 LDH 在水中的稳定分散，通过与 PI 复合并冷冻干燥和热亚胺化，制备了一种具有优异隔热和阻燃性能的 PI 复合气凝胶。由于两种纳米片与 PI 之间的物理相互作用，PI/LDH-GO（PLG）复合气凝胶的孔径从 20 μm 显著减小到 5 μm，导致超低密度（52 mg/cm^3±3.6 mg/cm^3）、低热导率［36 mW/(m·K)±1.7 mW/(m·K)］和高压缩模量（26 MPa±1.8 MPa）。更重要的是，两种无毒阻燃剂（LDH-GO）的加入赋予了 PLG 复合气凝胶优异的耐火性能，极限氧指数高达 43%±1.2%，达到不可燃水平。

聚酰亚胺与不同维度的纳米材料复合实现了聚酰亚胺气凝胶的多元化发展。目前的研究工作中通过与 ZIF/MOF 的复合实现了聚酰亚胺气凝胶的高效吸附性能；与一维的纳米纤维复合有效地抑制了气凝胶在后处理过程中产生的收缩，提高了气凝胶的孔隙率，与同质聚酰亚胺纳米纤维复合提高了气凝胶的韧性；与二维的石墨烯、MXene 等复合实现了气凝胶高效的电磁屏蔽效能，可以应用于轻量化的航空设备中；当与高导热 BN 纳米片复合时，制备的智能材料有希望应用于电子设备的散热器；将纳米材料进行多元杂化更是能够起到协同增强的作用。

参 考 文 献

[1] Wendall R，Wang J，Begag R. Polyimide aerogels，carbon aerogels，and metal carbide aerogels and methods of making same: US 2004132845A1[P]. 2004-07-08.

[2] Kawagishi K，Saito H，Furukawa H，Horie K. Superior nanoporous polyimides via supercritical CO_2 drying of jungle-gym-type polyimide gels[J]. Macromolecular Rapid Communications，2007，28（1）：96-100.

[3] Mi H Y，Jing X，Meador M A B，Guo H，Turng L S，Gong S. Triboelectric nanogenerators made of porous polyamide nanofiber mats and polyimide aerogel film: output optimization and performance in circuits[J]. ACS Applied Materials & Interfaces，2018，10（36）：30596-30606.

[4] Meador M A B，Mcmillon E，Sandberg A，Barrios E，Wilmoth N G，Mueller C H，Miranda F A. Dielectric and other properties of polyimide aerogels containing fluorinated blocks[J]. ACS Applied Materials & Interfaces，2014，6（9）：6062-6068.

[5] Guo H，Meador M A B，Mccorkle L，Quade D J，Guo J，Hamilton B，Cakmak M. Tailoring properties of cross-linked polyimide aerogels for better moisture resistance，flexibility，and strength[J]. ACS Applied Materials & Interfaces，2012，4（10）：5422-5429.

[6] Guo H，Meador M A B，Mccorkle L，Quade D J，Guo J，Hamilton B，Cakmak M，Sprowl G. Polyimide aerogels cross-linked through amine functionalized polyoligomeric silsesquioxane[J]. ACS Applied Materials & Interfaces，2011，3（2）：546-552.

[7] Meador M A B，Wright S，Sandberg A，Nguyen B N，van Keuls F W，Mueller C H，Rodríguez-Solís R，Miranda F A. Low dielectric polyimide aerogels as substrates for lightweight patch antennas[J]. ACS Applied Materials & Interfaces，2012，4（11）：6346-6353.

[8] Meador M A B，Malow E J，Silva R，Wright S，Quade D，Vivod S L，Guo H，Guo J，Cakmak M. Mechanically strong，flexible polyimide aerogels cross-linked with aromatic triamine[J]. ACS Applied Materials & Interfaces，2012，4（2）：536-544.

[9] Meador M A B，Agnello M，Mccorkle L，Vivod S L，Wilmoth N. Moisture-resistant polyimide aerogels containing propylene oxide links in the backbone[J]. ACS Applied Materials & Interfaces，2016，8（42）：29073-29079.

[10] Shen D，Liu J，Yang H，Yang S. Highly thermally resistant and flexible polyimide aerogels containing rigid-rod biphenyl，benzimidazole，and triphenylpyridine moieties: synthesis and characterization[J]. Chemistry Letters，2013，42（12）：1545-1547.

[11] Shen D，Liu J，Yang H，Yang S. Intrinsically highly hydrophobic semi-alicyclic fluorinated polyimide aerogel with ultralow dielectric constants[J]. Chemistry Letters，2013，42（10）：1230-1232.

[12] Zhang X M，Liu J G，Yang S Y. Synthesis and characterization of flexible and high-temperature resistant polyimide

aerogel with ultra-low dielectric constant[J]. exPRESS Polymer Letter，2016，10（10）：789-798.

[13] Feng J Z，Wang X，Jiang Y G，Du D X，Feng J. Study on thermol conductirities of aromatic polyimide aerogels[J]. ACS Applied Materials & Interfaces，2016，8（20）：12992-12996.

[14] Cashman J L，Nguyen B N，Dosa B，Meador M A B. Flexible polyimide aerogels derived from the use of a neopentyl spacer in the backbone[J]. ACS Applied Energy Materials，2020，2（6）：2179-2189.

[15] Meador M A B，Alemán C R，Hanson K，Ramirez N，Vivod S L，Wilmoth N，Mccorkle L. Polyimide aerogels with amide cross-links: a low cost alternative for mechanically strong polymer aerogels[J]. ACS Applied Materials & Interfaces，2015，7（2）：1240-1249.

[16] Wu W，Wang K，Zhan M S. Preparation and performance of polyimide-reinforced clay aerogel composites[J]. Industrial & Engineering Chemistry Research，2012，51（39）：12821-12826.

[17] Zhang Y，Fan W，Huang Y，Zhang C，Liu T. Graphene/carbon aerogels derived from graphene crosslinked polyimide as electrode materials for supercapacitors[J]. RSC Advances，2015，5（2）：1301-1308.

[18] 吕冰. 冷冻干燥法制备聚酰亚胺气凝胶的结构与性能关系研究[D]. 北京：北京化工大学，2019.

[19] Guo H，Meador M A B，Mccorkle L，Quade D J，Guo J，Hamilton B，Cakmak M. Tailoring properties of cross-linked polyimide aerogels for better moisture resistance，flexibility，and strength[J]. ACS Applied Materials & Interfaces，2012，4（10）：5422-5429.

[20] Viggiano R P，Williams J C，Schiraldi D A，Meador M A B. Effect of bulky substituents in the polymer backbone on the properties of polyimide aerogels[J]. ACS Applied Materials & Interfaces，2017，9（9）：8287-8296.

[21] Pantoja M，Boynton N，Cavicchi K A，Dosa B，Cashman J L，Meador M A B. Increased flexibility in polyimide aerogels using aliphatic spacers in the polymer backbone[J]. ACS Applied Materials & Interfaces，2019，11（9）：9425-9437.

[22] Mosanenzadeh S G，Karamikamkar S，Saadatnia Z，Park C B，Naguib H E. PPDA-PMDA polyimide aerogels with tailored nanostructure assembly for air filtering applications[J]. Separation and Purification Technology，2020，250：117279.

[23] Wu P，Zhang B，Yu Z，Zou H，Liu P. Anisotropic polyimide aerogels fabricated by directional freezing[J]. Journal of Applied Polymer Science，2018，136（11）：47179.

[24] Zhang D，Lin Y，Wang W，Li Y，Wu G. Mechanically strong polyimide aerogels cross-linked with dopamine-functionalized carbon nanotubes for oil absorption[J]. Applied Surface Science，2021，543：148833.

[25] Wu T，Dong J，de France K，Li M，Zhao X，Zhang Q. Fabrication of polyimide aerogels cross-linked by a cost-effective amine-functionalized hyperbranched polysiloxane（NH_2-HBPSi）[J]. ACS Applied Polymer Materials，2020，2（9）：3876-3885.

[26] Wang Y，Cui Y，Shao Z，Gao W，Fan W，Liu T，Bai H. Multifunctional polyimide aerogel textile inspired by polar bear hair for thermoregulation in extreme environments[J]. Chemical Engineering Journal，2020，390：124623.

[27] Zhang X，Zhao X，Xue T，Yang F，Fan W，Liu T. Bidirectional anisotropic polyimide/bacterial cellulose aerogels by freeze-drying for super-thermal insulation[J]. Chemical Engineering Journal，2019，385：123963.

[28] Lee D H，Jo M J，Han S W，Yu S，Park H. Polyimide aerogel with controlled porosity: solvent-induced synergistic pore development during solvent exchange process[J]. Polymer，2020，205：122879.

[29] Ning T，Yang G，Zhao W，Liu X. One-pot solvothermal synthesis of robust ambient-dried polyimide aerogels with morphology-enhanced superhydrophobicity for highly efficient continuous oil/water separation[J]. Reactive and Functional Polymers，2017，116：17-23.

[30]　Wu Q，Pan L，Wang H，Deng W，Yang G，Liu X. A green and scalable method for producing high-performance polyimide aerogels using low-boiling-point solvents and sublimation drying[J]. Polymer Journal，2016，48（2）：169-175.

[31]　Zhao X，Yang F，Wang Z，Ma P，Dong W，Hou H，Fan W，Liu T. Mechanically strong and thermally insulating polyimide aerogels by homogeneity reinforcement of electrospun nanofibers[J]. Composites Part B：Engineering，2020，182：107624.

[32]　Kantor Z，Wu T，Zeng Z，Gaan S，Lehner S，Jovic M，Bonnin A，Pan Z，Mazrouei-Sebdani Z，Opris D M，Koebel M M，Malfait W J，Zhao S. Heterogeneous silica-polyimide aerogel-in-aerogel nanocomposites[J]. Chemical Engineering Journal，2022，443：136401.

[33]　Yuan R，Zhou Y，Lu X，Dong Z，Lu Q. Rigid and flexible polyimide aerogels with less fatigue for use in harsh conditions[J]. Chemical Engineering Journal，2022，428：131193.

[34]　Xi S，Wang X，Zhang Z，Liu T，Zhang X，Shen J. Influence of diamine rigidity and dianhydride rigidity on the microstructure，thermal and mechanical properties of cross-linked polyimide aerogels[J]. Journal of Porous Materials，2021，28（3）：717-725.

[35]　Pantoja M，Boynton N，Cavicchi K A，Dosa B，Cashman J L，Meador M A B. Increased flexibility in polyimide aerogels using aliphatic spacers in the polymer backbone[J]. ACS Applied Materials & Interfaces，2019，11（9）：9425-9437.

[36]　Simón-Herrero C，Chen X Y，Ortiz M L，Romero A，Valverde J L，Sánchez-Silva L. Linear and crosslinked polyimide aerogels：synthesis and characterization[J]. Journal of Materials Research and Technology，2019，8（3）：2638-2648.

[37]　Zhang Z，Pan Y，Gong L，Yao X，Cheng X，Deng Y. Mechanically strong polyimide aerogels cross-linked with low-cost polymers[J]. RSC Advances，2021，11（18）：10827-10835.

[38]　Wang Y，He T，Cheng Z，Liu M，Ji J，Chang X，Xu Q，Liu Y，Liu X，Qin J. Mechanically strong and tough polyimide aerogels cross-linked with amine functionalized carbon nanotubes synthesized by fluorine displacement reaction[J]. Composites Science and Technology，2020，195：108204.

[39]　Xu G，Li M，Wu T，Teng C. Highly compressible and anisotropic polyimide aerogels containing aramid nanofibers[J]. Reactive and Functional Polymers，2020，154：104672.

[40]　Hou X，Zhang R，Fang D. Flexible，fatigue resistant，and heat-insulated nanofiber-assembled polyimide aerogels with multifunctionality[J]. Polymer Testing，2020，81：106246.

[41]　Zhang X，Li W，Song P，You B，Sun G. Double-cross-linking strategy for preparing flexible，robust，and multifunctional polyimide aerogel[J]. Chemical Engineering Journal，2019，381：122784.

[42]　Liu J，Zhang H B，Xie X，Yang R，Liu Z，Liu Y，Yu Z Z. Multifunctional，superelastic，and lightweight MXene/polyimide aerogels[J]. Small，2018，14（45）：1802479.

[43]　Zhu Z，Yao H，Dong J，Qian Z，Dong W，Long D. High-mechanical-strength polyimide aerogels crosslinked with 4，4'-oxydianiline-functionalized carbon nanotubes[J]. Carbon，2019，144：24-31.

[44]　Zhang D，Lin Y，Wang W，Li Y，Wu G. Mechanically strong polyimide aerogels cross-linked with dopamine-functionalized carbon nanotubes for oil absorption[J]. Applied Surface Science，2020，11（18）：10827-10835.

[45]　Wang Y，He T，Cheng Z，Liu M，Ji J，Chang X，Xu Q，Liu Y，Liu X，Qin J. Mechanically strong and tough polyimide aerogels cross-linked with amine functionalized carbon nanotubes synthesized by fluorine displacement reaction[J]. Composites Science and Technology，2020，195：108204.

[46] Zhang X，Ni X，Li C，You B，Sun G. Co-gel strategy for preparing hierarchically porous silica/polyimide nanocomposite aerogel with thermal insulation and flame retardancy[J]. Journal of Materials Chemistry A，2020，8（19）：9701-9712.

[47] Fan W，Zhang X，Zhang Y，Zhang Y，Liu T. Lightweight，strong，and super-thermal insulating polyimide composite aerogels under high temperature[J]. Composites Science and Technology，2019，173：47-52.

[48] Wu T，Dong J，de France K，Zhang P，Zhao X，Zhang Q. Porous carbon frameworks with high CO_2 capture capacity derived from hierarchical polyimide/zeolitic imidazolate frameworks composite aerogels[J]. Chemical Engineering Journal，2020，395：124927.

[49] Xu Y，Zhai X，Wang X H，Li L L，Chen H，Fan F Q，Bai X J，Chen J Y，Fu Y. Fabrication of a robust MOF/aerogel composite via a covalent post-assembly method[J]. Chemical Communications，2021，57（48）：5961-5964.

[50] Ma J J，Wang K，Zhan M S. A comparative study of structure and electromagnetic interference shielding performance for silver nanostructure hybrid polyimide foams[J]. RSC Advances，2015，5（80）：65283-65296.

[51] Yu Z，Dai T，Yuan S，Zou H，Liu P. Electromagnetic interference shielding performance of anisotropic polyimide/graphene composite aerogels[J]. ACS Applied Materials & Interfaces，2020，12（27）：30990-31001.

[52] Zhan C，Sadhan C. Shrinkage reduced polyimide-graphene oxide composite aerogel for oil absorption[J]. Microporous & Mesoporous Materials，2020，307（1）：110501.

[53] Dai Y，Wu X，Liu Z，Zhang H B，Yu Z Z. Highly sensitive，robust and anisotropic MXene aerogels for efficient broadband microwave absorption[J]. Composites Part B：Engineering，2020，200：108263.

[54] Wang J M，Liu D，Li Q X，Chen C，Chen Z Q，Song P G，Hao J，Li Y W，Fakhrhoseini S，Naebe M，Wang X G，Lei W W. Lightweight，superelastic yet thermoconductive boron nitride nanocomposite aerogel for thermal energy regulation[J]. ACS Nano，2019，13（7）：7860-7870.

[55] Yang Y，Zhu Z K，Yin J，Wang X Y，Qi Z E. Preparation and properties of hybrids of organo-soluble polyimide and montmorillonite with various chemical surface modification methods[J]. Polymer，1999，40（15）：4407-4414.

[56] Zuo L，Fan W，Zhang Y，Zhang L，Gao W，Huang Y，Liu T. Graphene/montmorillonite hybrid synergistically reinforced polyimide composite aerogels with enhanced flame-retardant performance[J]. Composites Science and Technology，2017，139：57-63.

[57] Wu Y，Zhang X，Guo Y，Wang X. Reduced graphene oxide （rGO）/ZrO2 reinforced polyimide nanocomposite aerogels with enhanced properties：a synergistic effect of the nanofillers[J]. ChemistrySelect，2019，4（36）：10868-10875.

[58] Xue T，Fan W，Zhang X，Zhao X，Yang F，Liu T. Layered double hydroxide/graphene oxide synergistically enhanced polyimide aerogels for thermal insulation and fire-retardancy[J]. Composites Part B：Engineering，2021，219：108963.

第 6 章

异氰酸酯气凝胶

异氰酸酯气凝胶是一类含有异氰酸酯结构的聚合物气凝胶。因其优越的机械性能、灵活的分子设计性和工程实用性而引发了国内外学者的广泛关注和研究。另外，异氰酸酯气凝胶表现出巨大的杂化潜力，有望与其他无机体系气凝胶杂化获得全新的增强型超级隔热、隔音材料或构件。本章主要介绍聚氨酯气凝胶和聚脲气凝胶的制备、结构特征，以及异氰酸酯复合气凝胶的研究进展。

6.1 聚氨酯气凝胶 ◂◂◂

6.1.1 简介

聚氨酯气凝胶最早是由 G. Biesmans 等[1]在传统制备聚氨酯泡沫材料的化学反应原理基础上，以超临界干燥的方法首次制备了聚氨酯气凝胶，密度仅有 $0.08\sim0.4$ g/cm^3，热导率约为 0.007 W/(m·K)。自第一次制备出聚氨酯气凝胶以来，研究工作者对聚氨酯气凝胶材料的合成工艺、结构和性能等方面开展了一系列的研究。

聚氨酯（polyurethane，PU）是聚氨基甲酸酯的简称，由多异氰酸酯和多羟基聚合物通过加聚反应而成（图 6.1），是在高分子骨架上含有许多重复的氨基甲酸酯链段（—NHCOO—）的高分子化合物[2]。

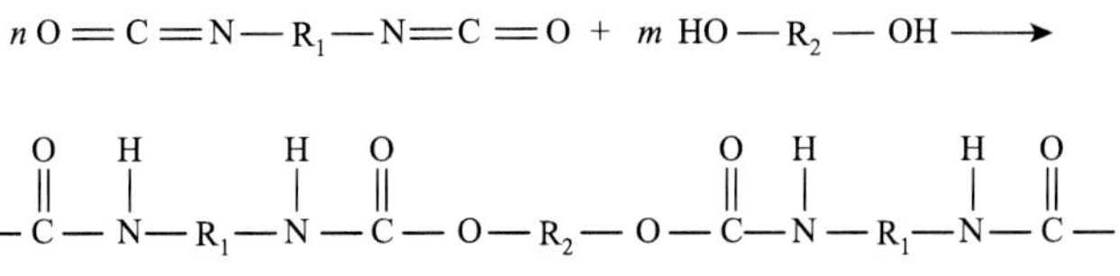

$$n\,O=C=N-R_1-N=C=O + m\,HO-R_2-OH \longrightarrow$$

图 6.1 聚氨酯合成路线

聚氨酯分子链是由玻璃化转变温度低于室温的软链段和玻璃化转变温度高于室温的硬链段构成的。调节配方中软链段和硬链段的比例，可以制备热固性和热塑性或者介于两者之间性能的聚氨酯材料[3]。有研究表明，对聚氨酯弹性体中异氰酸酯基与二元醇羟基的摩尔比进行调节，可以实现 300% 的高应变，定伸强度随着摩尔比的增加出现先增大后减小的趋势，在等当量时具有最好的综合力学性能[4]。

"软段"是指自由旋转性比较好，玻璃化转变温度比较低的链段。目前软段主要是分子量为 600～4000 的聚醚二元醇和聚酯二元醇，其化学结构见图 6.2。聚醚二元醇主要是聚乙二醇（PEG）、聚丙二醇（PPG）、聚四氢呋喃醚二醇（PTMG）等。使用较多的聚酯二醇有聚己内酯二醇（PCL）、聚己二酸乙二醇酯二醇（PEGA）等。对于以聚氨酯作为基体材料的弹性体，软段的结构对材料力学性能至关重要。对于聚氨酯弹性体，主链上含有大量的氨基甲酸酯基团，分子链之间较易形成氢键，因此分子内和分子间的相互作用力增强，使得链段不易产生位移。另外，软段结构上的支链、极性基团或体积庞大的侧基，导致链段运动受到较大的摩擦阻力，导致应变与应力不能同步变化，产生明显的滞后现象，内生热更大。因而，聚氨酯弹性体的阻尼性能优于传统高分子材料[5]。从分子结构的角度分析，分子链柔性对材料的阻尼性能也有重要影响。对于聚醚型聚氨酯弹性体而言，其分子链中有大量的醚键，非极性的醚键柔性优异，使得链段在运动时受到的摩擦阻力变小，内生热也低，因此阻尼性能较差。而聚酯型聚氨酯弹性体的分子链中含有大量的酯基或碳酸酯基，极性强，使得分子链之间的相互作用力变大，微观相分离程度降低，链段在运动时受到的阻力变大，摩擦生热较大，因此阻尼性能较好。但是，聚酯型聚氨酯弹性体由于分子链中含有刚性的酯基团，分子链间的极性大，导致其回弹性能要低于含有柔性基团的聚醚型聚氨酯弹性体[6]。

名称	结构
聚乙二醇（PEG）	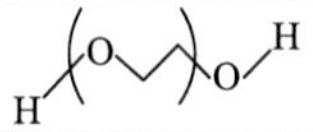 H{O~}_n^H
聚丙二醇（PPG）	H-(OCHCH_2)_n-OH （含 CH_3 侧基）
聚四氢呋喃醚二醇（PTMG）	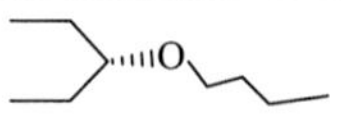
聚己内酯二醇（PCL）	HO-[(CH_2)_6-C(=O)-O]_n-OH
聚己二酸乙二醇酯二醇（PEGA）	[OCH_2CH_2OCO(CH_2)_4CO]_n

图 6.2　常用的二元醇单体

"硬段"主要是内聚能大且不易旋转的氨酯键、脲键等。异氰酸酯结构是影响聚氨酯性能的主要因素。目前合成聚氨酯所用的单体主要分为脂肪族和芳香族两大类，其化学结构见图 6.3。其中，脂肪族二异氰酸酯单体包括二环己基甲烷二异氰酸酯（$H_{12}MDI$）、六甲基二异氰酸酯（HDI）和环己烷二异氰酸酯（CHDI）等。芳香族二异氰酸酯单体包括 2,4-甲苯二异氰酸酯（2,4-TDI）、4,4′-二苯基甲烷二异氰酸酯（MDI）、2,6-甲苯二异氰酸酯（2,6-TDI）和对苯二异氰酸酯（PPDI）等[7]。脂肪族二异氰酸酯单体，如 CHDI 和 $H_{12}MDI$，比对应的芳香族单体 PPDI 和 MDI 紫外稳定性更好。在有空气和光照的条件下，芳香族异氰酸酯单体制备的聚氨酯经历慢速氧化后容易导致变色，限制了产品在很多领域的应用。相反，脂肪族异氰酸酯单体制备的聚氨酯光稳定性更加优异。相比于脂肪族二异氰酸酯单体，芳香族二异氰酸酯单体由于苯环的共振稳定作用，化学活性更高。并且具有对称结构的二异氰酸酯单体，如 HDI、CHDI、PPDI 和 2,6-TDI 等在适当条件下能够结晶，

名称	结构
2,4-/2,6-甲苯二异氰酸酯（TDI）	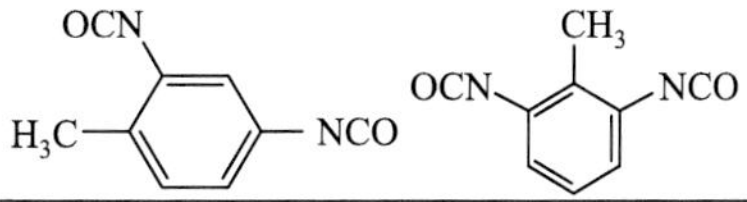
对苯二异氰酸酯（PPDI）	
二环己基甲烷二异氰酸酯（$H_{12}MDI$）	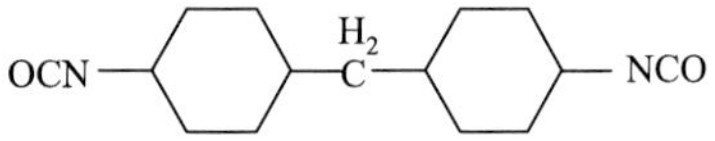
环己烷二异氰酸酯（CHDI）	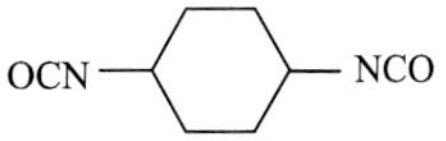
4,4′-二苯基甲烷二异氰酸酯（MDI）	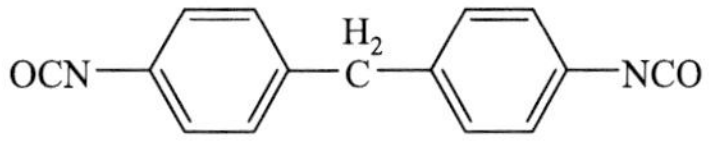
六甲基二异氰酸酯（HDI）	
萘1,5-二异氰酸酯（NDI）	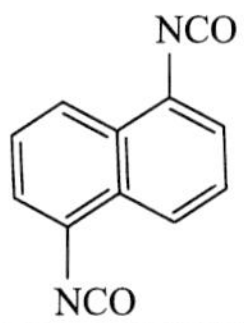
异佛尔酮二异氰酸酯（IPDI）	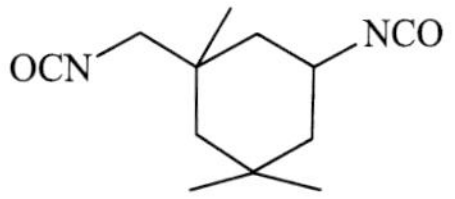

图 6.3 常用的异氰酸酯单体

获得具有更强凝聚力的硬段微区，因此得到的材料性能更加优异。异氰酸酯基团的累积双键结构使其化学活性非常活泼。然而，由于基团在分子链中的位置不同，可能产生位阻效应和取代效应。当二异氰酸酯单体的一个异氰酸酯反应后，另外一个异氰酸酯基团的活性明显降低，会造成化学活性的巨大差异。以 TDI 两种异构体为例，对于 2,4-TDI，由于甲基的位阻效应，常温时，邻位的反应活性大概是对位的 12%[8]。然而，当反应温度升高到 100℃时，位阻效应的影响会变得很小，两个位置的异氰酸酯基团的活性大体相同。而对于 2,6-TDI，在未反应前异氰酸酯基团的活性相同，当一个异氰酸酯基团反应后，由于取代效应，另外一个基团的活性大约下降近 300%[9]。

聚氨酯至今已有 90 多年的发展史，1937 年 Otto Bayer 和他的同事首次采用 HDI 和 1,4-丁二醇（BDO）反应制备出 Perlon U 的聚氨酯纤维，因其具有高强度、高耐磨和耐溶剂等特点，进而发展出多品种的聚氨酯材料，如聚氨酯涂料、聚氨酯泡沫、聚氨酯胶黏剂等，被广泛应用于机电、船舶、航空、车辆、土木建筑、轻工、纺织等部门，产品与品种逐年递增，在材料工业中占有相当重要的地位[10,11]。

本章将对聚氨酯气凝胶的制备、形成机理、结构调控和性能调控进行详细阐述。

6.1.2 聚氨酯气凝胶的制备

目前聚氨酯气凝胶仍然还是在传统溶胶-凝胶法基础上制备的，主要是由多元醇和多元异氰酸酯引发交联，在一定条件下进行缩聚反应，形成氨基甲酸酯基团，从而产生三维的聚氨酯分子网络[12]。相对于传统的聚氨酯泡沫材料，聚氨酯气凝胶具有更为简单、绿色的制备原料和制备工艺。聚氨酯气凝胶材料的优异性能得益于凝胶的合成，以及干燥过程中产生和保持的独特不同于聚氨酯泡沫的微观结构。

聚氨酯气凝胶的制备对于单体的选择主要有两种：第一是采用低聚异氰酸酯（如MDI）或者高分子量的多元醇（如 PEG）进行缩聚。在此基础上 Chidambareswarapattar 等[13]提出采用小分子单体三苯基甲烷三异氰酸酯（TIPM）和间苯二酚（AES）在无水溶剂，加入催化剂二月桂酸二丁基锡（DBTDL）条件下，经过一段时间后形成聚氨酯湿凝胶，然后经超临界干燥得到聚氨酯气凝胶。但总体来讲，无论是大分子还是小分子单体，其制备过程主要还是分为溶胶-凝胶和干燥两个步骤[14]。

1. 溶胶-凝胶过程

溶胶过程：聚氨酯湿凝胶是采用缩聚反应制备的，等同于一般的聚氨酯缩聚反应。具体是在前驱体溶液中，异氰酸酯和多元醇单体在溶剂中形成纳米级别的溶胶颗粒（即初级粒子），溶胶颗粒会自发或者通过加入催化剂引发水解或者缩聚反应来完成加成反应，形成聚氨酯溶胶，即聚氨酯低聚物二级粒子。其中缩聚反应动力学极大地依赖于多元醇。初级多元醇的反应速率大约是带有二级羟基多元醇的 10 倍。

凝胶过程：聚氨酯溶胶颗粒自发的或者在催化剂作用下经过缩聚反应会产生交联，形成三维的交联网络，因此形成比较稳定的聚氨酯湿凝胶网络。凝胶的过程对聚氨酯气凝胶的形貌和性能起着关键作用。可以通过调节反应过程中加入的催化剂种类和用量来调节凝胶反应的进行，常用的催化剂有金属盐和叔胺。其溶胶-凝胶机理会因催化剂种类的不同而不同。

在溶胶-凝胶过程中，单体之间的初始反应迅速，经历了单体-低聚体、低聚体-低聚体和单体/低聚体-团簇聚集的转变，完成凝胶。G. Biesmans 等[1]给出了催化剂和单体的含量对溶胶-凝胶过程的影响。根据催化剂和单体的浓度，在 24 h 后形成凝胶的外观后，可以分成四个区域，如图 6.4 所示。

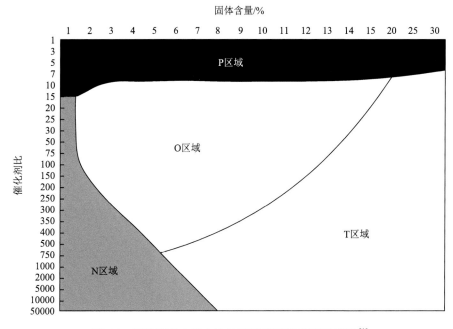

图 6.4　氯化溶剂中聚合物异氰酸酯溶胶-凝胶的现象[1]

催化剂比（catalyst ratio）是指异氰酸酯和催化剂的质量比

（1）在低固体含量（小于 2%）的 N 区域，没有观察到凝胶现象，此时的凝胶不依赖于催化剂的用量。

（2）在 P 区域发生快速的凝胶反应，形成粉状溶胶-凝胶。干燥之后得到的气凝胶的比表面积低于 10 m^2/g。

（3）O 区域。在低催化剂比条件下，与所使用的固体含量无关，形成的凝胶呈现不透明状。在极端情况下会有聚合物沉淀产生。该区域是中等催化剂比和固体含量的主要工作区。

（4）T 区域为高固体含量和催化剂比区域，此时形成的凝胶呈现透明状。由于使用的固体含量较高，所制备的气凝胶密度也是较高的。并且这个区域的凝胶速度是较慢的。

通过以上分析可以得到改变催化剂和单体的浓度可以有效地控制聚氨酯湿凝胶的动力学反应。

2. 干燥过程

由于聚氨酯在水中无法溶解，并且其湿凝胶的制备是采用传统聚氨酯的化学反应原理，在有机溶剂中进行溶胶-凝胶反应，所以只能采用超临界干燥和常压干燥的方法对聚氨酯湿凝胶进行干燥，去除溶剂形成三维多孔网络结构。

在超临界干燥过程中，选用的干燥介质（乙醇和二氧化碳）处于一种介于气态和液态之间的流体，有极高的溶解能力，可以很好地置换出聚氨酯湿凝胶中的液体，同时避免了溶剂的表面张力，有效避免材料在干燥过程中开裂或者收缩现象的发生。

相比于超临界干燥，常压干燥是推进聚氨酯气凝胶产业化发展最为经济有效的方法。在形成的聚氨酯湿凝胶中存在大量的毛细孔并且充满大量的溶剂。干燥过程需要避免溶剂表面张力引起的结构坍塌，尽量保持气凝胶内部的骨架完整。G. Biesmans 发表的聚氨酯材料的相关专利中，提出在溶胶中引入一种含有羟基的异氰酸酯基团的共聚物：酚醛、诺夫诺克树脂、聚醛酮树脂等。分别采用超临界干燥和常压干燥制备了同源聚氨酯气凝胶，发现常压干燥的聚氨酯气凝胶的比表面积和热导率均有所增加，但是密度仍然是较低的，仅有 0.3 g/cm³。

因此，采用超临界干燥更能够获得高孔隙率、低密度的聚氨酯气凝胶材料。实现聚氨酯气凝胶常压干燥可以通过以下几种手段：①增强湿凝胶骨架的强度；②选择疏水性单体，增加疏水性；③选择合适的溶剂降低湿凝胶网络结构中溶剂的表面张力。

6.1.3 聚氨酯气凝胶材料的结构及其影响因素

1. 分子参数

分子参数指的是分子的刚性、单分子中官能团的数目（n）及官能团密度（即每个苯环上官能团的数量，r）。当选用大分子制备聚氨酯气凝胶时，选用的低聚异氰酸酯或者多元醇产生的溶胶颗粒表面官能团的密度较低，导致颗粒之间的交联度低，从而制备的气凝胶在机械性能上是较弱的。因此，Chidambareswarapattar 等[13]选用两种三官能团的小分子异氰酸酯和三种小分子多元醇制备聚氨酯气凝胶，探究分子结构对气凝胶结构的影响。图 6.5 为小分子单体的结构式。结果表明，脂肪族异氰酸酯（N3300A）制备的气凝胶（aR-ALC-XX）收缩率要高于芳香族异氰酸酯（TIPM）类的聚氨酯气凝胶（aL-ALC-XX）。这是因为脂肪族异氰酸酯中 $-(CH_2)_6-$ 柔性大，在干燥过程中可以在非共价键作用下进行最大的扭曲和旋转，从而造成高的收缩率、高的密度。进一步的多元醇单体分子的刚性和官能度控制反应的相分离过程，从而控制粒子的尺寸、孔隙率和内表面积。

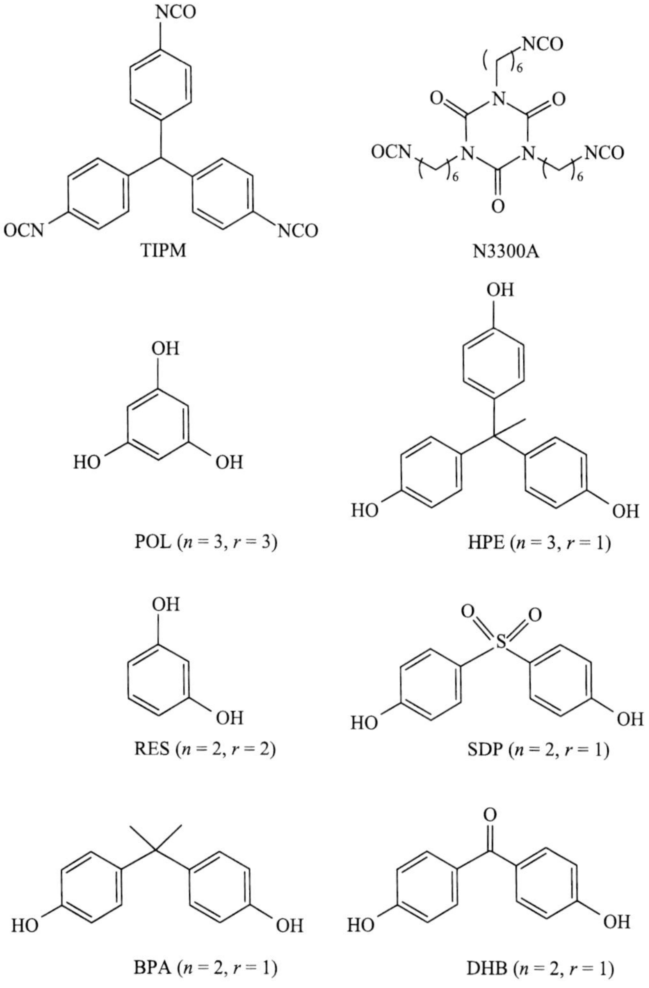

图 6.5　Chidambareswarapattar 等研究中用到的小分子单体[13]

TIPM：三苯基甲烷三异氰酸酯；N3300A：三聚异氰酸酯；POL：间苯三酚；HPE：聚酯多元醇；RES：间苯二酚；
BPA：双酚 A 聚醚；SDP：磺酸盐二元醇；DHB：二羟基二苯甲酮

进一步比较官能团密度和官能团数目对气凝胶骨架结构的影响。从 SEM 图（图 6.6）可以看出，当 $n+r$ 较高时（对于 POL 和 HPE，$n+r \geqslant 4$），气凝胶的串珠中颗粒是较小的[14]。这是因为缩聚反应产生的低聚物的溶解度会随着 $n+r$ 的增加而降低，从而相分离速度加剧。但凝胶化反应继续进行，先是一次颗粒聚集成紧密排列的二次颗粒，然后是较大的二次颗粒在扩散限制下聚集成较大的质量分形颗粒，达到渗流阈值，形成溶胶凝胶，但是相分离加剧，所以产生的微粒较小。当 $n+r$ 较小时（对于 BPA 和 DHB，$n+r=3$），低聚物更容易溶解，相分离延迟，颗粒一般更大并开始聚集。值得注意的是，在溶胶中类似的单体摩尔浓度下，aR-ALC-20 气凝胶是由离散的粒子组成，而大多数情况下 aL-ALC-25 气凝胶骨架纳米颗粒被聚合物包裹和融合。在同样的情况下可以看出 aL-DHB-25 由片状物组成，这是因为 aL-DHB-25 并没有凝胶，而是形成了颗粒状的絮凝体。

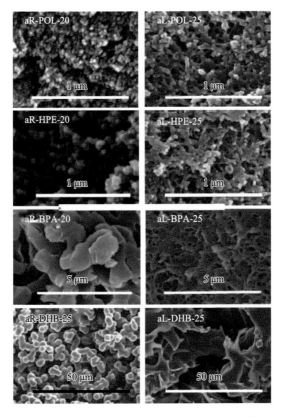

图 6.6   aR-ALC-20 气凝胶的 SEM 图和相应的 aL-ALC-25 气凝胶（以溶胶的摩尔浓度计算）在相同放大倍数下的数据[14]

当 n 和 r 均较高时（对于 aR-POL-XX，$n=3$，$r=3$；而对于 aR-RES-XX，$n=2$，

$r=2$），随着溶胶浓度的增加，样品的收缩幅度变小。这是因为基体浓度高，表面的官能团多，从而可以增加骨架的强度。但在同等溶胶浓度下，随着官能团密度的增加，在凝胶或者干燥过程中存在的大量的非共价键导致收缩率增加，进而气凝胶的密度增加。

2. 反应介质

聚氨酯是由硬段和软段交替连接的嵌段共聚物。硬段和软段在热力学上是不相容的，但是由于不同单体链段之间存在着化学键，不会形成宏观的相分离，仅是纳米到微米尺度的相区，因此形成了聚氨酯独特的相态结构。聚氨酯气凝胶的骨架生长过程也存在相分离，并且相分离影响着材料的结构和性能。那么相分离与反应介质和单体的溶解度参数密切相关。

Rigacci 等[15]以 MDI 分别与季戊四醇（Polylo-B）和蔗糖（Polylo-A）为反应体系，在二甲基亚砜和乙酸乙酯的混合溶剂中制备了 Polylo-A 基和 Polylo-B 基聚氨酯气凝胶。当反应介质的溶解度参数（δ）小于聚氨酯的溶解度参数（δ_m）时，聚氨酯气凝胶的网络结构是由微米级颗粒聚集而成。这是因为反应介质的溶解度参数小，相分离快，导致形成了大的微粒。而当反应介质的溶解度参数大于聚氨酯的溶解度参数时，聚氨酯气凝胶的粒径小，具有纳米孔结构。

Nicholas Leventis 等[16]采用 N3300A 分别和不同分子链长度的聚乙二醇进行缩聚反应制备聚氨酯气凝胶。研究发现聚乙二醇分子链越长，形成的聚氨酯的溶解性越强，因此二次聚合物的聚集增强，二次聚合物聚集越多，引起的气凝胶的收缩率越高，如图 6.7 所示。

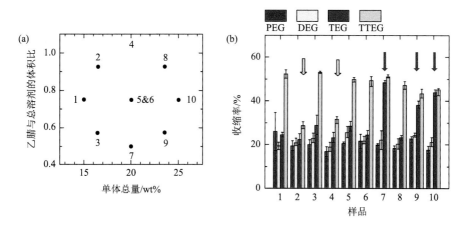

图 6.7　（a）聚氨酯气凝胶样品编号对应的乙腈的体积分数（总溶剂为乙腈和丙酮）和单体总量；（b）聚氨酯气凝胶的收缩率

PEG：聚乙二醇；DEG：二甘醇；TEG：三甘醇；TTEG：四甘醇

3. 催化剂浓度

催化剂浓度对聚氨酯气凝胶制备过程的凝胶动力学起着重要作用，因此有必要了解催化剂对聚氨酯气凝胶微观形貌和性能的影响规律。

Arnaud Rigacci 等[17]以三羟甲基氨基甲烷苯酚（DABCO TMR）为催化剂制备了一系列的气凝胶，探究了催化剂浓度对聚氨酯气凝胶的形貌、收缩率、密度、比表面积、热导率和机械性能的影响。从图 6.8 中可以看出，在低催化剂浓度（小于 4 mmol/L）下，大孔显得非常小。当催化剂浓度较高（在 4～9 mmol/L 之间）时，可以观察到大的孔隙。在更高的催化剂浓度（大于 9 mmol/L）下，具有更大的孔隙，并伴有更致密的固体聚集体。

图 6.8　不同催化剂浓度下聚氨酯气凝胶的 SEM 图[17]

（a）3.6 mmol/L；（b）9.0 mmol/L；（c）17.7 mmol/L

如图 6.9（a）所示，在初始催化剂浓度作用下，可以观察到最终体积收缩比 τ_f 的明显变化。这种演变似乎是线性的、连续的。为了更仔细地观察这一现象，将体积收缩比分为老化收缩比 τ_a 和干燥收缩比 τ_d。可以看出大部分的体积收缩来自老化过程的体积收缩，并且随着催化剂浓度变化明显，催化剂浓度越高，老化过程产生的体积收缩比越小。另一方面，在整个催化剂浓度范围内，干燥过程中的收缩是稳定的，占 20%～32%。干燥过程中发生的收缩与催化剂浓度的关系不大，这可能是因为它是由凝胶和周围介质之间的相互作用决定的，即聚氨酯和二氧化碳之间的化学亲和程度。由于收缩比随着催化剂浓度的增加而降低，所以对应的密度会减小，如图 6.9（b）所示。进一步测试了其比表面积，经分析发现，比表面积随着催化剂浓度的增加呈现先增后降的趋势，在 6 mmol/L 时，比表面积达到最大值（200 m²/g）。这种现象可以从 SEM 图中得到解释，催化剂浓度增加会有团聚现象，因此比表面积会下降。

聚氨酯气凝胶是通过传统的溶胶-凝胶法制备，其中单体的结构、反应介质和催化剂浓度均影响着气凝胶的结构。当官能团密度增加时，在凝胶或者干燥过程中存在的大量的非共价键导致收缩率增加，进而气凝胶的密度增加；当反应介质的溶解度参数（δ）小于聚氨酯的溶解度参数（δ_m）时，聚氨酯气凝胶的网络结构是

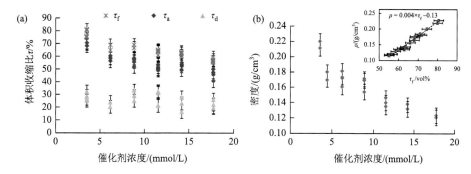

图 6.9　（a）最终体积收缩比 τ_f、老化收缩比 τ_a 和干燥收缩比 τ_d 随初始聚氨酯溶胶中催化剂浓度的变化规律；（b）催化剂浓度对聚氨酯气凝胶密度的影响

由微米级颗粒聚集而成，而当反应介质的溶解度参数大于聚氨酯的溶解度参数时，聚氨酯气凝胶的粒径小；催化剂浓度越高其收缩率越小，密度越低。通过对聚氨酯单体的结构进行设计可以制备不同功能的气凝胶材料，如形状记忆气凝胶材料。

6.1.4　聚氨酯气凝胶的性能

1. 隔热性能

气凝胶的隔热性能与其微观结构和密度密切相关。而这些参数受到制备过程中催化剂浓度、单体结构等的影响。从图 6.10 中看出，随着催化剂浓度的增加，热导率先降低后增加。当催化剂浓度为 6 mmol/L 时，热导率最小，此时材料的体积密度为 0.18 g/cm³，这是因为气凝胶的热导率是体积密度的函数。气凝胶材料在室内的有效热导率可以概括为气-固两相热导率与辐射传热系数的和。固相热导率随固体网络比例和体积密度的增大而增大。另一方面，气相传导和辐射换热随气孔比例和尺寸的增大而增大。

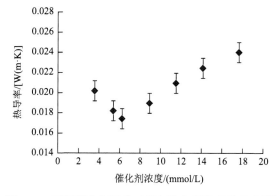

图 6.10　不同催化剂浓度时聚氨酯气凝胶的热导率[14]

2. 力学性能

材料的力学性能是可否实际应用的关键。上面也提到随着催化剂浓度的增加，聚氨酯气凝胶的收缩率下降，密度减小。经单轴压缩实验测试发现，随着催化剂浓度的增加，聚氨酯气凝胶的最大应力和模量均是下降的，如图 6.11 所示。这是由骨架密度的降低，以及粒子之间的接触面积减少造成的。

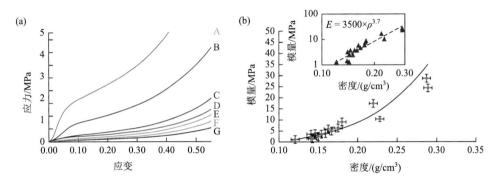

图 6.11　（a）不同催化剂浓度下制备的聚氨酯气凝胶的应力-应变曲线，A：2.7 mmol/L，0.23 g/cm³，B：3.5 mmol/L，0.22 g/cm³，C：6.2 mmol/L，0.18 g/cm³，D：8.9 mmol/L，0.16 g/cm³，E：11.5 mmol/L，0.15 g/cm³，F：14.2 mmol/L，0.14 g/cm³，G：17.7 mmol/L，0.12 g/cm³；（b）模量和密度之间的关系图[17]

气凝胶在工业领域的应用备受关注，如海底输油管道的保温、运输过程中生物标本的保存等。这些领域要求气凝胶具有柔性、可折叠性。因此，Nicholas Leventis 等[16]从分子间连接的角度对聚氨酯气凝胶的柔韧性进行了探究。通过对其进行分子结构的设计得到了聚氨酯-降冰片烯和聚氨酯-丙烯酸酯两种星状单体合成聚氨酯气凝胶。经过实验发现分子结构对气凝胶柔韧性的影响主要来自粒子之间的接触面积而不是相分离时产生的微粒的大小，接触面积越大则柔性越好。从 SEM 图 [图 6.12（a）] 可以看出 9-aRPAc 和 9-aRPAc-EG 的颗粒半径相近，但是 9-aRPAc-HD 的颗粒要大很多。对这三种材料进行三点弯曲实验 [图 6.12（b）]，计算弯曲模量发现 9-aRPAc 的模量为 1.77 MPa，9-aRPAc-HD 的模量为 1.01 MPa，但是 9-aRPAc-EG 的模量仅有 0.65 MPa，这说明了 9-aRPAc-EG 良好的灵活性。但是其颗粒的直径和颗粒之间的接触面积没有紧密联系。接触面积与分子的刚性和柔性相关，刚性的成核中心使得小颗粒早期相分离，而柔性方面，交联化学使网络形成后聚合物不发生明显聚集，从而使颗粒间的接触保持狭窄，所以接触面积比较小。Nicholas Leventis 等[16]发现单体分子链的长度也影响着气凝胶的弹性行为，聚乙二醇衍生的二醇形成氢键的概率会随着链长的增加而增加，这将减少分子滑脱和宏观蠕变，从而有利于弹性行为而不是塑性行为。并且二醇分子链的长度可以增强结构单元的运动，进而降低材料的玻璃化转变温度。因此，通过调整二醇分子链的长度制备出形状记忆的聚氨酯气凝胶。

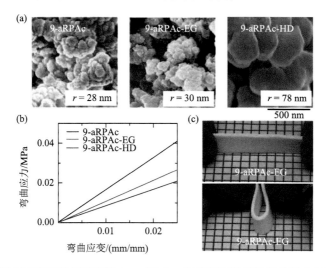

图 6.12　（a）低密度聚氨酯气凝胶的 SEM 图（r：根据氮气吸附数据推导出的粒子半径，公式为 $r = 3/\rho_s\sigma$，ρ_s 为骨架密度，σ 为比表面积）；（b）利用动态机械分析仪进行的三点弯曲实验获得的气凝胶的应力-应变曲线；（c）聚氨酯气凝胶的弹性和可折叠性[16]

6.2　聚脲气凝胶　　◀◀◀

6.2.1　简介

聚脲（PUA）是由异氰酸酯和氨基类化合物反应得到的一种弹性物质，又称为"有机石头"，最基本的特性是防腐、防水及耐磨，常被用作涂料。聚脲的本体材料很少用于隔热领域[12]。

1996 年，美国的 de Vos R 制备出聚脲气凝胶。聚脲气凝胶出色的力学性能和热稳定性及独特的多孔结构，使其得到广泛应用，如隔热、隔音材料，辐射屏蔽等。

6.2.2　聚脲气凝胶的制备

聚脲气凝胶的制备工艺与聚氨酯气凝胶相似，通常采用溶胶-凝胶、干燥等工艺。目前在聚脲气凝胶制备中由于所用的原料不同存在两种凝胶机理。并且异氰酸酯与胺的反应一般快于异氰酸酯与醇的反应，这在溶胶-凝胶法制备气凝胶中具有很大的优势。

1. 以异氰酸酯和胺为原料制备聚脲气凝胶

1996 年首次报道的聚脲（PUA）气凝胶合成方法，是通过异氰酸酯进行亲核加成反应。即二异氰酸酯中的—N＝C＝O 与二胺中的—NH_2 发生加成反应生成聚脲。—N＝C＝O 和—NH_2 在一起具有很高的反应活性，在大多数环境下可以直接快速的发生反应。反应过程中二胺中的活泼 H 原子加到二异氰酸酯中异氰酸酯的 N 原子上，形成脲基[18]。反应方程式如图 6.13 所示。

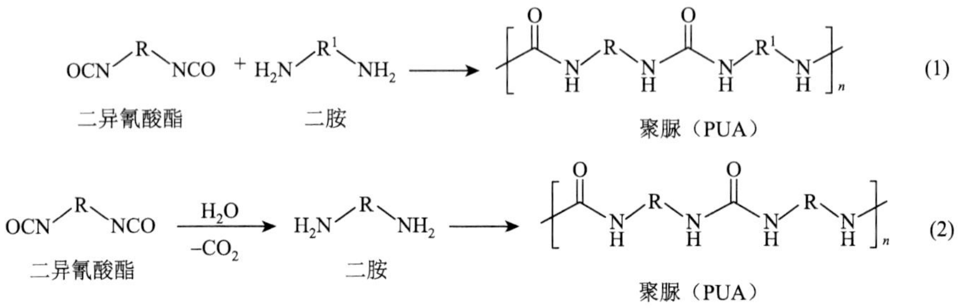

图 6.13   二异氰酸酯与二胺合成聚脲[18]

2. 以异氰酸酯和水为原料制备聚脲气凝胶

相对于异氰酸酯和胺的加成反应，几年之后，又提出了一种更经济和更环保的替代方法，即用水取代胺[14]。异氰酸酯在催化剂作用下与水反应生成氨基甲酸，氨基甲酸不稳定可以分解成二胺，见图 6.14 中的反应（1）。上一步产生的胺可以与未反应的异氰酸酯反应生成尿素，见图 6.14 中的反应（2）。以上两步反应中，反应（2）比反应（1）的速率快，这是因为胺是更好的亲核试剂。

然而，反应（1）和反应（2）与典型的大体积聚氨酯的合成方法没有关联。相反，它涉及无异氰酸酯薄膜的环境固化，并且由于二氧化碳的存在，加入少量的水作为发泡剂，也常被用于制备聚氨酯泡沫。不过，从材料合成角度来讲，这个过程是很有吸引力的，因为它用绿色的水代替了昂贵的胺，并且可以采用冷冻干燥的方法除去凝胶中的溶剂。但由于反应（1）和反应（2）无法形成连续的网络结构，需进一步地凝胶。在多官能团异氰酸酯丙酮溶液中加入水和三乙胺（Et_3N）可诱导凝胶化。没有 Et_3N，溶胶-凝胶的时间长得多（约 3 天），而 NH_4OH 催化剂的使用加速了这一过程，但会导致快速沉淀而不是凝胶化。

美国的 Nicholas Leventis 等[14]以异氰酸酯和水为原料，Et_3N 为催化剂，分别以丙酮、乙腈和二甲基亚砜为溶剂，常压干燥制备得到 PUA 气凝胶，其孔隙率高达 98.6%，密度范围广（0.016～0.55 g/cm^3）。

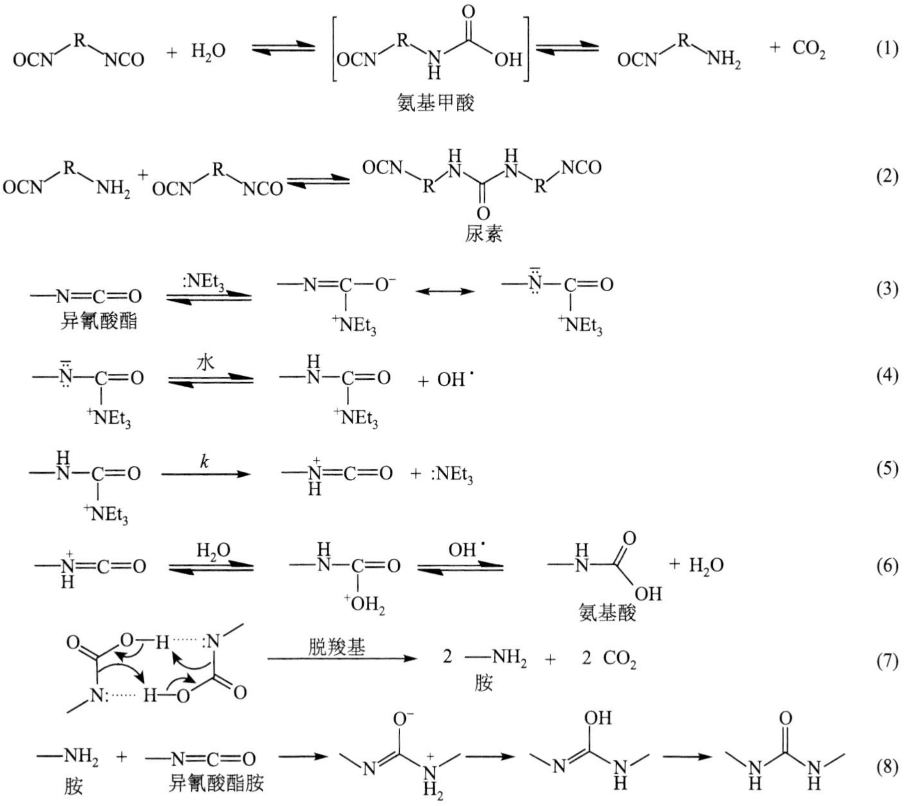

OCN—R—NCO + H₂O ⇌ [OCN—R—NH—CO—OH] ⇌ OCN—R—NH₂ + CO₂　　(1)

氨基甲酸

OCN—R—NH₂ + OCN—R—NCO ⇌ OCN—R—NH—CO—NH—R—NCO　　(2)

尿素

—N=C=O　:NEt₃ ⇌ —N=C—O⁻ ↔ —N̄—C=O　　(3)

异氰酸酯　　⁺NEt₃　　⁺NEt₃

—N̄—C=O　水 ⇌ —NH—C=O + OH·　　(4)

⁺NEt₃　　⁺NEt₃

—NH—C=O　k → —N⁺=C=O + :NEt₃　　(5)

⁺NEt₃　　H

—N⁺H—C=O　H₂O ⇌ —NH—C=O ⇌ —NH—CO—OH + H₂O　　(6)

⁺OH₂　　氨基酸

脱羧基 → 2 —NH₂ + 2 CO₂　　(7)

胺

—NH₂ + —N=C=O → —N=C—NH₂⁺ → —N=C—NH → —NH—CO—NH—　　(8)

胺　异氰酸酯胺

图 6.14　二异氰酸酯与水合成聚脲[14]

6.2.3　聚脲气凝胶材料的结构及其影响因素

1. 凝胶时间

凝胶时间定义为形成固体凝胶的时间[14]。由于单体浓度、催化剂浓度、温度等不同，形成凝胶所需的时间也是不同的。在异氰酸酯和水反应体系中了解到，形成聚脲是一级反应，随着异氰酸酯和催化剂的增加，反应速率增加，凝胶时间变短[19]。这是因为分子链之间的交联点密度增加。聚脲（氨基和异氰酸酯基当量比为 0.1）分别在 5 wt%和 10 wt%催化剂浓度时凝胶时间与目标密度的函数关系如图 6.15 所示。从图 6.15 中可以看出，随着目标密度（即固体含量）和催化剂含量的增加，凝胶形成时间也会缩短，材料的密度降低。但是催化剂浓度的影响不是特别明显。

2. 前驱体浓度

气凝胶内部结构呈现三维多孔结构，由于单体浓度、催化剂浓度等条件的不

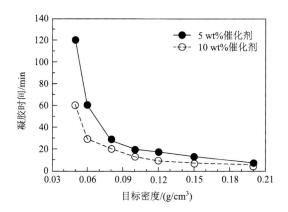

图 6.15   聚脲的凝胶时间与目标密度和催化剂浓度的关系[19]

同，呈现不同的微观结构[20]。随着异氰酸酯和催化剂浓度的增加，超临界干燥和冷冻干燥制备的气凝胶均呈现出更致密的片状形态，如图 6.16 所示。随着异氰酸酯浓度和催化剂浓度的降低，气凝胶呈现出直径在 15～20 nm 之间缠绕在一起的三维网络结构。增加浓度，纤维状骨架直径增加 40～60 nm。催化剂浓度对凝胶过程中聚合物主链阻止的影响可以解释聚合物形貌的变化。在高催化剂浓度下，颗粒尺寸减小。这就形成了密度更大、粒度更小的介孔结构。

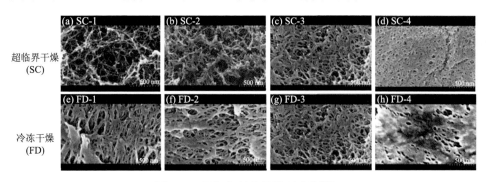

图 6.16   聚脲气凝胶的微观形貌[20]

（a～d）超临界干燥，（e～h）冷冻干燥，SC-1 和 FD-1：0.2 g 聚氨基甲酸酯和 0.3 mL 三乙胺；SC-2 和 FD-2：0.2 g 聚氨基甲酸酯和 0.6 mL 三乙胺；SC-3 和 FD-3：0.3 g 聚氨基甲酸酯和 0.3 mL 三乙胺；SC-4 和 FD-4：0.3 g 聚氨基甲酸酯和 0.6 mL 三乙胺

当增加单体浓度到一定量以后，气凝胶的微观结构会由长纤维转变成明显的颗粒状，如图 6.17 所示[14]。在低密度（小于 0.072 g/cm³）下所得到的气凝胶骨架为纤维状；较高密度（小于 0.55 g/cm³）时呈现颗粒状。在更高的放大倍数下，起初纤维看起来是比较光滑，但是存在凸起，增加密度，纤维粗糙，并且是由粒子聚集组成。这主要是在低密度时低浓度的簇-簇之间的聚合机理导致的，当异氰酸酯的浓度增加时这种机理改变为低扩散聚合机理。

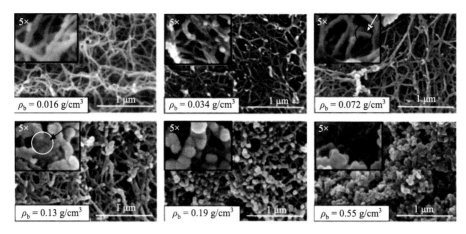

图 6.17　由 N3300A 三异氰酸酯制成的 PUA 气凝胶的 SEM 图[14]

N3300A 和水的摩尔比为 3，三乙胺的质量分数为 0.6%

低浓度和高浓度的异氰酸酯均会发生收缩，并且在 0.029~0.30 mol/L 时，收缩率在 9%~15%之间变化[14]。当异氰酸酯浓度为 0.52 mol/L 时，收缩率高达 25%。并且发现当浓度在 0.029~0.30 mol/L 时产生的收缩并不是在凝胶、老化或洗涤期间，而是只发生在超临界干燥期间。增加丙酮的洗涤次数可以把收缩率降低至 8%~10%，但是不能消除收缩，主要是由于浓度低时骨架强度小。当浓度增加至 0.52 mol/L 时，收缩主要来自凝胶过程，但通过增加异氰酸酯的浓度增加湿凝胶的交联密度可以降低凝胶过程产生的收缩。

3. 分子结构

当把柔性的三异氰酸酯 N3300A 换成刚性的 RE 时，气凝胶的微观结构呈现相同的变化，在低密度时呈现纤维状，逐渐变成颗粒状，如图 6.18 所示[14]。但是纤维的形态与 N3300A 气凝胶不同，它们是由界限分明的颗粒组成，并且颗粒间的接触面积小，当增加密度时，颗粒尺寸不变，但颗粒接触面积增加。

4. 凝胶温度

聚脲溶胶-凝胶过程中温度影响单体在溶液中的溶解度，因此不同的反应温度

图 6.18　由 RE 三异氰酸酯制成的 PUA 气凝胶的 SEM 图[14]

RE 和水的摩尔比为 3，三乙胺的质量分数为 0.6%

气凝胶的微观结构也是不同的[21]。从图 6.19 中可以看出随着温度的降低，PUA 气凝胶的内部结构更加均匀。通过比较不同温度下的骨架，聚合物的纤维状骨架直径随温度降低逐渐增加。因此，温度的降低确实增加了形成纤维的颗粒之间的接触，促进了聚合物网络结构的均匀增长。此外，随着温度的降低，所形成的骨架颗粒的尺寸变小。

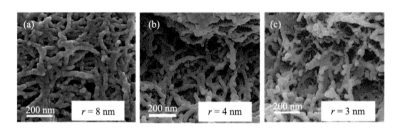

图 6.19　在不同温度下制备 10%固含量 PUA 气凝胶的 SEM 图[21]

（a）环境温度；（b）0℃；（c）−20℃。r：颗粒半径

6.2.4　聚脲气凝胶的性能

1. 隔热性能

图 6.20 给出了 5%和 10%催化剂浓度制备的聚脲气凝胶的目标密度、摩尔比与热导率的关系及最佳回归面[19]。可以看出低催化剂浓度时制备的聚脲气凝胶的热导率低于高浓度时的聚脲气凝胶。从图 6.20（b）中也可以看出目标密度对聚脲气凝胶的热导率起决定性作用，目标密度越大，热导率越低，但这种现象仅限于密度小于 0.2 g/cm^3 时。这是因为低密度时骨架结构主要呈现纤维状，高密度时则逐渐形成珍珠项链状，而这种结构能够有效地阻碍固态热传导。当气凝胶密度大于 0.2 g/cm^3 时，总热导率主要由固态热导率决定，因此随着密度增加总热导率增加。

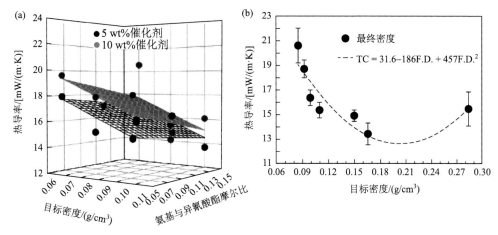

图 6.20　催化剂浓度、目标密度、摩尔比对气凝胶热导率的影响[19]

（b）中 TC 代表热导率，F.D. 代表目标密度

2. 力学性能

聚脲气凝胶的大多数微观结构是由纳米颗粒组装成连续纤维结构。压缩曲线呈现代表性的月牙状，但在完全卸载后出现显著的塑性变形[22]。从图 6.21 中可以看出，当位移小于 500 nm 时，大部分毛细孔保持开放状态，当位移大于 500 nm 时孔隙开始塌陷，内部结构开始变形。而当位移接近 1500 nm 时，孔壁塌陷，相互接触，产生硬化行为。

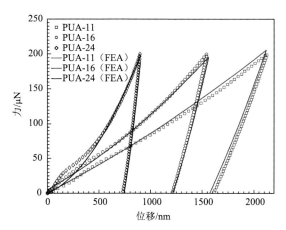

图 6.21　聚脲气凝胶典型的力-位移曲线[22]

PUA 后面数字表示不同固含量溶液制备的 PUA 气凝胶，FEA 表示有限元模拟曲线

通过异氰酸酯和胺反应可以代替异氰酸酯和醇制备异氰酸酯气凝胶。该反应效率高于异氰酸酯和醇的反应，增加反应效率从而缩短反应时间在溶胶-凝胶法制

备气凝胶中具有巨大的优势。并且此过程可以选用水代替二胺进行溶胶-凝胶反应。该反应过程中单体浓度及催化剂浓度对材料性能的影响呈现出与聚氨酯相同的趋势。

6.3 异氰酸酯复合气凝胶 ◀◀◀

异氰酸酯类气凝胶由于多样的单体，可以进行分子结构设计获得刚性、柔性或者具有形状记忆特性的气凝胶材料，被广泛应用于保温隔热领域。但是，异氰酸酯绝缘、易燃等缺点也限制了气凝胶的应用领域。通过与阻燃、导电等功能性纳米材料复合后可以拓宽异氰酸酯复合气凝胶的应用领域。本章主要对异氰酸酯复合气凝胶的研究进展进行详细总结。

6.3.1 导电异氰酸酯复合气凝胶

通过分子结构的设计可以实现柔性、刚性及形状记忆的异氰酸酯气凝胶。异氰酸酯气凝胶由于存在三维多孔结构，具有高比表面积、高孔隙率、质轻的特点，与导电性的功能材料复合被广泛应用于传感、多功能可穿戴加热器。

具有高灵敏度和可重复性的柔性传感器对于监测人类活动和人机交互是非常理想的。然而，由于多功能传感平台的局限性，制造高性能传感器仍然是一个巨大的挑战。Wang 等[23]提出了分层框架结构的 PVDF/PU/MWCNT（PPM）气凝胶作为检测压力和应变的敏感传感平台。将 MWCNT 和 PVDF 加入 N, N-二甲基甲酰胺（DMF）溶剂中，使用涡旋振荡器搅拌混合物，形成均匀的 PVDF/DMF 溶液。然后，将 PU 加入到溶液中，伴随着强烈的搅拌，立即形成了包裹 MWCNT 在内的 PVDF/PU 框架结构。基于优化的气凝胶的压力感应平台具有 62.4 kPa^{-1} 的高灵敏度，快速响应 35 ms，能够检测 3 min 静压。该传感平台还能够检测 0.5%～90% 的大范围压缩和 1 Hz～3 kHz 的动态压阻响应行为，在 50000 个压缩周期中显示出优异的重复性和 156.4 的超高应变灵敏度，这是报道的最高的测量系数。

多功能可穿戴加热器是个人热管理领域日益增长的需求的最理想选择。Wang 等[24]提出了一种高效、可行的利用聚吡醇、氟化整理剂和聚氨酯组成的防水透气复合气凝胶制造可穿戴加热器的策略。该复合气凝胶具有轻质结构（0.14 g/cm^3）、优异的机械稳定性和焦耳加热性能（4 V 电压下约 70 s 可升高温度至 173℃）。由于氟化整理剂和表面粗糙度的协同作用，其水接触角可高达 135°。气凝胶还表现出高透气性 [186.6 L/(S·m^2)±22 L/(S·m^2)] 和可满足的水蒸发效率 [5.8 kg/(m^2·d)±0.8 kg/(m^2·d)]。这些有利的特点使该复合气凝胶在智能服装、可穿戴设备和个人热管理系统方面非常有前景。

形状记忆聚合物（SMPs）是指通过电流、pH、湿度、温度、磁场、热和光刺激以后可以恢复原始形状的聚合物。SMPs 的这个"记忆"特性使其广泛应用于纺织、包装、医疗和航空航天工业。聚氨酯分子结构中软硬段可以调节，是一种被广泛研究的形状记忆高分子。由聚氨酯制备的形状记忆气凝胶进一步拓宽了气凝胶和形状记忆材料的应用领域。但是聚氨酯气凝胶的形状固定率和恢复率较低，无法满足在仿生设备中的应用。研究表明，具有高模量和强度、高宽比，特别是高电导率的多壁碳纳米管（MWCNT）是提高系统形状记忆性能最合适的纳米颗粒之一。Teymouri 等[25]将导电的 MWCNT 与聚氨酯复合制备了导电形状记忆气凝胶。聚氨酯气凝胶的恢复率为 63%、固定率为 98.8%，而加入 MWCNT 以后，恢复率和固定率都有所提高。但是对于纯聚氨酯凝胶和纯聚氨酯气凝胶，聚氨酯气凝胶固定率的增加是由于样品中存在孔隙，从而削弱了力学性能（弹性模量）。链之间气孔的存在降低了链的弹性，即在系统中产生损失效应，并在形状记忆周期的第二阶段产生更好的形状固定性。另一方面，由于系统中存在孔隙，纯聚氨酯气凝胶的形状恢复率低于纯聚氨酯凝胶。孔隙的存在降低了链的弹性，样品不能完全恢复其永久的形状。而加入 MWCNT 以后，与聚合物分子链之间存在物理键合，防止聚合物链的滑移，从而提高了恢复率（表 6.1）。如观察到的，样品的恢复率和回收速度随着气凝胶的形成而降低，但在系统中加入纳米颗粒弥补了这些缺点。

表 6.1　样品通过 DMTA 和观察法得到的形状记忆数据[25]

样品	动态热机械分析		观察法	
	恢复率/%	固定率/%	恢复率/%	固定率/%
聚氨酯凝胶	63±0.2	98.8±0.3	76	11.8
聚氨酯-2.75%多壁碳纳米管凝胶	79±0.4	99.2±0.2	88	13.6
聚氨酯气凝胶	45.4±0.2	99±0.1	62	9.4
聚氨酯-2.75%多壁碳纳米管气凝胶	64±0.3	99±0.2	79	12.2

6.3.2　阻燃异氰酸酯复合气凝胶

异氰酸酯气凝胶是一种聚合物气凝胶，具有传统气凝胶低密度、低热导率特性的同时具有优秀的机械性能，可被应用于保温绝热领域。然而，其化学成分主要由碳和氢组成，故可燃性较高。若想应用于保温隔热领域，提升阻燃性对异氰酸酯气凝胶的应用意义重大。

Xie 等[26]将聚氨酯泡沫浸渍到铝溶胶中，通过冷冻干燥得到聚氨酯/三氧化二铝（FPU/Al$_2$O$_3$）气凝胶阻燃材料。该材料的比表面积约为 211.5 m^2/g，密度为

0.28 g/cm³，具有纳米介孔结构和优异的阻燃性能。他们还研究了 Al₂O₃ 气凝胶的组分含量对 FPU/Al₂O₃ 气凝胶热导率和热扩散速率（材料与周围环境交换热能的能力）及热释放速率（HRR）的影响。实验结果显示，随着 Al₂O₃ 气凝胶组成含量的增加，FPU/Al₂O₃ 气凝胶的热导率和热扩散速率增加，但热释放速率降低，而纯聚氨酯泡沫热释放速率较大，32 s 后即发生燃烧，加入 Al₂O₃ 气凝胶后，热释放速率最大可降低 79.7%，见图 6.22。

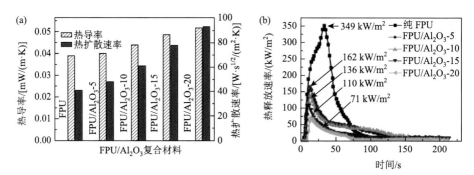

图 6.22　含不同 Al₂O₃ 气凝胶组分的 FPU/Al₂O₃ 气凝胶的热导率、热扩散速率（a）和热释放速率（b）曲线[26]

樊肖雄[27]通过添加 TCPP［磷酸三（2-氯丙基）酯］作为阻燃剂制备了阻燃聚氨酯气凝胶，研究了阻燃剂比例对气凝胶性能的影响。结果表明添加 TCPP 15 wt%时所制备的聚氨酯气凝胶阻燃性能最好，极限氧指数最高，为 28.4%，力学性能最佳。通过对比添加与未添加 TCPP 的聚氨酯气凝胶在燃烧前后的 SEM 图，以及对燃烧过后的聚氨酯气凝胶进行能谱分析，发现 TCPP 在燃烧前期形成了氯磷化合物覆盖在聚氨酯表面阻断氧和热起到固相阻燃的作用，在燃烧不断进行中促进异氰酸酯多聚物脱水碳化形成多孔碳层起到隔离阻燃的作用，同时不断生成气体分体起到了气相阻燃的作用。

6.3.3　聚氨酯增强无机气凝胶隔热材料

无机物气凝胶（如 SiO₂ 气凝胶、Al₂O₃ 气凝胶）具有轻质、超低热导率等特点，是一类新型的高效隔热材料，但密度低、力学性能差、容易脆裂等缺点限制了其实际应用。为了提高无机物气凝胶的机械强度，通常会采用有机物交联或与晶粒、泡沫和纤维复合等增强的方式来改善其力学性能。目前采用聚氨酯材料增强 SiO₂ 气凝胶、Al₂O₃ 气凝胶等无机物气凝胶来提高材料的力学性能，降低热导率及改善阻燃性能成为聚氨酯材料的研究热点。

Yim 等[28]以浓缩的硅溶胶和 P-MDI 为原料，叔胺为催化剂，1,4-二氧杂环乙烷为稀释溶剂，经溶胶-凝胶、超临界 CO₂ 干燥工艺制备了聚氨酯/二氧化硅杂化气凝胶，并研究了其热学性能。通过调节催化剂的含量，获得了一系列不同密度的杂化气凝胶样品，最低平均孔径为 8 nm，最高比表面积为 287.3 m²/g。他们还研究了密度、环境压力对杂化气凝胶热导率的影响，并比较了聚氨酯泡沫、聚氨酯气凝胶和聚氨酯/二氧化硅杂化气凝胶的热导率（图 6.23）。实验结果显示，随着密度的增加，气凝胶的热导率增大。杂化气凝胶的热导率明显低于聚氨酯泡沫和聚氨酯气凝胶材料，当气压为 1 Torr（1 Torr = 1.33322×10² Pa）时，杂化气凝胶的最低热导率为 0.0184 W/(m·K)，展现了很好的隔热性能。

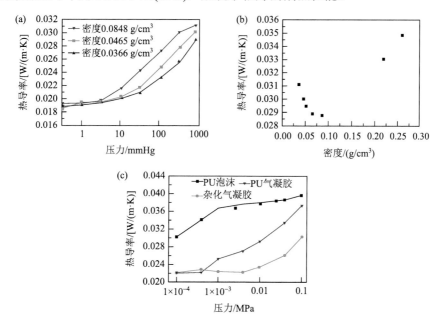

图 6.23 （a）不同密度的气凝胶热导率随环境压力的变化曲线；（b）气凝胶热导率随密度的变化曲线；（c）PU 泡沫、PU 气凝胶及其杂化气凝胶的热导率随环境压力的变化曲线[28]

　　通过将异氰酸酯气凝胶与功能性材料，如碳纳米管、聚吡咯、无机二氧化硅等材料复合，可以提高异氰酸酯气凝胶的电导率、阻燃或者隔热性能，拓宽了异氰酸酯气凝胶的应用领域。但是也存在一些问题，例如，与无机材料复合以后异氰酸酯复合气凝胶的密度增加，导致热导率升高，因此进一步探究与功能材料复合的同时控制热导率不变或者降低是研究的关键。

参 考 文 献

[1] Biesmans G, Randall D, Francais E, Perrut M. Polyurethane-based aerogels for use as environmentally acceptable super insulants in the future appliance market[J]. Journal of Cellular Plastics, 1998, 34（5）: 396-411.

[2] Kim D H, Kwon O J, Yang S R, Park J S, Chun B C. Structural, thermal, and mechanical properties of polyurethane foams prepared with starch as the main component of polyols[J]. Fibers and Polymers, 2007, 8（2）: 155-162.

[3]   Cooper S L，Tobolsky A V. Properties of linear elastomeric polyurethanes[J]. Journal of Applied Polymer Science，1966，10（12）：1837-1844.

[4]   夏春蕾. 高模量高伸长聚氨酯密封胶的研制[D]. 北京：北京化工大学，2007.

[5]   崔胜恺，沈照羽，吕小健，李延延，徐祥，刘锦春. 软段和硬段对混炼型聚氨酯弹性体阻尼性能的影响 [J]. 热固性树脂，2020，35（5）：56-59.

[6]   张晓蕾. 聚氨酯阻尼材料的结构设计及其性能研究[D]. 天津：河北工业大学，2015.

[7]   何勇. 异氰酸酯单体的结构对聚氨酯的制备和微相分离形态的影响[D]. 广州：华南理工大学，2013.

[8]   de Souza Rodrigues V H，Carrara A E，Rossi S S，Silva L M，de Cássia Lazzarini Dutra R，Dutra J C N. Synthesis，characterization and qualitative assessment of self-healing capacity of PU microcapsules containing TDI and IPDI as a core agent [J]. Materials Today Communications，2019，21：100698.

[9]   Zhao X，Shou T，Liang R，Hu S，Yu P，Zhang L. Bio-based thermoplastic polyurethane derived from polylactic acid with high-damping performance [J]. Industrial Crops and Products，2020，154：112619.

[10] Pirard R，Rigacci A，Maréchal J C，Quenard D，Chevalier B，Achard P，Pirard J P. Characterization of hyperporous polyurethane-based gels by non-intrusive mercury porosimetry [J]. Polymer，2003，44（17）：4881-4887.

[11] Jurak S，Jurak E，Uddin M，Asmatulu R. Functional superhydrophobic coating systems for possible corrosion mitigation [J]. International Journal of Automation Technology，2020，14：148-158.

[12] 陈颖，邵高峰，吴晓栋，沈晓冬，崔升. 聚合物气凝胶研究进展 [J]. 材料导报，2016，30（13）：55-62，70.

[13] Chidambareswarapattar C，McCarver P M，Luo H，Lu H，Sotiriou-Leventis C，Leventis N. Fractal multiscale nanoporous polyurethanes：flexible to extremely rigid aerogels from multifunctional small molecules [J]. Chemistry of Materials，2013，25（15）：3205-3224.

[14] Leventis N，Sotiriou-Leventis C，Chandrasekaran N，Mulik S，Larimore Z J，Lu H，Churu G，Mang J T. Multifunctional polyurea aerogels from isocyanates and water. A structure-property case study [J]. Chemistry of Materials，2010，22（24）：6692-6710.

[15] Rigacci A，Marechal J C，Repoux M，Moreno M，Achard P. Preparation of polyurethane-based aerogels and xerogels for thermal superinsulation [J]. Journal of Non-Crystalline Solids，2004，350：372-378.

[16] Bang A，Buback C，Sotiriou-Leventis C，Leventis N. Flexible aerogels from hyperbranched polyurethanes：probing the role of molecular rigidity with poly(urethane acrylates)versus poly(urethane norbornenes)[J]. Chemistry of Materials，2014，26（24）：6979-6993.

[17] Diascorn N，Calas S，Sallée H，Achard P，Rigacci A. Polyurethane aerogels synthesis for thermal insulation-textural，thermal and mechanical properties [J]. Journal of Supercritical Fluids，2015，106：76-84.

[18] Leventis N，Sotiriou Leventis C，Chandrasekaran N，Mulik S，Chidambareswarapattar C，Sadekar A，Mohite D，Mahadik S S，Larimore Z J，Lu H，Churu G，Mang J T. Isocyanate-derived organic aerogels：polyureas，polyimides，polyamides [J]. MRS Online Proceedings Library，2011，1306（1）：301.

[19] Lee J K，Gould G L，Rhine W. Polyurea based aerogel for a high performance thermal insulation material [J]. Journal of Sol-Gel Science and Technology，2009，49（2）：209-220.

[20] Członka S，Bertino M F，Kośny J，Shukla N. Freeze-drying method as a new approach to the synthesis of polyurea aerogels from isocyanate and water [J]. Journal of Sol-Gel Science and Technology，2018，87（3）：685-695.

[21] Wu X，Wu Y，Zou W，Wang X，Du A，Zhang Z，Shen J. Synthesis of highly cross-linked uniform polyurea aerogels [J]. Journal of Supercritical Fluids，2019，151：8-14.

[22] Wu C，Taghvaee T，Wei C，Ghasemi A，Chen G，Leventis N，Gao W. Multi-scale progressive failure mechanism and mechanical properties of nanofibrous polyurea aerogels [J]. Soft Matter，2018，14（38）：7801-7808.

[23] Wang F X，Zhang S H，Wang L J，Zhang Y L，Lin J，Zhang X H，Chen T，Lai Y K，Pan G B，Sun L N. An ultrahighly sensitive and repeatable flexible pressure sensor based on PVDF/PU/MWCNT hierarchical framework-structured aerogels for monitoring human activities [J]. Journal of Materials Chemistry C，2018，6（46）：12575-12583.

[24] Wang Y，Chen L，Cheng H，Wang B，Feng X，Mao Z，Sui X. Mechanically flexible，waterproof，breathable cellulose/polypyrrole/polyurethane composite aerogels as wearable heaters for personal thermal management [J]. Chemical Engineering Journal，2020，402：126222.

[25] Teymouri M，Kokabi M，Alamdarnejad G. Conductive shape-memory polyurethane/multiwall carbon nanotube nanocomposite aerogels [J]. Journal of Applied Polymer Science，2020，137（17）：48602.

[26] Xie H，Yang W，Yuen A C Y，Xie C，Xie J，Lu H，Yeoh G H. Study on flame retarded flexible polyurethane foam/alumina aerogel composites with improved fire safety [J]. Chemical Engineering Journal，2017，311：310-317.

[27] 樊肖雄. 阻燃聚氨酯气凝胶的制备及其性能研究[D]. 石家庄：石家庄铁道大学，2020.

[28] Yim T J，Kim S Y，Yoo K P. Fabrication and thermophysical characterization of nano-porous silica-polyurethane hybrid aerogel by sol-gel processing and supercritical solvent drying technique [J]. Korean Journal of Chemical Engineering，2002，19（1）：159-166.

第 7 章

导电高分子气凝胶

导电高分子气凝胶结合了导电高分子和气凝胶各自的优势，在电子器件、催化、燃料电池及传感器等领域得到广泛应用。近二十年来，以聚苯胺、聚吡咯、聚噻吩为代表的聚合物的研究发展迅速，其独特的电化学和电子性能以及聚合物相对于无机电子材料的加工优势是研究的主要动力。本章主要对导电高分子气凝胶和导电高分子复合气凝胶的制备及结构调控进行详细介绍。

导电高分子是具有共轭 π 键的高分子经"掺杂"由绝缘体转变为导体的一类高分子材料，电导率在 10^{-6} S/m 以上[1]。通常情况下，掺杂态的导电高分子是指高分子主链结构被掺杂离子（一价阴离子或阳离子）通过非共价键掺杂的复合体系，由于共轭 π 电子的流动性而具有导电性[2]。导电高分子不仅具有由于掺杂而带来的金属（高电导率）和半导体（p 型和 n 型）的特性，还具有高分子的结构多样性、可加工和密度小的特点[3]。高分子材料长期以来被作为优良的电绝缘体，直到 20 世纪 70 年代，日本科学家 Hideki Shirakawa 的研究生在一次实验中由于疏忽，多加了一千多倍的催化剂，形成了一个漂亮的银纳米薄膜，后来被证实为纯度很高的具有导电性的顺式聚乙炔，这是第一个导电高分子材料[4]。这一重大发现揭开了导电高分子的发展序幕。随后在各国科学家的不断探索下，相继开发出聚苯胺（PAn）[5]、聚吡咯（PPy）[6]、聚乙炔（PA）[7]、聚噻吩（PTh）[8]、聚对苯撑乙烯（PPV）[9]、聚苯硫醚（PPs）[10]及其衍生物等导电高分子材料[11]。

但是导电高分子缺乏合适的溶胶-凝胶转变，因此导电高分子气凝胶的研究要滞后很多。近几年，逐渐出现了聚乙烯二氧噻吩/聚苯乙烯磺酸钠（PEDOT/PSS）气凝胶[12]、聚乙烯二氧噻吩衍生物/聚乙烯二氧噻吩（PEDOT-S/PEDOT）气凝胶、聚吡咯气凝胶[13]等。

7.1 聚乙烯二氧噻吩/聚苯乙烯磺酸钠气凝胶 ◀◀◀

7.1.1 简介

20 世纪 80 年代，德国 Bayer 公司研究室的科学家们研发出一种新的聚噻吩衍生物聚 3,4-乙撑二氧噻吩，简写为 PEDOT[14]。PEDOT 虽然是不溶于水的聚合物，但却表现出一些很有趣的现象，如高导电性（约 300 S/m），氧化态的薄膜具有高透明性、高稳定性[15]。这种材料有很大的应用价值，如防静电涂料，电容器和二极管的透明电极，生物传感器[16]。PEDOT 不溶于大多数的有机溶剂，所以不易加工和使用[17]。通过在 PEDOT 聚合过程中用聚对苯乙烯磺酸（PSS）进行掺杂，就可以得到能够稳定分散在水中的导电高分子聚合物——聚（3,4-乙烯二氧噻吩）/聚对苯乙烯磺酸（PEDOT/PSS），如图 7.1 所示。PSS 在聚合过程中有两个作用：①由于 PSS 是一种水溶性的聚合物，能够帮助 PEDOT 片段在水中分散和稳定，②PSS 可作为平衡电荷的抗衡离子，带正电荷的 PEDOT 被带负电荷的 PSS 所稳定[18]。

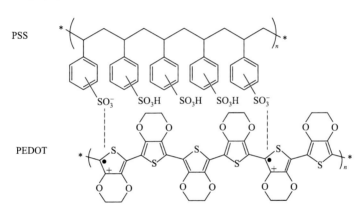

图 7.1　PEDOT/PSS 的化学结构示意图[18]

7.1.2　聚乙烯二氧噻吩/聚苯乙烯磺酸钠气凝胶制备

1. 金属离子交联

将 3,4-乙烯二氧噻吩（EDOT）分散在溶剂中，加入表面活性剂聚苯乙烯磺酸钠（NaPSS）形成均匀的胶体分散液，用氧化剂、交联剂硝酸铁氧化聚合单体得到金属离子交联的 PEDOT/PSS 水凝胶，静置老化[12]。其中硝酸铁中的铁离子可以与附着在 PSS 上的阴离子产生静电相互作用，驱动形成三维网络。在超临界干燥前，需要将得到的 PEDOT/PSS 水凝胶在 0.1 mol/L 的盐酸和蒸馏水中纯化，洗出体系中的低分子量组分，然后利用乙醇置换出水凝胶网络内的水转化成醇凝胶，最后进行超临界干燥。

2. 无金属离子交联

上面所提到的前驱体呈现凝胶状，是因为加入金属离子的交联作用。因此为了形成分散液可以改变氧化剂的种类，选用过硫酸铵交联剂。在氧化剂作用下，PEDOT/PSS 均匀分散在水溶液中，然而其稳定性较差，形成的前驱体溶液倒置后在重力作用下直接下沉至底部。而金属交联能够稳定的停留在上部。但分子之间无交联作用，无法进行溶剂置换，因此所制备的前驱体溶液可以直接进行冷冻干燥得到 PEDOT/PSS 气凝胶[19]。

3. 乳化模板法

以上两种前驱体为了使 PEDOT 能够在溶液中稳定分散加入了不导电的 PSS，造成 PEDOT 电导率的下降，因此有工作者提出乳化模板法制备前驱体，使用水性的 3,4-乙烯二氧噻吩磺酸衍生物（EDOT-S）作为表面活性剂，EDOT 形成稳定的乳液。在氧化剂三氯化铁下进行氧化偶联聚合，静置 48 h 形成 PEDOT-S/PEDOT 水凝胶。同样也需要重复上述纯化步骤去除氧化剂和杂质，然后进行冷冻干燥或者超临界干燥，得到全导电的 PEDOT-S/PEDOT 气凝胶。图 7.2 为制备 PEDOT-S/PEDOT 气凝胶的示意图。EDOT-S/EDOT 形成胶束，由于 EDOT-S 易于在水中分散，因此胶束均匀分散在溶液中，当加入氧化剂以后，胶束交联，形成三维网络，经过干燥以后形成了气凝胶的三维多孔结构[20]。

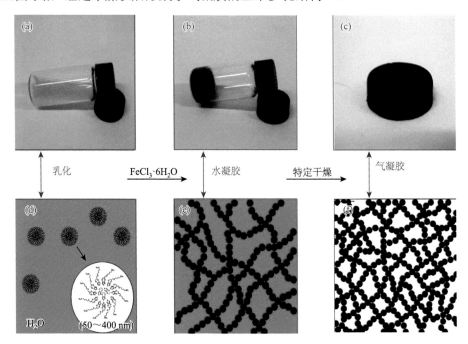

图 7.2　乳化模板法合成全导电聚合物 PEDOT-S/PEDOT 气凝胶

EDOT-S 稳定 EDOT 乳液（a），PEDOT-S/PEDOT 水凝胶（b）和 PEDOT-S/PEDOT 水凝胶（c）的光学照片；（d）～（f）相对应的示意图

7.1.3　聚乙烯二氧噻吩/聚苯乙烯磺酸钠气凝胶结构与性能

1. 化学结构

采用红外光谱和拉曼光谱对所得 PEDOT/PSS 气凝胶的分子结构进行表征。图 7.3 显示了所得 PEDOT/PSS 气凝胶的红外光谱（上曲线）和拉曼光谱（下曲线），其中 PEDOT 和 PSS 摩尔比为 1：1[11]。红外光谱中，在 1326 cm^{-1} 和 1518 cm^{-1} 附近的振动分别是噻吩环醌类结构的 C—C 或 C═C 伸缩和噻吩环的环伸缩造成的。1202 cm^{-1}、1134 cm^{-1} 和 1086 cm^{-1} 处的振动来自乙烯二氧基中 C—O—C 键的拉伸[21]。977 cm^{-1} 和 837 cm^{-1} 为噻吩环上 C—S 键的吸收峰。1600 cm^{-1} 和 1043 cm^{-1} 处的小峰分别归因于苯环和 PSS 大分子中—SO$_3$ 基团的吸收。在 1326 cm^{-1} 处是醌式结构的吸收峰，证明 PEDOT 的良好掺杂。1681 cm^{-1} 附近未出现吸收峰，说明在溶胶-凝胶过程中加入的氧化剂并未产生过度氧化现象，不会使材料的电导率下降。在拉曼光谱中，形成的气凝胶在 1425 cm^{-1} 中心有强振动拉曼谱带，对应于芳香 C═C 谱带的对称拉伸模式，并与气凝胶中的共轭长度有关。在 1530 cm^{-1}、1363 cm^{-1} 和 1256 cm^{-1} 处发现的 3 个重要条带分别与反对称 C$_\alpha$—C$_\alpha$ 和 C$_\beta$—C$_\beta$ 的拉伸变形及 C$_\alpha$—C$_\alpha$ 环间的拉伸振动有关，而在 989 cm^{-1} 和 577 cm^{-1} 处发现的条带则属于氧乙烯环的变形[22]。

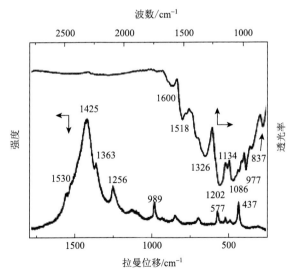

图 7.3　PEDOT/PSS 气凝胶的拉曼光谱（下曲线）和红外光谱（上曲线）[11]

2. 微观形貌

从图 7.4 中可以看出，利用金属离子交联、超临界干燥得到的 PEDOT/PSS 气凝胶在大尺度下形貌较为均匀。从图 7.4（c）和（d）中进一步观察可知，该气凝胶中富含分级孔且分布较宽：大孔（孔隙大于 50 nm）与微米孔紧密堆叠；这些大孔壁的厚度在几百纳米范围内，小于它们的直径，是由相互扭曲的线状 PEDOT/PSS 纳米结构随机自组装而成，从而在这些纳米结构之间产生了大量的介孔（孔径为 2～50 nm）[12]。

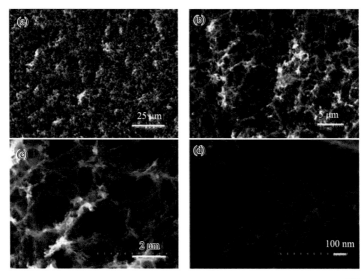

图 7.4   金属离子交联、超临界干燥 PEDOT/PSS 气凝胶的 SEM 图[12]

乳液模板法制备的 PEDOT-S/PEDOT 气凝胶可以用超临界干燥和冷冻干燥的方法去除溶剂。图 7.5 为这两种干燥方法得到的气凝胶的 SEM 图。可以看出乳液模板法制备的气凝胶微观结构是由球形结构组装而成的。超临界干燥得到的球形结构更加完整，而冷冻干燥存在不完整的颗粒包裹着球形颗粒。但是这两种干燥方法得到的气凝胶均呈现多级孔分布[20]。

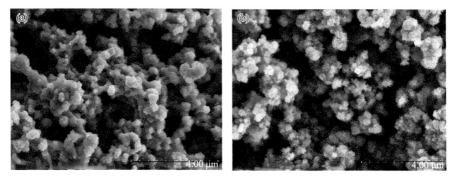

图 7.5   乳液模板法制备的 PEDOT-S/PEDOT 气凝胶的 SEM 图[20]

（a）超临界干燥；（b）冷冻干燥

3. 孔隙特征

利用氮气吸附/解吸实验证实超临界干燥制备的气凝胶呈现多级孔分布。吸附等温线呈现典型的Ⅳ型特性，说明介孔结构的存在。从图 7.6 中可以看出孔尺寸分布存在两个峰，一个集中在 11 nm，另外一个集中在 1.1 nm。超临界干燥制备的气凝胶的比表面积为 178～333 m^2/g。随着 PEDOT 与 PSS 摩尔比的增加，比表面积逐渐增大[20]。

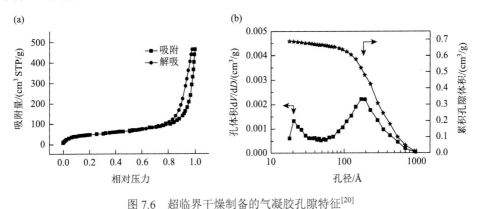

图 7.6　超临界干燥制备的气凝胶孔隙特征[20]

（a）典型的氮气吸附和解吸等温线；（b）PEDOT/PSS 气凝胶的孔径分布

通过在 PEDOT 聚合过程中加入表面活性剂 PSS 或者 EDOT-S 进行掺杂，可以提高 PEDOT 在水中的分散性。加入硝酸铁催化剂，形成离子交联的导电聚合物水凝胶，经超临界干燥得到的气凝胶具有多级孔分布和高的比表面积（178～333 m^2/g）。

7.2　聚吡咯气凝胶　◁◁◁

7.2.1　简介

吡咯在常温下为无色油状液体，是一种由 C、N、H 元素组成的五元杂环分子。聚吡咯是由碳碳单键和碳碳双键交替排列成的共轭结构，双键由 σ 电子和 π 电子构成，σ 电子被固定住无法自由移动，在碳原子间形成共价键。共轭双键中的 2 个 π 电子并没有固定在某个碳原子上，可以从一个碳原子转移到另一个碳原子上，并且可以在整个分子链上运动，类似于金属导体中的自由电子[20,23-26]。因此，聚吡咯可以导电。图 7.7 为经 β-萘磺酸（NSA）掺杂的吡咯聚合反应。聚吡咯在电化学传感、生物、离子检测、防静电及光电化学电池的修饰电极和蓄电池等方面都有广泛应用[27, 28]。此外，聚吡咯还可以作为电磁屏蔽材料、气体分离膜材料、电容材料、电催化材料等[29, 30]。导电聚吡咯材料具有质量轻、易成型、工艺简单、大面积成膜、绿色环保等特点，因而发展前景十分诱人。

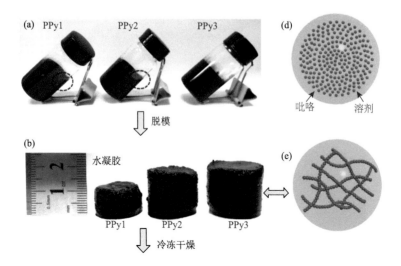

图 7.7   经 NSA 掺杂的吡咯聚合反应[23]

7.2.2   聚吡咯气凝胶的制备

采用化学氧化法形成聚吡咯凝胶，然后经干燥得到聚吡咯（PPy）气凝胶[31]。化学氧化法是在反应体系中加入氧化剂，使吡咯单体直接生成高分子并完成掺杂的过程。常用的氧化剂有氯化铁、过硫酸铵、双氧水等[32, 33]。其反应机理为吡咯单体在氧化剂的作用下失去一个电子成为阳离子自由基，然后两个阳离子自由基结合生成二聚吡咯，二聚吡咯被氧化后又和阳离子自由基结合生成三聚体，再继续反应即可生成聚吡咯。其中离子掺杂是与单体聚合一并完成的。例如，以 $FeCl_3$ 为氧化剂时，$FeCl_3$ 中的 Cl^- 会掺杂到聚吡咯的主链上，使聚吡咯的电导率得到提高[34]（图 7.8）。化学氧化法具有工艺简单、成本低、易于大规模制备等优点。

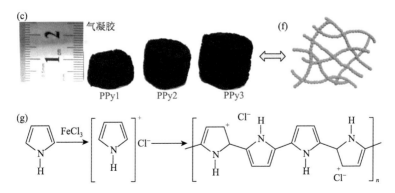

图 7.8　（a～c）PPy 气凝胶合成过程的数码照片[34]；（d～f）PPy 链形成的示意图；（g）吡咯聚合的化学方程式

  Lu 等[34]将吡咯分散于水和乙醇体积比为 1∶1 的混合液体中，加入适量硝酸铁作为氧化剂，快速搅拌后，在常温下静置反应 30 d 后就得到了聚吡咯水凝胶。清洗后用超临界 CO_2 干燥得到了聚吡咯气凝胶。Xie 等[35]将吡咯单体与氧化剂氯化铁加入 1∶1（体积比）的水/乙醇混合液体中，在室温下搅拌 30 s 后，静置反应 24 h，清洗干燥后就得到了 3D 聚吡咯气凝胶。

7.2.3　聚吡咯气凝胶的结构和性能

1. 化学结构

  图 7.9（a）为聚吡咯气凝胶的 XRD 谱图。在 21.76° 处的宽峰为聚吡咯的无定形峰，在 24.15°、33.16°、35.64°、40.87°、49.47°、54.08°、62.45° 和 64.01° 的峰与 Fe_2O_3 的特征峰匹配[36]。Fe_2O_3 可能来源于干燥过程中过量的氧化剂 $FeCl_3$。图 7.9（b）为聚吡咯的红外吸收光谱。在 1518.82 cm^{-1} 处为吡咯环振动的特征峰。1431.47 cm^{-1} 处的波段与吡咯环的 ═CH 面内振动对应，1007.98 cm^{-1} 和 956.94 cm^{-1} 处的峰值是由 ═CH 面外振动引起的。1280.22 cm^{-1} 和 1124.44 cm^{-1} 分

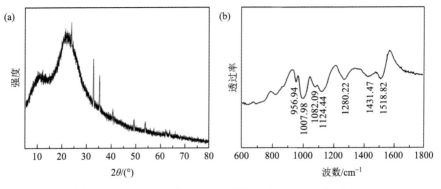

图 7.9　聚吡咯气凝胶的 XRD 谱图（a）和 FTIR 图（b）

别对应 C—N 键和 C—C 键的伸缩振动。1082.09 cm^{-1} 处的能带与吡咯环 C—H 键和 N—H 键的面内变形有关[37]。

2. 微观形貌

在溶胶-凝胶过程中，两种不同的机理可能影响着气凝胶的微观结构：物质向颈部区域的运输和小颗粒溶解为大颗粒。在聚吡咯溶胶-凝胶过程中，一旦加入氧化剂，吡咯单体就会被氧化成聚吡咯，而不溶性聚吡咯从溶液中分离出来形成团簇，成长成颗粒状，通过 π-π 相互作用连接形成三维网络 [图 7.10（a）]。老化一天以后颗粒表面形成不均匀的褶皱 [图 7.10（b）]，这表明未反应的单体转移和氧化耦合到聚吡咯颗粒表面，而不是只在颈部区域生长。随着时间的增长，这些褶皱进一步生长形成树枝 [图 7.10（c）]。最后这些树枝生长成姜状的结构[35] [图 7.10（d）～（f）]。

图 7.10　不同老化时间下聚吡咯气凝胶的 SEM 图[35]

（a）0 d；（b）1 d；（c）2 d；（d）3 d；（e）4 d；（f）5 d

采用化学氧化法加入氧化剂可以在聚吡咯聚合过程中直接完成掺杂制备导电的聚吡咯气凝胶。聚吡咯单体无法溶解于溶剂中，因此聚吡咯气凝胶的微观结构呈现串珠状，颗粒之间依靠 π-π 相互作用连接形成三维网络。水凝胶的老化时间增长，凝胶网络结构也会发生变化。

7.3　聚苯胺气凝胶　◂◂◂

7.3.1　简介

聚苯胺是一种 p 型半导体材料，它的分子链中存在 π 电子共轭结构，可得到 π 成键态和 $π^*$ 反键态，进而分别形成价带和导带[38, 39]。聚苯胺分子在掺杂过程中电子数目不变：掺杂的质子酸在溶液中分解产生 H^+ 和对阴离子（如 Cl^-、SO_4^{2-}、PO_4^{3-} 等）进入主链，与胺或亚胺基团中 N 原子相结合，形成极子或双极子并在整个分子链中离域到 π 键中，因此聚苯胺呈现出较高的导电性。这种掺杂机理比较独特，使得聚苯胺的掺杂和脱掺杂状态完全可逆，且掺杂度受许多因素的影响，如 pH 和电位等，并在宏观上表现出相应的颜色变化。

7.3.2　聚苯胺气凝胶的制备

聚苯胺气凝胶的制备过程主要包括三步，如图 7.11（a）所示：第一步是苯胺盐酸盐和过硫酸铵的混合。该过程中过硫酸铵氧化单体苯胺进行聚合，得到具有一定聚合度的导电高分子聚苯胺[40, 41]。第二步是聚苯胺水凝胶的形成与老化过程。自交联聚苯胺水凝胶的形成可能有以下三个原因[42, 43]：①苯胺在过硫酸铵的氧化作用下逐渐聚合成高分子长链，其中苯环及苯环对位连接的基团为主链，而苯环上氨基的邻位和间位也具有一定的反应活性，在聚合过程中会产生侧链，而这些侧链可能正好是另一条高分子长链的主链，由此就产生了网络结构；②π-π 相互作用会使不同高分子长链上的苯环之间具有一定的堆叠从而形成多孔网络结构；③不同高分子长链之间产生的物理缠结也会促使网络结构的形成。高分子的聚合过程通常比较缓慢，所以需要一个老化过程，随着时间的延长，以上三种自交联作用增强，就会得到强度较大的聚苯胺水凝胶[44]。第三步是聚苯胺水凝胶的干燥。首先用无水乙醇置换聚苯胺水凝胶中的水溶剂，得到聚苯胺醇凝胶，随后利用超临界 CO_2 干燥得到了聚苯胺气凝胶。超临界 CO_2 干燥是用超临界状态的 CO_2 溶解醇凝胶中的乙醇，随后超临界状态的 CO_2 变为气态，与乙醇分离，排出乙醇。溶解与分离过程不断循环进行，可以除去醇凝胶中的乙醇，使其内部充满气体，即得到聚苯胺气凝胶。超临界 CO_2 干燥避免了其他干燥方法对凝胶微观结构的破坏，较好地保持了其固有形貌[45, 46]。

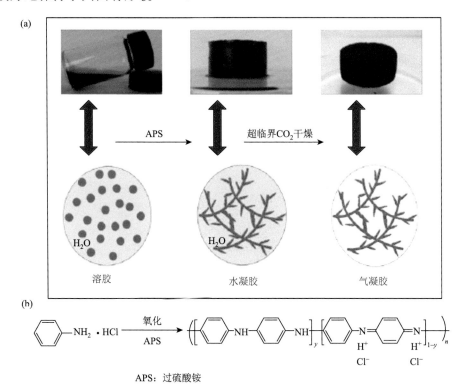

APS：过硫酸铵

图 7.11　聚苯胺气凝胶的合成路线示意图（a）和反应方程式（b）

7.3.3　聚苯胺气凝胶的结构和性能

1. 化学结构

图 7.12 为聚苯胺气凝胶的 FTIR 图，可以看出在 1305 cm^{-1} 和 1143 cm^{-1} 处的吸收峰为二级芳香胺中 C—N 键的伸缩振动，说明聚苯胺结构的存在[43, 47]。而在 1577 cm^{-1} 和 1493 cm^{-1} 处的吸收峰为苯环和醌环中 C ＝ C 键的伸缩振动，说明苯胺处于掺杂态，可以实现电子的传输[48, 49]。

导电聚合物因为可逆的掺杂过程在储能领域得到广泛应用。将掺杂态的聚苯胺气凝胶浸泡在 0.1 mol/L $NH_3 \cdot H_2O$ 中 12 h，可以得到脱掺杂态的聚苯胺气凝胶。在紫外-可见光吸收光谱中根据吸收峰位置的不同可以区分掺杂态。从图 7.13 可以看出，掺杂态的聚苯胺气凝胶（A）在 400 nm 左右会有明显的峰，而在 700 nm 以后呈现平台。脱掺杂态的聚苯胺气凝胶（B）的吸收峰发生偏移。脱掺杂态的聚苯胺气凝胶加入盐酸还可以恢复至掺杂态[50]。

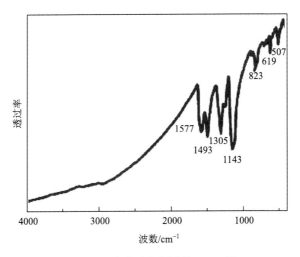

图 7.12　聚苯胺气凝胶的 FTIR 图

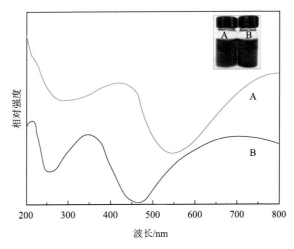

图 7.13　聚苯胺气凝胶的紫外-可见光吸收光谱

A 为掺杂态，B 为脱掺杂态，插图分别为对应聚苯胺水分散液的数码照片

聚苯胺气凝胶的 XRD 谱图如图 7.14 所示，在 $2\theta = 15°$、$20°$ 和 $25°$ 的峰为聚苯胺的特征峰，也可以说明聚苯胺气凝胶存在局部结晶现象。这些有序性可以为聚苯胺气凝胶的高导电性和良好的电化学存储性能提供一定的贡献[51]。

2. 微观形貌

图 7.15 为不同表观密度聚苯胺气凝胶的 SEM 图。从 SEM 图可以看出聚苯胺气凝胶呈现三维多孔结构。但是不同密度呈现的微观结构是有区别的。从图 7.15（e）和（f）中可以看出聚苯胺气凝胶是由直径为 50～150 nm 的柱体组成，类似

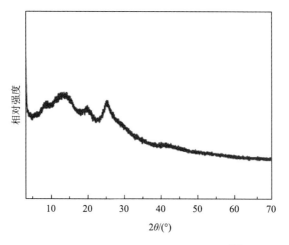

图 7.14 聚苯胺气凝胶的 XRD 谱图[51]

于珊瑚的形貌。这种三维的结构有利于电化学反应中电子、离子和电荷的快速转移，从结构上为聚苯胺优异的电化学性能提供支持。随着密度的增加，聚苯胺气凝胶的三维结构逐渐趋于密实，三维多孔结构逐渐减小，在密度增加至 140 mg/mL 时，微观结构变得不均匀[52]。

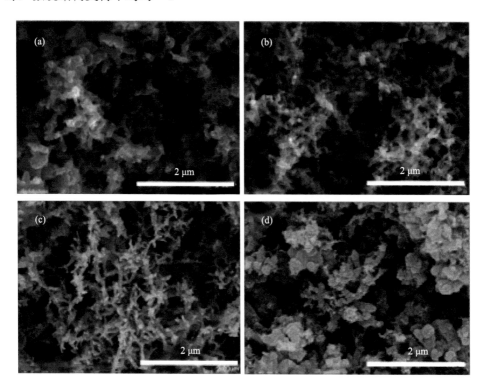

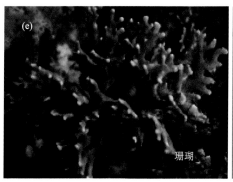
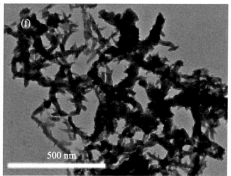

图 7.15 表观密度为 50 mg/mL（a）、80 mg/mL（b）、110 mg/mL（c）、140 mg/mL（d）的聚苯胺气凝胶的 SEM 图；（e）珊瑚的数码照片；（f）表观密度为 110 mg/mL 的聚苯胺气凝胶的 TEM 图[52]

3. 孔隙特征

表观密度为 110 mg/mL 的聚苯胺气凝胶的氮气吸附-脱附曲线和孔径分布曲线如图 7.16 所示。从图 7.16 可以看出，根据 IUPAC 的分类标准，聚苯胺气凝胶的氮气吸附-脱附曲线是典型的 IV 型曲线，具有明显的 H_3 滞后环，这与介孔的毛细凝聚机理一致，说明聚苯胺气凝胶是一类介孔材料；从孔径分布曲线可以看出孔径约为 28 nm，是典型的介孔[52]。另外，氮气吸附-脱附曲线中小的滞后环说明氮气的吸附和脱附几乎没有延迟，表明聚苯胺气凝胶为开孔结构[51]。聚苯胺气凝胶开孔的介孔结构为电化学测试时电解液的渗透以及电荷、电子和离子的快速移动提供了有利的通道，可以预测聚苯胺气凝胶较好的电化学能源储存性能。经计算，聚苯胺气凝胶的比表面积为 39.54 m^2/g。

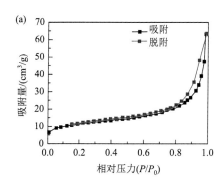
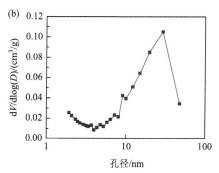

图 7.16 聚苯胺气凝胶的氮气吸附-脱附曲线（a）和孔径分布曲线（b）

4. 力学性能

不同表观密度的聚苯胺气凝胶的应力-应变曲线如图 7.17 所示。聚苯胺气凝胶的压缩强度是较低的。较高密度的聚苯胺气凝胶由于具有更多的交联点及较为密实的结构，因此力学强度也会增加[51]。

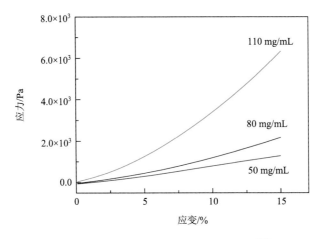

图 7.17   聚苯胺气凝胶的应力-应变曲线[51]

聚苯胺气凝胶的溶胶-凝胶过程类似于聚吡咯，凝胶过程主要依靠于分子链的缠结及 π-π 相互作用。此外，聚苯胺聚合过程产生的侧链结构也可以成为高分子的主链继续增长，形成网络结构。聚苯胺气凝胶的交联属于自交联的网络也是因为这种凝胶机理，微观结构呈现珊瑚状的结构。聚苯胺的掺杂也是可逆的过程，以及存在的介孔结构扩大了气凝胶在电化学领域的应用。

7.4   导电高分子气凝胶复合材料   ◀◀◀

7.4.1   简介

导电高分子的缺点之一是水溶性差，在水中几乎无法溶解，大大限制了导电高分子气凝胶的合成及应用。通过原位生长、共混聚合的方法将导电高分子引入到另一组分中制备出复合气凝胶，不仅可以获得更多的导电高分子气凝胶的制备方法，而且复合气凝胶结合了两组分的优异性能，具有更广阔的应用范围。常见的导电高分子复合气凝胶有石墨烯/导电高分子复合气凝胶、碳纳米管/导电高分子复合气凝胶、金属及金属氧化物/导电高分子复合气凝胶、聚合物/导电高分子复合气凝胶等，在电化学催化、电化学传感、智能材料、仿生材料等领域有广泛的应用。

7.4.2　导电高分子气凝胶复合材料的制备

1. 原位生长制备导电高分子气凝胶复合材料

导电高分子水溶性差，在溶剂中聚合以后无法均匀分散，并且高分子之间交联度低，强度低，导致导电高分子气凝胶的应用受限。因此选用具有利于分散或成型的基体材料，制备的导电高分子复合气凝胶得到广泛应用。原位生长法制备导电高分子复合气凝胶可以分为以下两类。

（1）一步法，即原位分散聚合法，是一类最简单、最具代表性的复合材料制备方法。一般是将无机材料和有机分子制成混合液，加入氧化剂引发原位聚合，经过干燥处理以后得到导电高分子气凝胶。目前主要选用利于在水中分散的氧化石墨烯、碳纳米管作为基体材料，与吡咯单体混合，然后经氧化剂氧化聚合，老化、冷冻干燥得到导电高分子复合气凝胶[53, 54]。如图 7.18 所示，将氧化石墨烯和吡咯复合，加入氧化剂聚合制备了聚吡咯/氧化石墨烯复合气凝胶。在溶胶-凝胶过程中，氧化石墨烯与聚吡咯的比例影响交联，过量的聚吡咯则无法形成稳定的凝胶网络。

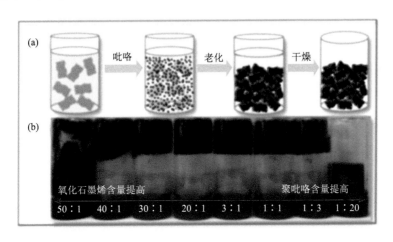

图 7.18　一步法制备聚吡咯/氧化石墨烯气凝胶[54]

（a）复合气凝胶的制备流程；（b）不同比例的聚吡咯/氧化石墨烯水凝胶

（2）两步法则是分两步进行。首先是制备气凝胶材料，然后在原有气凝胶材料上自组装导电聚合物[54-56]。如图 7.19 所示，Wu 等[57]采用定向冷冻的方法制备了取向的石墨烯气凝胶，然后将气凝胶放入苯胺溶液中引发聚合，再冷冻干燥得到聚苯胺/石墨烯复合气凝胶。这种方法可以通过在气凝胶基体上自组装一层导电聚合物层制备导电聚合物复合材料。

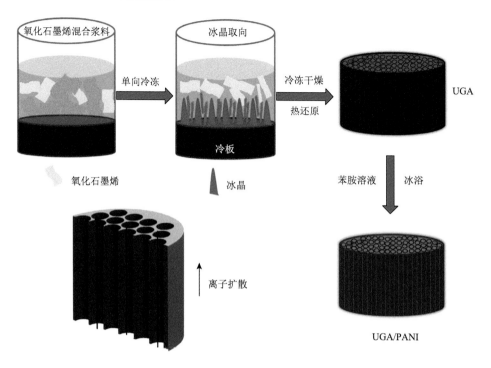

图 7.19   以氧化石墨烯气凝胶为模板原位聚合聚苯胺制备 UGA/PANI 复合气凝胶[57]

UGA：单向石墨烯气凝胶；PANI：聚苯胺

2. 共混聚合法制备导电高分子气凝胶复合材料

共混聚合是依靠另一个物质与导电高分子之间的物理相互作用，来形成完整的凝胶网络结构。所选用的共混物可以构建强健的三维网络结构。目前选用较多的有纤维素、聚乙烯醇、果胶等高分子材料，可以制备纯高分子导电复合材料，并且高分子之间相容性较高、分子结构的可设计性可以满足不同领域的需求[57, 58]。如图 7.20 所示，Zhao 等[58]以可再生果胶（PC）和苯胺为原料，通过聚合-混凝和超临界干燥工艺制备生物质基保温阻燃聚合物气凝胶。聚苯胺（PA）与 PC 之间存在一种特殊的物理交联作用。合成的气凝胶显示出具有分级孔隙和高比表面积（103～205 m^2/g）的三维网状结构。由于交联结构的优点，果胶基气凝胶具有良好的抗压强度（4.7～9.2 MPa）和耐水性能。

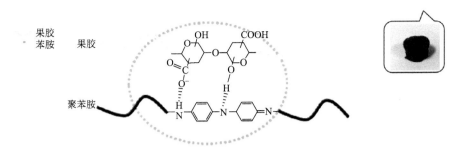

图 7.20　聚苯胺/果胶复合气凝胶制备过程[58]

PC：果胶；PA：苯胺；APS：过硫酸铵

7.4.3　导电高分子气凝胶复合材料的结构和性能

1. 微观结构

由于导电高分子复合气凝胶在制备过程中所选用的基体材料或者模板不同，因此呈现多样的结构。图 7.21（a）为采用一步法在氧化石墨烯上原位生长聚吡咯气凝胶的 SEM 图，可以看出气凝胶微观结构呈现与石墨烯气凝胶类似的三维多孔结构，并且孔壁较薄，聚苯胺起到抑制纳米片堆积的作用[54]。图 7.21（b）为以银纳米为模板制备的复合气凝胶，聚吡咯在银纳米纤维上均匀生长，形成了开放的、均匀的、多孔的三维纤维状网络[60]。图 7.21（c）是以石墨烯气凝胶为模板制备的聚苯胺/石墨烯复合气凝胶，由于石墨烯提供了良好的均匀的生长位点，聚苯胺并未呈现颗粒状的结构，而是均匀地组装在石墨烯片层上[57]。

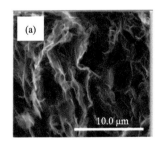 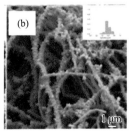 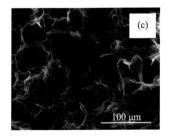

图 7.21　导电高分子复合气凝胶的 SEM 图[54, 57, 60]

（a）采用一步法制备的聚吡咯/氧化石墨烯复合气凝胶；（b）聚吡咯/银复合气凝胶；（c）采用两步法制备的聚苯胺/还原氧化石墨烯复合气凝胶

2. 力学性能

纯导电高分子缺乏高度交联的结构，因此无法承受高强度的压缩。但导电高分子复合气凝胶的抗压强度得到大幅度的提升。图 7.22 为聚苯胺/果胶（PA/PC）

气凝胶的应力-应变曲线。在较小的压应力下 PA/PC 气凝胶表现出线性弹性变形，这决定了材料的压缩模量。PA/PC 气凝胶不像无机气凝胶那样脆弱，而是表现出实质性的韧性。PA/PC 气凝胶的模量达到 4.7～9.2 MPa[57]。

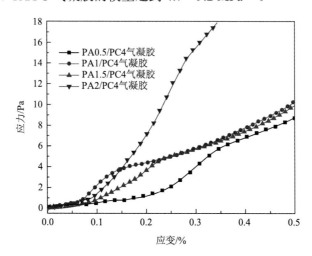

图 7.22　聚苯胺/果胶气凝胶的应力-应变曲线[57]

PA0.5/PC4 指聚苯胺和果胶的比例为 0.5∶4，其余类推

　　通过原位生长或者模板法制备出了导电高分子复合气凝胶，解决了导电高分子因无法形成稳定凝胶成型差的问题。导电高分子复合气凝胶的结构呈现多样性，可以满足不同的应用领域。当与其他高分子共混聚合以后，制备的高分子复合气凝胶由于其他高分子的结构支撑具有较高的强度。

参 考 文 献

[1]　Heeger A J. Semiconducting and metallic polymers：the fourth generation of polymeric materials（Nobel Lecture）[J]. Angewandte Chemie International Edition，2001，40（14）：2591-2611.

[2]　Chiang C K，Gau S C，Fincher C R，Jr，Fincher C R，Park Y W，Macdiarmid A G，Heeger A J. Polyacetylene，(CH)ₓ: n-type and p-type doping and compensation[J]. Applied Physics Letters，1978，33（1）：18-20.

[3]　Pei Q，Yu G，Zhang C，Yang Y，Heeger A J. Polymer light-emitting electrochemical cells[J]. Science，1995，269（5227）：1086.

[4]　Shirakawa H，Louis E J，Macdiarmid A G，Chiang C K，Heeger A J. Synthesis of electrically conducting organic polymers：halogen derivatives of polyacetylene，(CH)ₓ[J]. Journal of the Chemical Society，Chemical Communications，1977（16）：578-580.

[5]　Salaneck W R，Lundström I，Hjertberg T，Duke C B，Conwell E，Paton A，Macdiarmid A G，Somasiri N L D，Huang W S，Ricther A F. Electronic structure of some polyanilines[J]. Synthetic Metals，1987，18（1）：291-296.

[6]　Niwa O，Hikita M，Tamamura T. Anisotropic conductivity of polypyrrole-polyvinylchloride conducting polymer alloy film prepared on patterned electrode[J]. Synthetic Metals，1987，18（1）：677-682.

[7]　Kiess H，Meyer W，Baeriswyl D，Harbeke G. Investigation on the doping of polyacetylene films[J]. Journal of Electronic Materials，1980，9（4）：763-781.

[8]　Seo K I，Chung I J. Reaction analysis of 3, 4-ethylenedioxythiophene with potassium persulfate in aqueous solution by using a calorimeter[J]. Polymer，2000，41（12）：4491-4499.

[9]　Brazovskii S，Kirova N，Bishop A R. Theory of electronic states and excitations in PPV[J]. Optical Materials，1998，9（1）：465-471.

[10]　Snook G A，Kao P，Best A S. Conducting-polymer-based supercapacitor devices and electrodes[J]. Journal of Power Sources，2011，196（1）：1-12.

[11]　Zhang X，Chang D，Liu J，Luo Y. Conducting polymer aerogels from supercritical CO_2 drying PEDOT-PSS hydrogels[J]. Journal of Materials Chemistry，2010，20（24）：5080-5085.

[12]　Cheng L，Du X，Jiang Y，Vlad A. Mechanochemical assembly of 3D mesoporous conducting-polymer aerogels for high performance hybrid electrochemical energy storage[J]. Nano Energy，2017，41：193-200.

[13]　Groenendaal L，Jonas F，Freitag D，Pielartzik H，Reynolds J R. Poly（3, 4-ethylenedioxythiophene）and its derivatives：past，present，and future[J]. Advanced Materials，2000，12（7）：481-494.

[14]　Dietrich M，Heinze J，Heywang G，Jonas F. Electrochemical and spectroscopic characterization of polyalkylenedioxythiophenes[J]. Journal of Electroanalytical Chemistry，1994，369（1）：87-92.

[15]　Winter I，Reese C，Hormes J，Heywang G，Jonas F. The thermal ageing of poly（3, 4-ethylenedioxythiophene）. An investigation by X-ray absorption and X-ray photoelectron spectroscopy[J]. Chemical Physics，1995，194（1）：207-213.

[16]　Koch N. Organic electronic devices and their functional interfaces[J]. ChemPhysChem，2007，8（10）：1438-1455.

[17]　Shi H，Liu C，Jiang Q，Xu J. Effective approaches to improve the electrical conductivity of PEDOT：PSS：a review[J]. Advanced Electronic Materials，2015，1（4）：1500017.

[18]　Zhang X，Li C，Luo Y. Aligned/unaligned conducting polymer cryogels with three-dimensional macroporous architectures from ice-segregation-induced self-assembly of PEDOT-PSS[J]. Langmuir，2011，27（5）：1915-1923.

[19]　Xu Y，Sui Z，Xu B，Duan H，Zhang X. Emulsion template synthesis of all conducting polymer aerogels with superb adsorption capacity and enhanced electrochemical capacitance[J]. Journal of Materials Chemistry，2012，22（17）：8579-8584.

[20]　Lee J H，Jung J P，Jang E，Lee K B，Hwang Y J，Min B K，Kim J H. PEDOT-PSS embedded comb copolymer membranes with improved CO_2 capture[J]. Journal of Membrane Science，2016，518：21-30.

[21]　Yoon H，Hong J Y，Jang J. Charge-transport behavior in shape-controlled poly（3, 4-ethylenedioxythiophene）nanomaterials：intrinsic and extrinsic factors[J]. Small（Weinheim an der Bergstrasse，Germany），2007，3（10）：1774-1783.

[22]　Justin G，Guiseppi-Elie A. Characterization of electroconductive blends of poly（HEMA-*co*-PEGMA-*co*-HMMA-*co*-SPMA）and poly（Py-*co*-PyBA）[J]. Biomacromolecules，2009，10（9）：2539-2549.

[23]　Molina M A，Rivarola C R，Miras M C，Lescano D，Barbero C A. Nanocomposite synthesis by absorption of nanoparticles into macroporous hydrogels. Building a chemomechanical actuator driven by electromagnetic radiation[J]. Nanotechnology，2011，22（24）：245504.

[24]　Xia Y，Zhu H. Polyaniline nanofiber-reinforced conducting hydrogel with unique pH-sensitivity[J]. Soft Matter，2011，7（19）：9388-9393.

[25]　Annabi N，Tamayol A，Uquillas J A，Akbari M，Bertassoni L E，Cha C，Camic-Unal G，Dokmeci M R，Peppas N A，Khademhosseini A. 25th anniversary article：rational design and applications of hydrogels in regenerative

medicine[J]. Advanced Materials，2014，26（1）：85-124.

[26] Li H，Gui X，Zhang L，Ji C，Zhang Y，Sun P，Wei J，Wang K，Zhu H，Wu D，Cao A. Enhanced transport of nanoparticles across a porous nanotube sponge[J]. Advanced Functional Materials，2011，21（18）：3439-3445.

[27] Kim K H，Oh Y，Islam M F. Graphene coating makes carbon nanotube aerogels superelastic and resistant to fatigue[J]. Nature Nanotechnology，2012，7（9）：562-566.

[28] Choi B G，Yang M，Hong W H，Choi J W，Huh S Y. 3D macroporous graphene frameworks for supercapacitors with high energy and power densities[J]. ACS Nano，2012，6（5）：4020-4028.

[29] He Y，Chen W，Li X，Zhang Z，Fu J，Zhao C，Xie E. Freestanding three-dimensional graphene/MnO_2 composite networks as ultralight and flexible supercapacitor electrodes[J]. ACS Nano，2013，7（1）：174-182.

[30] Huang Y，Li H，Wang Z，Zhu M，Pei Z，Xue Q，Huang Y，Zhi C. Nanostructured polypyrrole as a flexible electrode material of supercapacitor[J]. Nano Energy，2016，22：422-438.

[31] Rabek J F，Lucki J，Kereszti H，Krische B，Qu B J，Shi W F. Polymerization of pyrrole on polyether，polyester and polyetherester-iron(III) chloride coordination complexes[J]. Synthetic Metals，1991，45（3）：335-351.

[32] Arribas C，Rueda D. Preparation of conductive polypyrrole-polystyrene sulfonate by chemical polymerization[J]. Synthetic Metals，1996，79（1）：23-26.

[33] Yu L，Yu L，Dong Y，Zhu Y，Fu Y，Ni Q. Compressible polypyrrole aerogel as a lightweight and wideband electromagnetic microwave absorber[J]. Journal of Materials Science：Materials in Electronics，2019，30（6）：5598-5608.

[34] Lu Y，He W，Cao T，Guo H，Zhang Y，Li Q，Shao Z，Cui Y，Zhang X. Elastic，conductive，polymeric hydrogels and sponges[J]. Scientific Reports，2014，4（1）：5792.

[35] Xie A，Wu F，Sun M，Dai X，Xu Z，Qiu Y，Wang Y，Wang M. Self-assembled ultralight three-dimensional polypyrrole aerogel for effective electromagnetic absorption[J]. Applied Physics Letters，2015，106（22）：222902.

[36] Zhang D，Zhang X，Chen Y，Yu P，Wang C，Ma Y. Enhanced capacitance and rate capability of graphene/polypyrrole composite as electrode material for supercapacitors[J]. Journal of Power Sources，2011，196（14）：5990-5996.

[37] Omastová M，Trchová M，Kovářová J，Stejskal J. Synthesis and structural study of polypyrroles prepared in the presence of surfactants[J]. Synthetic Metals，2003，138（3）：447-455.

[38] Aricò A S，Bruce P，Scrosati B，Tarascon J M，Schalkwijk W V. Nanostructured materials for advanced energy conversion and storage devices[J]. Nature Materials，2005，4（5）：366-377.

[39] Wei L，Chen Q，Gu Y. Effects of content of polyaniline doped with dodecylbenzene sulfonic acid on transparent PANI-SiO_2 hybrid conducting films[J]. Synthetic Metals，2010，160（5）：405-408.

[40] Rahy A，Yang D J. Synthesis of highly conductive polyaniline nanofibers[J]. Materials Letters，2008，62（28）：4311-4314.

[41] Surwade S P，Agnihotra S R，Dua V，Manohar N，Jain S，Ammu S，Manhosr S K. Catalyst-free synthesis of oligoanilines and polyaniline nanofibers using H_2O_2[J]. Journal of the American Chemical Society，2009，131（35）：12528-12529.

[42] Tian Y，Cong S，Su W，Chen H，Li Q，Geng F，Zhao Z. Synergy of $W_{18}O_{49}$ and polyaniline for smart supercapacitor electrode integrated with energy level indicating functionality[J]. Nano Letters，2014，14（4）：2150-2156.

[43] Chen J H，Chang C S，Chang Y X，Chen C Y，Chen H L，Chen S A. Gelation and its effect on the photophysical behavior of poly（9, 9-dioctylfluorene-2, 7-diyl）in toluene[J]. Macromolecules，2009，42（4）：1306-1314.

[44]　Tewari P H，Hunt A J，Lofftus K D. Ambient-temperature supercritical drying of transparent silica aerogels[J]. Materials Letters，1985，3（9）：363-367.

[45]　Smith D M，Deshpande R，Jeffrey Brinke C. Preparation of low-density aerogels at ambient pressure[J]. MRS Proceedings，1992，271：567.

[46]　Li L，Qin Z Y，Liang X，Fan Q Q. Facile fabrication of uniform core-shell structured carbon nanotube-polyaniline nanocomposites[J]. The Journal of Physical Chemistry C，2009，113（14）：5502-5507.

[47]　Jin H，Zhou L，Mak C L，Huang H，Tang WM，Chan H L W. High-performance fiber-shaped supercapacitors using carbon fiber thread（CFT）@polyanilne and functionalized CFT electrodes for wearable/stretchable electronics[J]. Nano Energy，2015，11：662-670.

[48]　Wang D W，Li F，Zhao J，Ren W，Chen Z G，Tan J，Wu Z S，Gentle I，Lu G Q，Cheng H M. Fabrication of graphene/polyaniline composite paper via *in situ* anodic electropolymerization for high-performance flexible electrode[J]. ACS Nano，2009，3（7）：1745-1752.

[49]　Xu J，Wang K，Zu S Z，Han B M，Wei Z. Hierarchical nanocomposites of polyaniline nanowire arrays on graphene oxide sheets with synergistic effect for energy storage[J]. ACS Nano，2010，4（9）：5019-5026.

[50]　Huang Z，Liu E，Shen H，Xiang X，Tian Y，Mao Z. Preparation of polyaniline nanotubes by a template-free self-assembly method[J]. Materials Letters，2011，65（13）：2015-2018.

[51]　Guo H，He W，Lu Y，Zhang X. Self-crosslinked polyaniline hydrogel electrodes for electrochemical energy storage[J]. Carbon，2015，92：133-141.

[52]　Pan L，Yu G，Zhai D，Lee H R，Zhao W，Liu N，Wang H，Tee B C K，Shi Y，Cui Y，Bao Z. Hierarchical nanostructured conducting polymer hydrogel with high electrochemical activity[J]. Proceedings of the National Academy of Sciences，2012，109（24）：9287-9292.

[53]　Zhang K，Zhao X S，Wu J. Graphene/polyaniline nanofiber composites as supercapacitor electrodes[J]. American Chemical Society，2010，22（4）：1392-1401.

[54]　Sun R，Chen H，Li Q，Song Q. Spontaneous assembly of strong and conductive graphene/polypyrrole hybrid aerogels for energy storage[J]. Nanoscale，2014，6（21）：12912-12920.

[55]　Liang W，Rhodes S，Zheng J，Wang X，Fang J. Soft-templated synthesis of lightweight，elastic，and conductive nanotube aerogels[J]. ACS Applied Materials & Interfaces，2018，10（43）：37426-37433.

[56]　Wu X，Tang L，Zheng S，Huang Y，Yang J，Liu Z，Yang W，Yang M. Hierarchical unidirectional graphene aerogel/polyaniline composite for high performance supercapacitors[J]. Journal of Power Sources，2018，397：189-195.

[57]　Zhao H B，Yuan L，Fu Z B，Wang C Y，Yang X，Zhu J Y，Qu J，Chen H B，Schiraldi D A. Biomass-based mechanically strong and electrically conductive polymer aerogels and their application for supercapacitors[J]. ACS Applied Materials & Interfaces，2016，8（15）：9917-9924.

[58]　Zhao H B，Chen M，Chen H B. Thermally insulating and flame-retardant polyaniline/pectin aerogels[J]. ACS Sustainable Chemistry & Engineering，2017，5（8）：7012-7019.

[59]　Xu C，Wu F，Xie A，Yang Z，Xia Y，Sun M，Xiong Z. Hollow polypyrrole nanofiber-based self-assembled aerogel：large-scale fabrication and outstanding performance in electromagnetic pollution management[J]. Industrial & Engineering Chemistry Process Design and Development，2020，59（16）：7604-7610.

[60]　Xu C，Wu F，Xie A，Duan L，Yang Z，Xia Y，Sun M，Xiong Z. Hollow polypyrrole nanofiber-based self-assembled aerogel：large-scale fabrication and outstanding performance in electromagnetic pollution management[J]. Industrial & Engineering Chemistry Research，2020，59（16）：7604-7610.

8.1 芳纶纳米纤维气凝胶 **<<<**

8.1.1 简介

　　"芳香族聚酰胺纤维"是一种重要的合成纤维，即人们所说的芳纶纳米纤维（ANF），由于一维纳米尺度，高长径比，高比表面积，优异的强度、模量、化学稳定性和热稳定性等优势而通常被用作耐高温防护服、芳纶纸、蜂窝材料及各种功能性复合材料。其中，在 ANF 中，研究最多的主要为对位芳纶（PPTA）和间位芳纶（PMIA），其分子结构式如图 8.1 所示。ANF 气凝胶是将芳纶纤维经过溶胀、超声后形成的纳米纤维来制备的一种纳米纤维气凝胶，不仅克服了无机气凝胶韧性差的问题，同时还具有超低密度、超高孔隙率和卓越的隔热性，在高分子气凝胶领域受到一定关注。

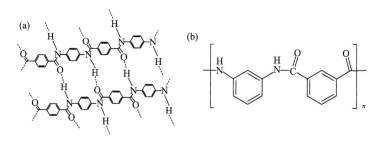

图 8.1　PPTA（a）和 PMIA（b）的分子结构式

8.1.2 芳纶纳米纤维气凝胶的制备

　　ANF 气凝胶的制备主要包括 ANF 稳定分散液的获取、ANF 湿凝胶的制备和 ANF 气凝胶的制备等几个步骤。

　　脱质子化是目前制备 ANF 分散液较为常见的方法，即采用极性溶剂如二甲基亚砜（DMSO）、N, N-二甲基乙酰胺（DMAc）等与碱混合溶液作为芳纶聚合物纤维的溶解体系，制备芳纶纳米纤维的稳定分散液。其主要的作用机理为脱质子化合成[1]。例如，将一定量的 Kevlar 69 和氢氧化钾（KOH）加入到 500 mL 二甲基亚砜中，羧基上的质子会被 KOH 拔出，芳纶纤维层层剥离形成纳米纤维，在室温下磁力搅拌 1 周，形成深红色的 ANF 分散液。在原子力显微镜（AFM）下观察可知，芳纶纳米纤维的直径为 5~10 nm，长度为 5~10 μm。

通常，由上述获得的 ANF 分散液来制备 ANF 气凝胶（主要包括 ANF 湿凝胶的制备和 ANF 气凝胶的制备）的主要过程。ANF 湿凝胶的制备过程主要包括：取一定质量分数的 ANF 分散液于反应容器中，室温搅拌均匀后，逐滴加入适量的凝胶化试剂（如乙腈、乙醇、乙二醇、丙三醇、去离子水、丙酮、N,N-二甲基甲酰胺、四氢呋喃和冰醋酸等），边滴加边搅拌，待其形成凝胶为止。并且，将湿凝胶在一定条件下老化，得到机械强度大幅提升的 ANF 湿凝胶。

将 ANF 湿凝胶转变为气凝胶主要通过超临界二氧化碳干燥法和冷冻干燥法。其中，冷冻干燥法的主要步骤为：将 ANF 湿凝胶在去离子水中充分置换，预冻一夜，使里面的水冻结成凝固的冰。然后将预冻彻底的湿凝胶转移到冷冻干燥机里，在真空条件下使冰升华，从而达到干燥的目的，最终形成 ANF 气凝胶。而超临界二氧化碳干燥的主要过程为：二氧化碳气体以一定的流量进入釜内，逐渐达到气液平衡态。随着置换时间的增加，样品中的溶剂逐渐被液态二氧化碳取代，然后逐渐升温，使得容器内部的压力渐渐升高。二氧化碳的临界温度是 31.1℃，临界压力为 7.4 MPa，当二氧化碳的实际温度和压力分别高于二氧化碳的临界温度和临界压力时，就达到了超临界态。当在超临界态下保持一定时间后，样品的孔隙中已经基本是超临界二氧化碳流体，这时打开放气阀恒温缓慢放气，当压力降为与外界大气压相同时，将反应釜自然冷却，取出样品，得到的即是 ANF 气凝胶[2]。例如，朱芬[3]提出了一种通过溶剂交换制备 ANF 气凝胶的简便方法。将去离子水缓慢地滴到 1 wt% ANF/DMSO 分散液的顶部，ANF 发生质子化，且逐渐发生溶胶-凝胶过程形成 ANF 水凝胶。所得到的 ANF 水凝胶坚固耐用，可切成小块，并且可长期保存于水中。利用超临界二氧化碳干燥法制得了超低密度（11 mg/cm³）的 ANF 气凝胶，并且其比表面积可达 275 m²/g。另外，与上述通过溶胶-凝胶相分离法获得的 ANF 气凝胶不同，Xie 等[4]使用真空辅助自组装结合冰模板法成功实现自下而上聚合的自组装 ANF 气凝胶，成功将一维纳米纤维塑造成具有排列层次结构的 ANF 气凝胶。

8.1.3　芳纶纳米纤维气凝胶的结构和影响因素

三维 ANF 凝胶具有密度低、孔隙率高、比表面积大和三维多孔结构可控等优点。Hu 等[5]提出一种质子供体调节策略，构建了具有致密皮肤层和高孔纳米纤维体的不对称芳纶纳米纤维气凝胶膜（ASAMMS），比表面积高达 344m²/g。另外，Lyu 等[6]以 Kevlar 纤维为原料，通过 DMSO 溶解、溶胶-凝胶过程和冷冻干燥法制备了具有高度柔性和可折叠性的 Kevlar 纳米纤维气凝胶（KNA）薄膜。通过 SEM 对 KNA（$\rho = 29.35\ m^2/g$）的结构和形貌进行表征，如图 8.2 所示，Kevlar 纳米纤维相互连接形成三维（3D）多孔网络。这些连接的形成可能是由于纳米纤维在溶胶-凝胶过程中通过纳米纤维内部的氢键缠结进而形成一个相互连接良好的 3D 多孔结构，而不是简单的纳米纤维堆砌。BET 比表面积测试结果表明，KNA 薄膜的比表面积为 272.5 m^2/g，孔容积为 0.83 cm^3/g。并且相比较而言，KNA 薄膜的比表面积要高于报道的纤维素气凝胶（100～300 m^2/g），SiC 纳米线气凝胶（78 m^2/g），碳纳米管气凝胶（184 m^2/g）。

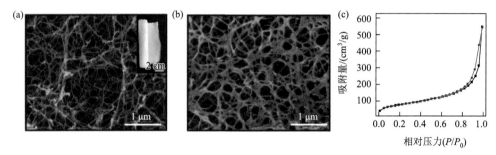

图 8.2　（a，b）Kevlar 纳米纤维气凝胶的微观结构；（c）气凝胶的氮气吸附-脱附曲线[6]

8.1.4　芳纶纳米纤维气凝胶的性能

1. 力学性能

芳纶是一种高度取向的液晶态高分子聚合物，分子链之间有着很强的氢键，导致芳纶纤维拥有高强度、高模量和高耐热性等优点。再加上芳纶纤维自身的柔韧性较好，使得 ANF 气凝胶有着良好的韧性，克服了无机气凝胶韧性较差的缺点。Xie 等[4]采用真空辅助自组装与冰模板定向固化技术结合，成功地制备了 ANF 气凝胶。如图 8.3 所示，ANF 气凝胶具有优异的径向压缩应力（$\sigma = 0.165\ MPa \pm 0.005\ MPa$，$\varepsilon = 70\%$），并且在轴向方向上具有良好的回弹力（1000 次压缩循环后仍保留 95% 的初始压应力，$\varepsilon = 30\%$）。

Williams 等[7]报道了一种聚对亚苯基对苯二甲酰胺组成的 ANF 气凝胶制备方法。其主要通过将含氯化钙（$CaCl_2$）和对苯二胺（pPDA）的 N-甲基吡咯烷酮（NMP）溶液在低温下与对苯二甲酰氯（TPC）反应聚合。并且，此方法在制备加工过程中不使用任何交联剂的情况下，仍然能够保持气凝胶的原始形状。从图 8.4 中可以看出，$CaCl_2$ 的浓度由 20 wt%增加到 40 wt%时，导致聚合物趋向于更高的聚合度，进而有利于高模量气凝胶的形成。此外，气凝胶的模量及在应变为 10% 时的应力与其密度呈现正相关。

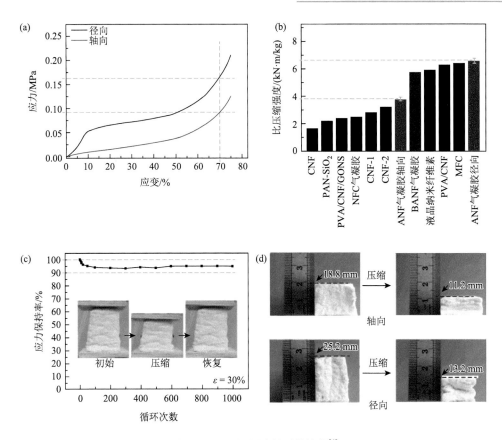

图 8.3　ANF 气凝胶的压缩性能[4]

（a）ANF 气凝胶在不同方向的应力-应变曲线；（b）ANF 气凝胶与其他气凝胶的比压缩强度，GONS：氧化石墨烯，NFC：非纤维碳水化合物，BANF：支链芳纶纳米纤维，CNF：纤维素纳米纤维，PAN：聚丙烯腈，PVA：聚乙烯醇，MFC：微纤化纤维素；（c）ANF 气凝胶在 1000 次压缩循环中的应力保留（ε=30%）；（d）ANF 气凝胶分别在轴向和径向压缩前后的宏观状态（ε = 75%）

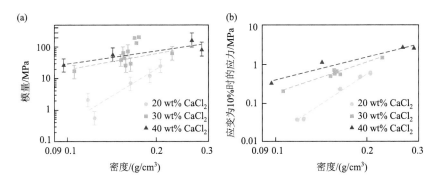

图 8.4　不同 $CaCl_2$ 浓度下气凝胶模量-密度的关系（a），以及应变为 10%时的应力与密度的关系（b）[7]

2. 隔热性能

与传统的有机气凝胶类似，ANF 气凝胶由于高孔隙率、大比表面积等优势赋予其优异的隔热性能。并且，相较于其他气凝胶，PPTA 型气凝胶可耐高达 500℃的高温，有利于其在极端环境下的使用。例如，Zhang 等[8]采用湿法-冷冻纺丝技术成功制备了可穿戴的 ANF 气凝胶纤维/织物。该由 Kevlar 纳米纤维制成的气凝胶纤维具有高比表面积（240 m^2/g）和较强的温度稳定性。将柔韧性强的 ANF 气凝胶纤维编织成纺织品，能够在极端温度（−196℃或 300℃）和室温下保持优异隔热性能，可作为下一代高性能纤维隔热材料的发展方向。

8.1.5　芳纶纳米纤维气凝胶复合材料

芳纶纳米纤维/SiO$_2$ 复合气凝胶、芳纶纳米纤维/细菌纤维素复合气凝胶和芳纶纳米纤维/聚酰亚胺复合气凝胶是目前较为常见的芳纶纳米纤维复合材料。下面主要对这几种复合气凝胶进行简单的介绍。

1. 芳纶纳米纤维/SiO$_2$ 复合气凝胶

为了改善 SiO$_2$ 气凝胶弱的力学性能和使用耐久性，研究人员通常采用高分子材料（特别是高分子纤维材料）与 SiO$_2$ 进行复合，制备复合气凝胶来弥补其力学性能上的不足。

以芳纶纳米纤维掺杂的 SiO$_2$ 气凝胶复合材料的制备方法为例，首先采用硅源和醇溶剂混合配制硅溶胶，然后加入芳纶纳米纤维及表面活性剂，随后通过凝胶、老化及溶剂替换、常压干燥，即可获得芳纶纳米纤维掺杂的 SiO$_2$ 复合气凝胶材料。该方法利用了芳纶纳米纤维高的机械性能和 SiO$_2$ 气凝胶优异的特点，赋予 SiO$_2$ 复合气凝胶材料能在兼顾气凝胶优良隔热性能的前提下，有效地提高复合材料的力学性能。

2. 芳纶纳米纤维/细菌纤维素复合气凝胶

在制备 ANF 分散液的过程中，由于存在去质子化作用，纳米纤维最终会以聚阴离子的形式存在，因此，制备的 ANF 复合气凝胶能够对阳离子染料有较好的吸附作用。然而，ANF 本身具有优异的化学稳定性，并且亲水性较差，使得制备的气凝胶的吸附性能受到不良影响。选用亲水性良好的细菌纤维素（BC）作为基底材料，能够通过物理凝胶和化学凝胶手段实现 ANF 复合气凝胶的构筑。

一方面，利用物理凝胶法制备 ANF/BC 复合气凝胶，细菌纤维素的加入能实现界面和结构的优化，增加表面羟基的含量，同时增加亲水性，通过调控细菌纤

漏。所制备的 PI-BN/PEG 复合相变织物在高达 100 次冷热循环后仍然表现出较高的相变潜热，具有出色的工作稳定性。

9.5.5　智能可穿戴织物

基于由海藻酸钙、Fe_3O_4 纳米颗粒和 Ag 纳米线组成的气凝胶纤维，研究者报道了自供电火灾报警电子织物（SFA 电子织物）。随着 Ag 纳米线添加量的增加，火灾报警触发时间缩短，提高了报警系统的灵敏度。这归因于纳米线可以相互连接，在纤维表面形成连续的导电通路 [图 9.7 （a）]。电子织物可以被火灾反复诱发，一旦暴露在火焰中便会迅速触发火灾报警系统 [图 9.7 （b）]。电子织物以 20 s 和 40 s 的周期间隔暴露于火灾中，同时监测电流，获得了具有较小标准偏差（5%）的 28 mA 的平均电流，保证了织物相当稳定和可重复的火灾报警能力 [图 9.7 （c）]。稳定的性能归因于 Ag 纳米线在高温下的导电稳定性。SFA 电子织物可以实现超灵敏的温度监测，在消防服装中具有广泛的传感和能量收集。超轻可穿戴温湿度 SFA 电子织物可以为救援人员在火灾条件下搜救被困消防员提供很大的帮助[28]。

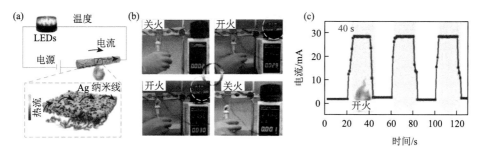

图 9.7　海藻酸钙/Fe_3O_4 纳米颗粒/Ag 纳米线自供电火灾报警电子织物[28]

（a）机理示意图，LEDs 表示发光二极管；（b）热触发火灾报警器；（c）电子织物的循环响应曲线

9.5.6　屏蔽

利用气凝胶纤维的多孔性、导电性和界面效应，气凝胶纤维可以被用于微波吸附或电磁屏蔽。在聚合物基气凝胶纤维上修饰金属纳米颗粒为开发应用于电磁屏蔽方面的轻质导电纤维提供了一种可供选择的途径。Ag 纳米颗粒[13]或 Ni 纳米颗粒[32]已被报道可以通过化学镀的方法对聚合物气凝胶纤维表面进行修饰；所得到的复合导电气凝胶纤维，以及其编织的纺织品表现出优异的电磁屏蔽性能[13]。当电磁波入射到织物表面时，只有很浅的一部分入射波遇到 Ag 纳米颗粒层发生反射。其余的电磁波穿过纺织品并与电子载体相互作用。具体来讲，纤维的高孔隙率可以诱导多重内部相互作用，从而实现对电磁波的显著吸收。单层织物的电

磁屏蔽效能为 26 dB，在 10 GHz 处，分别将 2 块和 3 块织物堆叠后，电磁屏蔽效能分别提高到 44 dB 和 54 dB。对于总的 EMI 屏蔽效能（SE_T），微波吸收（SE_A）比微波反射（SE_R）贡献更大，证明了吸收主导的 EMI 屏蔽机理[13]。

此外，气凝胶纤维（如 PVA 气凝胶纤维）由于非凡的隔热性能也被提出用于红外隐身。使用这种材料可以有效降低特定目标的红外辐射强度，使得温差无法被红外相机检测到[33]。基于无口罩、有棉布口罩和有 PVA 气凝胶纺织口罩的人的红外图像，PVA 气凝胶纺织口罩的颜色几乎与背景融合。因此，通过调整合理的含量和结构，气凝胶纤维可被设计用于屏蔽目的，包括微波吸收、EMI 屏蔽和红外隐身[33]。

9.5.7 人工肌肉

随着相变材料加入，原始的气凝胶纤维可以发展成形状记忆材料，作为人工肌肉[34,35]。以 Kevlar 气凝胶纤维为例，通过将固态石蜡限制在纤维孔隙中，可以将复合纤维的弯曲刚度调节到临界值以上。因此，可以设计具有期望形状和形状记忆效应的特定人工肌肉。目标形状在相变温度（70℃）以上编程，并在室温下固定。例如，单根的石蜡/Kevlar 纤维或由预定形状的纤维编织而成的织物在加热时可以伸展并恢复到原始形状［图 9.8（a）～（c）］[12]。一种基于复合纤维的动态人工肌肉已经被开发出来，通过在刚性状态下夹持物体而在柔性状态下释放物体来实现物体的运输。这两种状态的切换依赖于由气凝胶纤维组装而成的织物中相变材料的相变。物体在相变点以下的低温条件下被两块织物捕获，并在加热时释放［图 9.8（d）和（e）］[12]。值得一提的是，由于气凝胶纤维的可编程弯曲刚度，可以通过控制加热功率、操纵相变材料含量和纤维的组装来调节人工肌肉的响应时间。

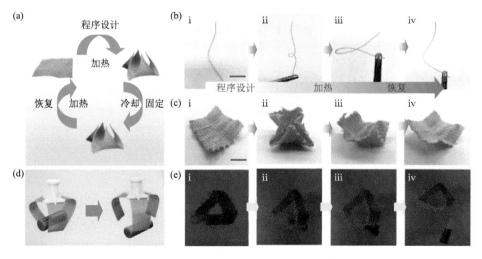

图 9.8　基于气凝胶纤维的人工肌肉[12]

（a～c）相变蜡约束的气凝胶纤维和纺织品的温度触发形状记忆效应；（d，e）可抓取和释放物质的动态夹持器

9.5.8　信息存储

气凝胶纤维可以根据需要通过调节溶剂与气凝胶纤维之间的相互作用来隐藏和显示信息。如果进行适当的编织，它将使具有空间变化功能的数字纺织品的生产成为可能。例如，具有不同拉伸比的两段 Kevlar 气凝胶纤维作为数字纺织品的结构单元，交织而成一个预先设计好的图案，在正常光和偏振光下没有显示出来。然而，在乙醇中浸渍后，该图案在偏振光下变得栩栩如生，而在正常光照下仍然没有出现 [图 9.9（a）]。响应性气凝胶纤维的这种能力在按需解密的信息存储中显示出有前途的应用。有趣的是，编码的气凝胶纤维可以通过多次（最多 10 个周期）的乙醇吸附/解吸来切换气凝胶和凝胶之间的状态，具有良好的可靠性。经过 10 次乙醇吸收和常压干燥（凝胶-气凝胶转换）循环后，测试纤维的比表面积为 177 m^2/g，略低于初始纤维的比表面积（204 m^2/g）。此外，在循环操作后，只有纤维的外层轻微收缩，但下层纤维仍保持良好的多孔网络。

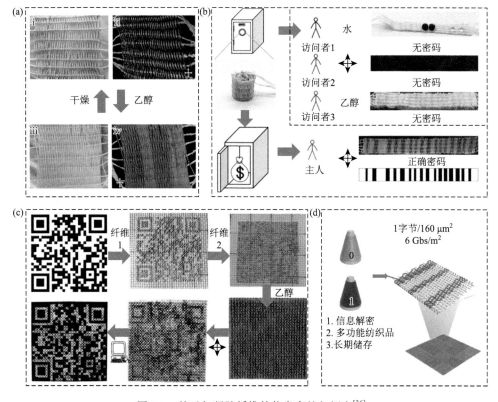

图 9.9　基于气凝胶纤维的信息存储与解密[36]

（a）通过乙醇吸收和常压干燥实现凝胶与气凝胶之间的转移；（b）条形码信息加密和按需解密；（c）二维码加密和按需解密；（d）信息存储织物的优势

重要的是，更复杂的图案，如条形码和二维码，可以通过编织两种不同的气凝胶纤维来使信息具有可读性和可加工性。加密后的条形码在正常光照或偏振光下不显示，并且在注射乙醇后在正常光照下信息仍然得到保护。只有在凝胶状态且在偏振光的作用下，条形码信息才能被识别，甚至可以被计算机读取和操作［图9.9（b）］。类似地，通过绣制两种类型的气凝胶纤维，实现了具有隐藏密码的更复杂的二维码。值得一提的是，编码信息只能通过乙醇浸泡和偏振光观察进行解密。扫描到计算机后，会出现精确的二维码，以便进一步通信或图像处理［图9.9（c）］。具体来讲，具有不同构建块取向度的气凝胶纤维所实现的信息存储应用可以代表0和1，通过使用8根气凝胶纤维构成一个字节。假设数字纺织品采用直径为10 μm、字节宽度为2 μm的光纤，则每平方厘米可存储62.5万字节，即6.0 Gb/m^2［图9.9（d）］。值得注意的是，在信息存储方面，与荧光、发光或光致变色材料相比，由于高/低温度稳定性和两步解密，气凝胶纤维显示出突出的优势，如二进制格式信息加密的能力和通信过程中的高安全性[36]。

9.6 高分子气凝胶纤维及织物的前景与展望 <<<

作为一种可替代传统气凝胶的新兴气凝胶材料，气凝胶纤维因为具有大的比表面积、机械性能、良好的柔韧性和更好的延展性，在可穿戴设备、功能性纺织品、多响应智能纤维、储能设备和恶劣环境防护服等领域具有巨大的工业应用潜力，但同时由于缺乏弹性、延展性和网络结构脆弱等问题，商业化受到严重限制。因此，气凝胶纤维的研究在近十年有了长足发展的同时，在这些领域中仍存在一些内在的局限性和挑战，需要进一步研究。目前面临的一些挑战和未来的研究展望如下：

（1）溶胶-凝胶工艺耗时较长。气凝胶纤维的成功制备需要有自发的溶胶-凝胶过程。这就需要仔细设计用于初级溶液（包括前驱体和溶剂）和凝固浴的材料。迄今为止，除少数研究可以解决如何控制气凝胶纤维生产过程中的溶胶-凝胶过程外，这一领域的研究还相当缺乏。因此，在未来的研究中需要对气凝胶纤维加工案例的凝胶化过程进行全面研究，并确定影响因素。

（2）气凝胶纤维的凝胶化过程相当复杂。在制备待注入凝固浴的溶液时，通过溶胶-凝胶过程可部分形成长链分子。在通过喷丝头/针的挤出过程和通过收集器施加的拉伸过程中，凝胶网络可以进行对齐来增强合成的气凝胶纤维。气凝胶纤维的增强机理以及与块体材料相比如何提高其力学性能是该领域未来研究的热点。

（3）成功制备连续纤维需要解决气凝胶骨架的脆性问题。在整个纺丝过程中，纤维不断受到拉伸（来自收集器的拉力）和剪切（来自挤出液）的作用。在易碎的情况下，材料会解体，气凝胶纤维将无法持续生产。文献研究表明，气凝胶纤维仍然存在力学性能差或者制备工艺复杂的问题。气凝胶纤维最终产品的主要要求之一是优异的机械性能。如果没有足够的机械性能，就不可能将纤维织成纺织品，也不可能在织物中打结。

（4）虽然目前的技术已经能够生产气凝胶纤维，但仍受到复杂生产工艺的影响。例如，在反应湿法纺丝过程中，控制初始溶液和凝固浴中前驱体的精确浓度，以达到所需窗口内的凝胶化是非常复杂的。因此，如何确保包括凝胶状态的不均匀性，纤维直径和孔径分布在整个过程中保持一致成为需要解决的问题。其他研究表明，在液氮中凝固使连续纤维生产更具挑战性。因此，制备具有足够力学性能的连续高性能气凝胶纤维是该领域未来研究的迫切需要。

（5）另一个重要的缺点是当前技术的低产量。在大多数情况下，通过使用简单的单一注射器在一个小浴槽中制备气凝胶纤维进行商业生产是不可取的。为了解决这个问题，建议使用多支注射器，以便有机会同时将许多细丝/纤维挤压到凝固浴中，并最终缠绕在收集器上。也可进行更复杂的系统设计，如可使用多个拉伸阶段，以确保拉伸过程完全进行，并轻柔地处理纤维/细丝。开发可扩展、多功能和连续生产具有明确微观结构的新型多功能气凝胶纤维的新技术，是未来研究的迫切需求。

（6）对于重点应用领域，在材料选择方面也存在着多种功能方面的挑战。为了解决这一问题，有必要对材料在不同尺寸尺度和形态下的功能进行全面深入的研究。

参 考 文 献

[1]　He C，Huang J，Li S，Meng K，Zhang L，Chen Z，Lai Y. Mechanically resistant and sustainable cellulose-based composite aerogels with excellent flame retardant，sound-absorption，and superantiwetting ability for advanced engineering materials[J]. ACS Sustainable Chemistry & Engineering，2017，6（1）：927-936.

[2]　Guo W，Wang X，Zhang P，Liu J，Song L，Hu Y. Nano-fibrillated cellulose-hydroxyapatite based composite foams with excellent fire resistance[J]. Carbohydrate Polymers，2018，195：71-78.

[3]　Chen W，Li Q，Wang Y，Yi X，Zeng J，Yu H，Liu Y，Li J. Comparative study of aerogels obtained from differently prepared nanocellulose fibers[J]. ChemSusChem，2014，7（1）：154-161.

[4]　Meng S，Zhang J，Chen W，Wang X，Zhu M. Construction of continuous hollow silica aerogel fibers with hierarchical pores and excellent adsorption performance[J]. Microporous and Mesoporous Materials，2019，273：294-296.

[5]　Li M，Chen X，Li X，Dong J，Zhao X，Zhang Q. Controllable strong and ultralight aramid nanofiber-based aerogel fibers for thermal insulation applications[J]. Advanced Fiber Materials，2022，4（5）：1267-1277.

[6] Yang H，Wang Z，Liu Z，Cheng H，Li C. Continuous，strong，porous silk firoin-based aerogel fibers toward textile thermal insulation[J]. Polymers，2019，11（11）：1899.

[7] Zuo X，Fan T，Qu L，Zhang X，Miao J. Smart multi-responsive aramid aerogel fiber enabled self-powered fabrics[J]. Nano Energy，2022，101：107559.

[8] 孙弘瑞，赵燕. 气凝胶纤维制备方法及应用研究[J]. 化纤与纺织技术，2022，51（7）：15-17.

[9] Wu J，Hu R，Zeng S，Xi W，Huang S，Deng J，Tao G. Flexible and robust biomaterial microstructured colored textiles for personal thermoregulation[J]. ACS Applied Materials & Interfaces，2020，12（16）：19015-19022.

[10] Shao Z，Wang Y，Bai H. A superhydrophobic textile inspired by polar bear hair for both in air and underwater thermal insulation[J]. Chemical Engineering Journal，2020，397：125441.

[11] Zhu C，Xue T，Ma Z，Fan W，Liu T. Mechanically strong and thermally insulating polyimide aerogel fibers reinforced by prefabricated long polyimide fibers[J]. ACS Applied Materials & Interfaces，2023，15（9）：12443-12452.

[12] Bao Y，Lyu J，Liu Z，Ding Y，Zhang X. Bending stiffness-directed fabricating of Kevlar aerogel-confined organic phase-change fibers[J]. ACS Nano，2021，15（9）：15180-15190.

[13] Li M，Gan F，Dong J，Fang Y，Zhao X，Zhang Q. Facile preparation of continuous and porous polyimide aerogel fibers for multifunctional applications[J]. ACS Applied Materials & Interfaces，2021，13（8）：10416-10427.

[14] Xu Z，Zhang Y，Li P G，Gao C. Strong，conductive，lightweight，neat graphene aerogel fibers with aligned pores[J]. ACS Nano，2012，6（8）：7103-7113.

[15] Karadagli I，Schulz B，Schestakow M，Milow B，Gries T，Ratke L. Production of porous cellulose aerogel fibers by an extrusion process[J]. Journal of Supercritical Fluids，2015，106：105-114.

[16] Tafreshi O A，Mosanenzadeh S G，Karamikamkar S，Saadatnia Z，Park C B，Naguib H E. A review on multifunctional aerogel fibers：processing，fabrication，functionalization，and applications[J]. Materials Today Chemistry，2022，23：100736.

[17] Wordsworth R，Kerber L，Cockell C. Enabling martian habitability with silica aerogel via the solid-state greenhouse effect[J]. Nature Astronomy，2019，3（10）：898-903.

[18] Sheng Z，Liu Z，Hou Y，Jiang H，Li Y，Li G，Zhang X. The rising aerogel fibers：status，challenges，and opportunities[J]. Advanced Science，2023，10（9）：e2205762.

[19] Rostamitabar M，Seide G，Jockenhoevel S，Ghazanfari S. Effect of cellulose characteristics on the properties of the wet-spun aerogel fibers[J]. Applied Sciences，2021，11（4）：1525.

[20] Wang Y J，Cui Y，Shao Z Y，Gao W W，Fan W，Liu T X，Bai H. Multifunctional polyimide aerogel textile inspired by polar bear hair for ther moregulation in extreme environments[J]. Chemical Engineering Journal，2020，390：124623.

[21] Wang Z，Yang H，Li Y，Zheng X. Robust silk fibroin/graphene oxide aerogel fiber for radiative heating textiles[J]. ACS Applied Materials & Interfaces，2020，12（13）：15726-15736.

[22] Zhou J，Hsieh Y L. Nanocellulose aerogel-based porous coaxial fibers for thermal insulation[J]. Nano Energy，2020，68（C）：104305.

[23] Liu Z，Lyu J，Fang D，Zhang X. Nanofibrous Kevlar aerogel threads for thermal insulation in harsh environments[J]. ACS Nano，2019，13（5）：5703-5711.

[24] Li K，Zhang Q，Wang H，Li Y. Red，green，blue（RGB）electrochromic fibers for the new smart color change fabrics[J]. ACS Applied Materials & Interfaces，2014，6（15）：13043-13050.

[25] Laforgue A，Rouget G，Dubost S，Champagne M F，Robitaille L. Multifunctional resistive-heating and

color-changing monofilaments produced by a single-step coaxial melt-spinning process[J]. ACS Applied Materials & Interfaces，2012，4（6）：3163-3168.

[26]　Mitropoulos A N，Burpo F J，Nguyen C K，Nagelli E A，Ryu M Y，Wang J，Sims R K，Woronowicz K，Wickiser J K. Noble metal composite porous silk fibroin aerogel fibers[J]. Materials（Basel），2019，12（6）：894.

[27]　Cui Y，Gong H，Wang Y，Li D，Bai H. A thermally insulating textile inspired by polar bear hair[J]. Advanced Materials，2018，30（14）：e1706807.

[28]　He H，Liu J，Wang Y，Zhao Y，Qin Y，Zhu Z，Yu Z，Wang J. An ultralight self-powered fire alarm e-textile based on conductive aerogel fiber with repeatable temperature monitoring performance used in firefighting clothing[J]. ACS Nano，2022，16（2）：2953-2967.

[29]　Li J，Wang J，Wang W，Zhang X. Symbiotic aerogel fibers made via *in-situ* gelation of aramid nanofibers with polyamidoxime for uranium extraction[J]. Molecules，2019，24（9）：1821.

[30]　Rezaei S，Jalali A，Zolali A M，Alshrah M，Karamikamkar S，Park C B. Robust，ultra-insulative and transparent polyethylene-based hybrid silica aerogel with a novel non-particulate structure[J]. Journal of Colloid and Interface Science，2019，548：206-216.

[31]　Zhang Q，Xue T，Tian J，Yang Y，Fan W，Liu T. Polyimide/boron nitride composite aerogel fiber-based phase-changeable textile for intelligent personal thermoregulation[J]. Composites Science and Technology，2022，226：109541.

[32]　Wu X H，Hong G，Zhang X T. Electroless plating of graphene aerogel fibers for electrothermal and electromagnetic applications[J]. Langmuir，2019，35（10）：3814-3821.

[33]　Liu N，Hao L，Zhang B，Niu R，Gong J，Tang T. Rational design of high-performance bilayer solar evaporator by using waste polyester-derived porous carbon-coated wood[J]. Energy & Environmental Materials，2021，5（2）：617-626.

[34]　Aliev A E，Oh J，Kozlov M E，Kuznetsov A A，Fang S L，Fonseca A F，Ovalle R，Lima M D，Haque M H，Gartstein Y N，Zhang M，Zakhidov A A，Baughman Ray H. Giant-stroke，superelastic carbon nanotube aerogel muscles[J]. Science，2009，323（5921）：1575-1578.

[35]　Maziz A，Concas A，Khaldi A，Stålhand J，Persson N K，Jager E W H. Knitting and weaving artificial muscles[J]. Science Advances，2017，3（1）：e1600327.

[36]　Liu Z，Lyu J，Ding Y，Bao Y，Sheng Z，Shi N，Zhang X. Nanoscale Kevlar liquid crystal aerogel fibers[J]. ACS Nano，2022，16（9）：15237-15248.

第10章

高分子气凝胶的应用及前景

10.1 概　述 ◁◁◁

　　气凝胶是由胶体粒子或者高聚物分子相互聚集形成的多孔网络结构，并在孔隙中充满气态分散介质的一种高分散固态材料。高分子气凝胶由于低密度、低热导，成为一类理想的轻量化超级隔热保温材料，在航空航天、交通运输等对质量要求严苛的应用领域极具吸引力。此外，得益于高分子气凝胶的高比表面积、高孔隙率、连续开孔、分子结构可设计、孔结构可设计等结构特征，在吸附、催化、药物载体、能源和环境修复等领域也具有重要的应用潜力。因此，近年来高分子气凝胶及其应用引起国内外学术和产业界的极大研究兴趣，如图 10.1 所示。本章主要介绍目前高分子气凝胶及其复合材料在保温隔热、吸附、储能等领域的应用，并对未来高分子气凝胶发展存在的挑战进行总结。

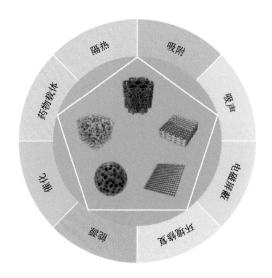

图 10.1　高分子气凝胶复合材料的应用

保温隔热　　◀◀◀

　　为了提高能源效率、降低能源消耗，人们开发了多种隔热保温材料。目前，隔热材料可以分为多孔材料、热反射材料和真空材料三种。多孔材料中的气凝胶因极低的密度和优异的隔热性能而广受人们关注。由于内部存在的三维多孔结构以及高孔隙率可以储存大量的空气，气凝胶具有极低的热导率。除此之外，相比无机二氧化硅气凝胶，高分子气凝胶具有优异的力学性能、可设计孔结构及轻质等特性。因此，高分子气凝胶有希望成为下一代理想的轻量化隔热保温材料，可广泛应用于航空航天及节能建筑等领域。

　　气凝胶突出的隔热性能主要来源于三个方面，即热传导、热对流和热辐射[1, 2]。首先，热传导来自固体热传导和气体热传导。由于气凝胶本身的骨架结构所占体积分数较低，颗粒之间接触少，骨架结构导热产生的固体热传导对气凝胶整体的导热影响可以忽略不计。此外，当高分子与无机纳米颗粒复合以后会产生 Kapitza 热阻，进一步降低固体热传导。相对于固体热传导，气体热传导被认为是影响气凝胶总热导率的主要因素，其主要取决于气凝胶的孔尺寸，气凝胶的孔径越小气体热传导越小，热导率越低。其次，材料的热对流主要与格拉斯霍夫数（Grashof number，Gr）有关，但是气凝胶的孔尺寸远低于 10 mm，因此对流传热同样在气凝胶中可以忽略不计。最后，在应用温度较低的情况下热辐射是可以忽略不计的，但是在高温环境中，热辐射主要和材料的密度相关，并由内部固-气界面数量决定。气凝胶具有复杂的孔隙结构，热辐射会在固相与气相界面之间来回反射、衰减，从而减少了热辐射产生的导热。因此，在常压下，气凝胶具有极好的隔热性能，热导率接近或低于空气热导率 [25 mW/(m·K)]。

　　根据气凝胶的导热原理可知，气凝胶的密度、孔径和孔结构都会对热导率产生影响。随着气凝胶密度的增加，固相的比例升高，固相导热大幅增加，导致气凝胶整体的热导率增加。对于纳米和亚微米级的孔隙，孔径小于空气分子的平均自由程，减小了气相导热和空气对流，导致气凝胶热导率降低。因此，研究人员致力于减小气凝胶孔径以降低热导率，例如，采用超临界二氧化碳干燥比冷冻干燥所得气凝胶孔径更小更均匀；或者加入少量添加剂，限制分子链运动，干燥得到气凝胶孔径更小。如图 10.2 所示，随着聚酰亚胺/氧化石墨烯（polyimide/graphene oxide，PI/GO）复合气凝胶中氧化石墨烯含氧量的增加，气凝胶孔径逐渐减小，热导率从 43.6 mW/(m·K)降至 28.0 mW/(m·K)[3]。

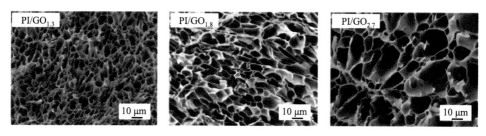

图 10.2 PI/GO$_x$ 复合气凝胶的 SEM 图[3]

x 代表 GO 的碳氧比

实际上，不同的孔结构对气凝胶的热导率影响也很大，包括各向同性的无规孔，各向异性的单向孔和层状孔。如图 10.3 所示，与各向异性的孔结构相比，各向同性的孔结构更不利于提高气凝胶的隔热效果，这是由于各向异性的孔使气凝胶在特定方向上具有更好的隔热效果，同时热量能在其他方向上快速扩散，避免了局部热集中，从而使隔热性能提高。例如，Zhang 等[4]采用双向冷冻技术制得层状结构的聚酰亚胺/细菌纤维素气凝胶，径向热导率降至 23 mW/(m·K)，是轴向层间热导率 46 mW/(m·K)的一半。这归因于平行的片层结构可以大大减少垂直于片层方向的传热，同时有助于平面内的热扩散，避免热集中。Peng 等[5]利用单向冷冻技术制备了各向异性的氧化石墨烯/聚酰亚胺泡沫，垂直于孔道方向的热导率降低至 9 mW/(m·K)，远低于空气的热导率。

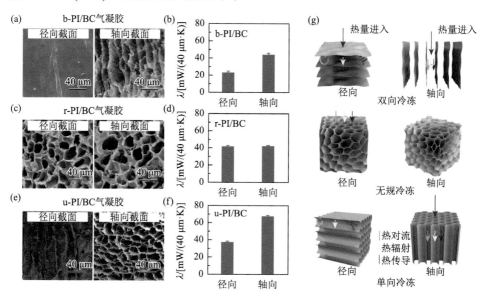

图 10.3 不同孔结构的气凝胶[4]

b-PI/BC：双向冷冻-聚酰亚胺/细菌纤维素，b-PI/BC：单向冷冻-聚酰亚胺/细菌纤维素，u-PI/BC：无规冷冻-聚酰亚胺/细菌纤维素

对于聚合物基气凝胶，它们的热导率相对都比较低。聚氨酯气凝胶最早是由 Biesmans 等[6]在 CH_2Cl_2 中采用异氰酸盐作反应物，1, 4-二氮杂二环辛烷为催化剂得到湿凝胶，再经过超临界二氧化碳干燥得到聚氨酯气凝胶，热导率约为 30 mW/(m·K)。Lee 等[7]采用异氰酸盐和聚胺反应，以三乙胺为催化剂得到湿凝胶，再经过超临界二氧化碳干燥得到聚脲气凝胶。研究表明，该聚脲气凝胶的热导率与其密度有关，密度升高，固相传热增加。与聚氨酯气凝胶相比，聚脲气凝胶的孔径更小，比表面积更大，孔隙率更高，导致其在-120～25℃的范围内隔热性能更好。相比之前的两种气凝胶，聚酰亚胺气凝胶具有更优异的综合性能，研究人员也对此做了大量研究。美国的 NASA Glenn 研究中心[8]引入不同的交联剂，采用两步合成法制备出了不同的聚酰亚胺气凝胶。其中以八（氨基苯基）笼形聚倍半硅氧烷为交联剂得到聚酰亚胺气凝胶，热导率约为 14 mW/(m·K)，与无机 SiO_2 气凝胶相近，柔性更好，可在高温环境中使用，已被用作航天飞行器的热防护材料。

生物质基中的纤维素气凝胶也可用于隔热。例如，Shi 等[9]采用 NaOH/尿素低温溶解纤维素，利用冷冻干燥技术和等离子改性技术制得了疏水的纤维素气凝胶，热导率只有 29 mW/(m·K)，隔热性能优异。

在实际应用中，保温材料的性能在高湿度环境中热导率会急剧上升。因此，Yang 等[10]提出了一种绿色和有效的策略，通过电自旋和冷冻干燥技术制备了超疏水性和可压缩的聚偏氟乙烯/聚酰亚胺（polyvinyl fluoride/polyimide，PVDF/PI）纳米纤维复合气凝胶。PVDF 纳米纤维和 PI 纳米纤维分别作为疏水纤维骨架和机械支撑骨架，形成了一个具有良好机械弹性的稳健的三维骨架。该气凝胶具有突出的超疏水特性（水接触角为 152°），在室温下具有低导热性［31.0 mW/(m·K)］。即使在 100%相对湿度下，该气凝胶的热导率仍然只有 48.6 mW/(m·K)（80℃），其性能优于大多数商用隔热材料。

如表 10.1 所示，目前高分子气凝胶的热导率主要处在 10～50 mW/(m·K)。隔热方面的应用主要集中在航空航天、石油化工、建筑和低温保冷领域。高分子气凝胶由于质轻、隔热效果好、材料及结构选择性多等优势而广受关注。在未来高分子材料发展的基础上，高分子气凝胶有望克服高成本、耐老化性能差等缺点，从而实现更优异的隔热性能。

表 10.1　高分子气凝胶的热导率

气凝胶种类	热导率/[mW/(m·K)]	参考文献
聚氨酯气凝胶	30	[6]
聚脲气凝胶	27	[7]
聚酰亚胺气凝胶	20～60	[4]

续表

气凝胶种类	热导率/[mW/(m·K)]	参考文献
纤维素气凝胶	15～50	[11]
甲壳素气凝胶	27	[12]
壳聚糖气凝胶	24～31	[13]

10.3 吸 附 <<<

由于工业的快速发展，环境遭受破坏污染，水体中的有机物、重金属离子、空气中的固体颗粒等，都对人们的身体造成危害，需要通过过滤吸附来净化环境。与传统的吸附材料相比，气凝胶具有高比表面积、高孔隙率、高度连通的三维网络结构，具有优异的吸附性能。而高分子气凝胶对有机物的吸附效果比无机气凝胶更佳，且材料种类丰富，结构可调，吸附应用包括：吸附有机物、吸附 CO_2、吸附固体颗粒和吸附水体中金属离子等。

10.3.1 有机物吸附

随着社会经济及工业的发展，大量工业废水、农业废水和生活废水未经处理排入水源，造成大量水源有机污染，主要包括人工合成染料、农药、油类、芳香族化合物及衍生物等，对环境和人体健康造成极大危害。具有高比表面积、高孔隙率的气凝胶可以通过物理和静电吸附作用吸附有机物，引起了研究人员极大的研究兴趣。到目前为止，通常采用吸附效率和吸附量来表示材料的吸附性能。吸附效率是目标物浓度的变化量与初始浓度之比，而吸附量是目标物质量或摩尔量的变化量与材料质量之比。

对于纤维素基气凝胶，研究者开展了大量工作。Lyu 等[14]以苯胺、氯化铁和纤维素纳米纤维为原料，采用酸诱导聚合加原位交联制得聚苯胺/纤维素纳米纤维气凝胶。该气凝胶对酸性红 G（acid red G，ARG）和甲基蓝（methyl blue，MB）两种不同离子型染料的吸附量分别达到了 600.7 mg/g 和 1369.6 mg/g。如图 10.4 所示，对有机物的吸附主要是源于气凝胶与有机物分子间的静电作用和 π-π 堆积作用。Zhao 等[15]采用双交联策略制得多孔芳香框架/纤维素纳米纤维气凝胶，对双酚 A 的吸附效率和容量分别高达 77%和 1000 mg/g。除此以外，Zhou 等[16]使用甲基三乙氧基硅烷（methyl triethoxysilane，MTES）表面改性剂处理后得到高孔隙率、低密度的纤维素气凝胶，吸油性能突出，对各种油类吸附性能达到了 159 g/g 的水平。

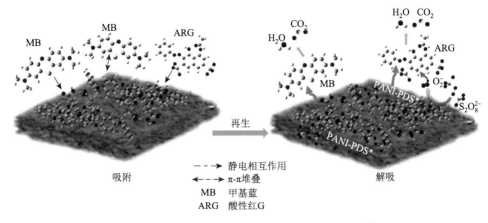

图 10.4 PANI-PDS 纳米纤维气凝胶的吸附机理[14]

　　除了纤维素基气凝胶外，还有其他种类的吸附气凝胶。研究发现，间规聚苯乙烯具有多种纳米多孔晶相，主要有 α、β、γ 和 δ 相，所制得的气凝胶结构特殊，对挥发性有机物有着良好的吸附作用。其中 δ 相在有机物吸附方面要优于其他相，主要是低分子量挥发性有机物[17]。随着研究的继续，研究人员发现并制备了 ε 相间规聚苯乙烯气凝胶，研究其吸附性能。结果表明，ε 相对高分子量有机物吸附能力更强且要强于 δ 相，但对低分子量有机物的吸附不如 δ 相[18]。

　　聚间苯二胺气凝胶也具有良好的有机物吸附能力。Song 等[19]通过官能团氧化使微球壳的聚间苯二胺聚合，再经过冷冻干燥得到气凝胶。聚间苯二胺气凝胶对甲苯有良好的吸附能力，且可循环使用 10 次以上。

10.3.2 金属离子吸附

　　水体中的重金属污染主要来源于采矿和冶金等行业，有害的重金属离子包括汞、铬、铅、锌、钴、锰、铜等。一旦重金属离子进入水体，不仅难除去，还会被微生物转化成毒性更大的衍生物，经食物链进入动物和人体内并富集，造成严重危害。气凝胶作为可循环的吸附剂，通过物理或者化学吸附除去水体中重金属离子受到广泛关注。

　　Zhao 等[20]制得的树状聚酰胺-胺接枝的复合纤维素纳米纤维气凝胶，对五价铬离子 Cr(VI) 的最大吸附量高达 377.36 mg/g。如图 10.5 所示，大量的 Cr(VI) 吸附在气凝胶的表面并被还原成三价的 Cr(III)，再被纤维上负电荷吸引达到吸附的效果。

　　Li 等[21]在壳聚糖中掺杂纤维素，通过表面氨基与铜离子的配位作用，能够用于去除废水中的铜离子，吸附量达到 156.3 mg/g，且制备的复合气凝胶循环使用性能好。

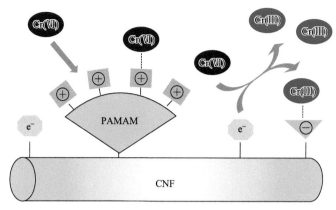

图 10.5　复合纤维素纳米纤维气凝胶对铬离子的吸附机理[20]

PAMAM：树状聚酰胺-胺；CNF：纤维素纳米纤维

　　Li 等[22]制备了沸石咪唑框架（ZIF-67）改性的细菌纤维素/壳聚糖气凝胶，对铜离子的吸附量达到 200.6 mg/g，同时引入的细菌纤维素纳米纤维代替了化学交联剂，避免了对环境造成再次污染。

　　由于能与金属离子产生配位键形成螯合物，聚苯并噁嗪气凝胶也常应用于废水处理。Chaisuwan 等[23]研究了加热聚合的聚苯并噁嗪气凝胶金属离子吸附能力，发现其对于金属离子吸附能力大小符合：$Sn^{2+}>Cu^{2+}>Fe^{2+}>Pb^{2+}>Ni^{2+}>Cd^{2+}>Cr^{2+}$。

10.3.3　二氧化碳吸附

　　高分子气凝胶还可用于气体吸附，如二氧化碳。吸附的机理如下[24]：首先，二氧化碳扩散到吸附材料的表面；其次，气体进入到材料的空隙中；再次，二氧化碳分子和活性位点产生相互作用；最后，在吸附材料的孔的表面形成吸附层。研究表明，含氮基团能够与二氧化碳产生静电相互作用导致材料对二氧化碳的吸附能力增加[25]。根据以上原理，Liu 等[26]通过悬浮滴定法合成了超轻量和球形的纤维素纳米纤维气凝胶。它们的最大二氧化碳吸附量达到 1.78 mmol/g，并且显示出良好的再生性能。

　　除此以外，Chen 等[27]采用 3, 5-二氨基苯甲酸和 3, 3′, 4, 4′-联苯四甲酸二酐为原料，以 1, 3, 5-三（4-氨基苯氧基）苯为交联剂，在室温条件下实现溶胶-凝胶转变，得到了含大量羧基活性位点的交联聚酰亚胺气凝胶，在 25℃，1 bar（1 bar = 10^5 Pa）时二氧化碳的吸附量达到 21.1 cm³/g。

10.3.4　固体颗粒吸附

　　大气污染问题日益凸显，其中对人体危害最大的是粒径小于 2.5 μm 的颗粒污染物（PM2.5）。目前过滤材料可分为二维材料和三维材料。二维材料是指通过静电纺得到的薄膜,但较高的密度和压降导致过滤效率较低。而三维的气凝胶有望克服以上问题,因此受到人们的关注。其吸附过滤的机理是通过阻隔和吸附作用使固体颗粒与空气分离。

研究表明,对于纤维过滤器,低的堆积密度有利于降低过滤器两边的压降,减少过滤的能量消耗。Zeng 等[28]通过单向冷冻制备了具有取向孔洞的木质素基气凝胶,微米级的孔径使其具有较低压降的同时具有较高的过滤效率,超过 95%。

Wang 等[29]利用冷冻干燥技术制备了葡甘露聚糖气凝胶,通过添加麦秆和豆渣提高了气凝胶的力学性能,调节明胶和淀粉的添加量,提高了气凝胶的过滤效率。对于大于 0.3 μm 的颗粒吸附效率超过 93%,同时保留了较低压降,仅 29 Pa。

Li 等[30]采用静电纺丝、冷冻干燥和热处理得到了交联的聚酰亚胺/聚四氟乙烯-聚酰胺酰亚胺纳米纤维气凝胶。研究表明,随着固含量从 0.5%增加到 2%,气凝胶的孔隙率从 98.52%下降至 96.17%,过滤效率有所上升。

综上所述,高分子气凝胶具有高孔隙率、高比表面积等独特的结构优势,能够通过物理化学吸附机理,用于吸附多种污染物,包括有机物、重金属离子、二氧化碳和空气固体颗粒。由于生产成本较高和循环稳定性不够等缺点,高分子气凝胶还不能大规模生产应用。在今后的工作中,研究者还将致力于提高材料的吸附效率和循环稳定性,同时降低生产成本,有望将其用于缓解环境污染问题。

10.4　吸声/隔音　◄◄◄

由于工业的快速发展,噪声已经成为影响人们健康生活的重要因素。吸声材料是专门设计用于吸收声音,并在封闭空间中显著减少混响的材料。岩棉、玻璃纤维和聚氨酯泡沫塑料是典型的吸声材料,已广泛应用于工业和机械噪声控制、录音室隔音和汽车隔音等声学应用领域。然而,这些吸声材料的环境友好性还远远不能保证吸声材料的可持续发展。

隔音或者吸声的关键是消耗声波的能量,通常是以热能的形式耗散。当材料的内部充满微小孔隙时,声波会传入曲折孔隙网络中,并在孔壁孔道之间来回反射、衰减,声波与材料产生摩擦,从而耗散能量,达到吸声的目的。从中可以分析得到,吸声的条件有两个:其一,内部要有大量孔隙,不能只是表面粗糙,否则只是表面的漫反射,并不会有大量吸收;其二,孔隙之间要连通,否则声波无法在材料内部振动摩擦而耗散能量。

气凝胶具有高孔隙率的特点,内部存在连通纳米孔隙网络,是理想的吸声材料。声波进入气凝胶材料时,通常可以通过热效应、黏性效应和结构阻尼效应将机械能转化为热能。因此，气凝胶的吸声性能主要与声波的频率，材料的厚度、密度、孔隙率、孔洞结构及性质等因素有关[31]。

目前，吸声气凝胶的发展受到自身力学性能较低和低频波低吸收等缺点的限制，因此，研究人员致力于开发新型气凝胶。Cao 等[32]提出了一种生产具有超弹性的纳米纤维气凝胶的方法，即以冷冻干燥法引入竹束状结构来实现。所得的增强纳米纤维气凝胶具有优异的吸声能力，降噪系数为 0.41，因此在消除客舱、车辆和室内回声方面具有很大潜力。Simón-Herrero 等[33]以聚乙烯醇（polyvinyl alcohol，PVA）、纳米黏土和热还原氧化石墨烯为原料，采用冷冻干燥法成功合成了三元气凝胶。结果表明，氧化石墨烯的加入提高了气凝胶的吸声系数，使这些材料具有更强的吸声性能。Jung-Hwanoh 等[34]开发出了氧化石墨烯/聚氨酯复合气凝胶，作为一种吸声材料，其物理性能根据微观氧化石墨烯片层排列的不同而不同。该气凝胶具有多级的蜂窝结构，且刚度可调。此外，通过控制内部氧化石墨烯层的尺寸和排列结构，使气凝胶低频的吸声性能得到了显著提高。

除此以外，研究人员还对生物质基气凝胶做了研究。Takeshita 等[35]采用超临界二氧化碳干燥技术制备了不同纳米孔径的壳聚糖气凝胶，其吸声系数超过了玻璃棉，达到 0.6 以上。He 等[36]通过原位溶胶-凝胶过程在纤维素凝胶上包裹氢氧化铝纳米颗粒，得到的复合气凝胶对 3000 Hz 以上频率的声波吸声系数高达 0.6 以上。

到目前为止，研究人员通过改变高分子气凝胶的材料及结构，制备了一系列的气凝胶，表现出良好的除噪隔音潜力。如何在提高低频波段吸收的同时提高气凝胶的力学性能，是之后研究努力的方向。

10.5　药物缓释 ‹‹‹

在药剂学领域中，为了保证治疗效果，常规的药剂通常需要多次注射，由此引起的药物浓度不稳定和短时过高，都会对治疗的效果甚至人们的身体健康造成影响。因此，由于药物的半衰期、指定部位释放、药物局部浓度等要求的限制，药物浓度通常需要药物缓释系统来进行调节。药物缓释是指药物在规定的溶剂中能够按要求缓慢地非恒速释放。目前，主要有扩散、溶出、溶蚀和离子交换等缓释原理。根据以上原理，开发出了多种药物缓释体系，如制成溶解度小的盐或酯；与高分子化合物形成难溶盐；包藏于溶蚀性骨架中；与不溶的交联树脂成盐等。

与传统材料相比，气凝胶具有高孔隙率、高比表面积等特点，是理想的药物运输载体。目前载药的机理有：①在制备气凝胶的溶胶-凝胶过程中加入药物，将药物包裹在凝胶网络中；②在老化过程中加入药物，通过溶剂置换过程将药物负载在其凝胶上；③在超临界二氧化碳干燥时负载药物；④干燥的气凝胶浸泡药液负载药物。通过调节药物溶解度以及与气凝胶的相互作用力，使药物受控地溶出和扩散，达到药物缓释的效果。根据材料的应用要求，原材料应满足生物相容性、可降解性、无毒等特点。天然高分子很好地满足了上面的要求，并且来源丰富，可用作药物缓释的材料，通常包括多糖和蛋白质两类。

　　Mehling 等[37]以不同的淀粉制得相应的气凝胶并负载布洛芬和乙酰氨基酚，可以通过吸附作用从溶液中吸附药物完成装载。研究表明，该气凝胶的载释药能力与原材料的性能及气凝胶的结构有关，比表面积越大，药物的负载量越大。Mehling 等[38]研究制备了具有不同形状、离子交联的可生物降解氨基化低甲氧基苹果（AF）和柑橘（CF）果胶气凝胶。结果表明，用扩散法进行离子交联的气凝胶比用内凝法获得的气凝胶具有更高的比表面积（593 m²/g）。如图 10.6 所示，CF果胶气凝胶的溶出率较好，7 h 释放率为 100%，而 AF 果胶气凝胶的释放率为 90%。因此，果胶载体可用于口服药物，具有可控药物释放材料的潜力。

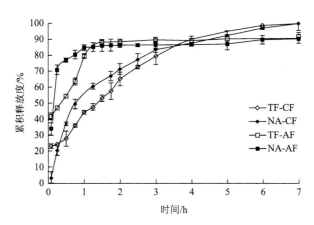

图 10.6　苹果和柑橘气凝胶药物释放曲线[38]

TF：茶碱；NA：烟酸；AF：苹果；CF：柑橘

　　Marin 等[39]采用二氧化碳超临界干燥法将布洛芬药物负载在丝素蛋白气凝胶上，实验表明，丝素蛋白气凝胶可以实现布洛芬药物的缓释。在人体体温和中性的条件下，比起纯药物，可以做到 24 倍的缓释，药物释放长达 6 h。Radwan-Pragtowska 等[40]研究开发了一种新型的可降解、pH 敏感的壳聚糖气凝胶合成方法，通过微波照射获得水凝胶并将其冷冻干燥两步制备新型生物材料，采用不同的酸和丙二醇，可以获得不同尺寸、形状和分布的三维孔隙结构的气凝胶微球，用于原花青素的控释。

　　目前载药气凝胶主要的研究集中在纤维素类气凝胶上。Ye 等[41]首次在氢氧化钠基溶剂体系中制备了新型纤维素气凝胶，然后将阿莫西林装入纤维素气凝胶中。释药结果表明，纤维素气凝胶对阿莫西林的释药有一定的控制作用。体外抗菌实验表明，纤维素气凝胶具有良好的抗菌活性，且与阿莫西林的抗菌活性呈剂量依赖性。

Zhao 等[42]成功开发聚乙烯亚胺（polyethyleneimine，PEI）修饰的纤维素纳米纤维气凝胶并用于替代传统合成的聚合物供药系统。该气凝胶孔隙率高，且含有丰富的官能团。在 pH = 3 时，水杨酸钠最大负载量可达 287.39 mg/g，显著高于纤维素纳米纤维气凝胶。研究表明，可以通过调控 pH 和温度实现较强的药物控释。

随着药物治疗的发展，为了能达到更好的治疗效果，药物缓释系统不可或缺。高比表面积、孔隙率的高分子气凝胶可通过多种方式与药物复合。由于制备工艺简单、载药能力强、控释性能好，再加上原料的生物降解性和生物相容性等特点，高分子气凝胶在未来的制药工业中具有广阔的应用前景。

10.6　能源存储　◄◄◄

随着人口快速增长，地球资源面临枯竭，需要储能技术缓解当前的能源短缺问题。因此，继续寻找新型的储能材料来提高对能源的利用效率。目前的能量储存主要集中在提高对电能、热能、化学能和太阳能等能量的高效利用。如具有高吸收效率的光热转换材料、能够吸收或者释放热量的相变储能材料等可以有效地提高对能量的利用效率。目前的储能材料主要集中在纳米纤维膜、颗粒粉体等。新兴气凝胶材料由于高孔隙率、高比表面积的特点在能量储存方面展现了优异的储能性能，引起研究者的广泛关注。

10.6.1　相变材料

相变材料（phase change material，PCM）是指在一定温度下能发生相变并提供潜热的物质。相变储能是通过相变材料发生物态转变，使材料的热容发生变化，从而达到能量存储释放的目的。相变材料主要包括无机相变材料、有机相变材料和复合相变材料三类。其中，无机相变材料主要有结晶水合盐类、熔融盐类、金属或合金类等；有机相变材料主要包括石蜡、脂肪酸、聚乙二醇和其他有机物等。常见的问题包括相变材料易泄漏和导热相变效率偏低等。为了克服相变材料易泄漏的问题，目前主要采用以相变材料为核心，聚合物为壳的微胶囊包覆法[43]。但是微胶囊包覆法步骤多、成本高、工艺繁复，限制了自身发展。随后，研究者发现可以利用气凝胶高孔隙率、高比表面积的优势，采用气凝胶负载相变材料的形式，防止相变材料泄漏，同时提高整体材料的导热性能，提高相变效率。

　　Hong 等[44]制备了聚丙烯气凝胶，通过在聚丙烯上引入亲油基团，使相变材料和聚丙烯基体之间的作用力增强，所得的气凝胶性状稳定性好，热导率提高，可用于热能的存储系统。Yang 等[45]制备了具有多级结构的聚乙烯醇气凝胶，获得了一系列具有高储能容量的新型防漏复合相变材料（CPCMs），用于电子器件的热管理。具有多级孔结构和大比表面积的聚乙烯醇气凝胶增强了 CPCMs 的形状稳定性，尤其是聚乙二醇型 CPCMs。除了热存储效率高达 95.6%，CPCMs 还表现出突出的形状稳定性，甚至在 80℃下加热 60 h 都没有发生泄漏。

　　此外，研究人员还做了大量关于纤维素气凝胶的相变材料的研究。Tang 等[46]制备的细菌纤维素/MXene 杂化气凝胶可用作具有高储能密度和高形状稳定性的新型复合相变材料。与纯聚乙二醇不同，制备的复合相变材料表现出优异的形状稳定性，当加热到 120℃时，可保持其原始形状而不泄漏。如图 10.7 所示，经过 100 次热循环，该复合相变材料依然具有良好的热和化学稳定性。Zhang 等[47]制备了羟基化氮化硼（BN-OH）作为导热填料的新型复合材料，该复合材料具有优异的热能存储性能和形状稳定性。通过将木棉纤维（KF）和海藻酸钠（SA）结合使用，制备了轻质的 KF/SA 气凝胶，将聚乙二醇通过真空辅助浸渍工艺负载到气凝胶中制备复合相变材料，热导率达到 0.684 W/(m·K)。Xu 等[48]将正辛烷引入多孔纳米纤维素/聚吡咯杂化气凝胶中，制备了具有极高储能密度和出色热转换性能的新型相变复合材料。由于气凝胶的强大封装能力，合成的相变复合材料形状稳定性好。

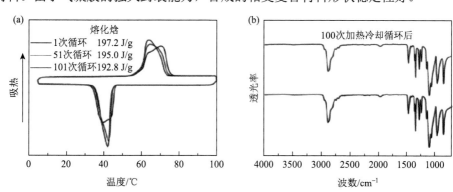

图 10.7　Bacterial Cellulose/MXene 杂化气凝胶循环稳定性[46]

（a）复合相变材料不同循环次数的吸热-放热曲线；（b）100 次加热冷却循环前后复合相变材料的红外吸收光谱

10.6.2　超级电容器材料

　　超级电容器是通过电极和电解液间的双电层进行储电的装置。在同等电压下，超级电容器能储存比普通电容器更多的电量，并且具有循环寿命长、工作温度范围宽等优点。当电极与电解液接触时，由于库仑力、分子间力及原子间力的作用，使固-液界面出现稳定和符号相反的双层电荷，称其为界面双层。通过改变电压，可以改变电双层的电荷分布和总量，达到充放电的目的。目前，超级电容器根据电极材料的不同，可以分为碳电极超级电容器、金属氧化物电极超级电容器和有机聚合物电极超级电容器。根据以上原理，气凝胶由于较高的孔隙率和比表面积，有利于电极界面上的电荷传输和电荷存储，可以用作超级电容器的电极材料。通常可以和石墨烯、聚吡咯、聚苯胺等导电材料复合得到气凝胶用于超级电容器。

An 等[49]采用超声辐射化学氧化聚合法制备了不同聚吡咯含量的聚吡咯/碳气凝胶复合材料，作为超级电容器的活性电极材料。结果表明，聚吡咯沉积到碳气凝胶的表面。该复合材料具有高的比电容（433 F/g），而碳气凝胶的比电容只有174 F/g。

Zhao 等[50]以苯胺和可生物降解的果胶为原料，制备了一种新型的生物质基强导电高分子气凝胶。该气凝胶具有良好的电导率（0.002～0.1 S/m）、良好的压缩模量（1.2～1.4 MPa）及更高的电容性能（在 0.5 A/g 时为 184 F/g）。该气凝胶具有作为超级电容器电极材料的潜力。

Zhang 等[51]以柠檬酸-铁离子络合物为前驱体，制备了三维多孔结构的柔性纤维素纳米纤维/还原氧化石墨烯/聚吡咯（cellulose nanofibers/reduced graphene oxide/polypyrrole，CNFs/rGO/PPy）气凝胶电极。由此电极组装成的超级电容器，在 0.25 mA/cm^2 时最大面积比电容达到 720 mF/cm^2，且具有良好的循环稳定性。

10.6.3 光热转换材料

太阳能属于绿色清洁能源，利用太阳能产生蒸汽可用于蒸汽发电、海水淡化等领域。传统利用太阳直射产生蒸汽的方法效率太低，并且所需设备成本高，因此需要开发新光热转化系统。

目前，光热转换材料主要分为纳米流体和水气界面材料，包括金属材料、半导体材料、碳材料及高分子材料[52]。纳米流体是将光热转换材料颗粒分散在水中，通过光热转换对水体加热产生蒸汽；水气界面材料是指二维或三维的光热转换材料，可漂浮在水气界面，通过光热转换对材料的表层水加热产生蒸汽。

光热转换效率与材料的光吸收范围、光热性能、隔热性能以及水运输通路等因素有关。通常具有宽的光吸收范围，良好的光热性能和隔热性能，以及合适的水运输通路的材料的光热转换效率更高。目前，传统的光热转换材料还存在难以自漂浮、水传输速率慢、热量耗散多、盐沉积阻塞孔道等问题[53]。研究发现具有高比表面积、高孔隙率、性能可控的气凝胶能够克服以上问题，作为自漂浮载体，限制热量散失，保持水运输通路通畅。

Kong 等[54]以微气泡和冰晶为模板，通过低温水热还原和大气干燥制备了一种新型三维多孔的玉米秸秆/石墨烯气凝胶。最优样应变 70%时抗压强度高达 11.4 kPa，标准太阳辐射下蒸发速率高达 2.71 kg/(m²·h)。Storer 等[55]以还原氧化石墨烯纳米片、稻草纤维素纤维和海藻酸钠为原料，制备了三维光热气凝胶。稻秆纤维素纤维作为骨架支撑，减少了还原氧化石墨烯的使用（43.5%），提高了气凝胶的柔韧性和机械稳定性。蒸发速率较高，达到 2.25 kg/(m²·h)，在标准太阳辐照下能量转换效率达到 88.9%。

　　除此以外，也有其他材料的光热气凝胶的研究。Gu 等[56]采用液相一步冷冻干燥法制备了不含交联剂的壳聚糖复合气凝胶。如图 10.8 所示，该复合气凝胶通过光捕获和多次散射的作用增强了光的吸收能力，同时还具有生物相容性、亲水性和高隔热性能。炭化柚子皮颗粒与气凝胶复合，蒸发速率可达 1.78 kg/(m²·h)。Li 等[57]研制了一种纤维素纳米纤维/聚乳酸/聚苯胺复合气凝胶。将聚乳酸/二氯乙烷液滴分散在 CNF 水分散体中，通过冷冻干燥 CNF 稳定油包水的乳液，再经苯胺原位聚合，制备了具有结构和形貌可调的复合气凝胶，其能浮在水面上，具有良好的输水能力。最佳样在 300～2500 nm 范围内具有 97%的光吸收能力，在标准太阳辐射下表面温度可达 105℃，具有良好的光热转换能力，蒸发速率可达 1.58 kg/(m²·h)，蒸汽产生效率可达 90%。

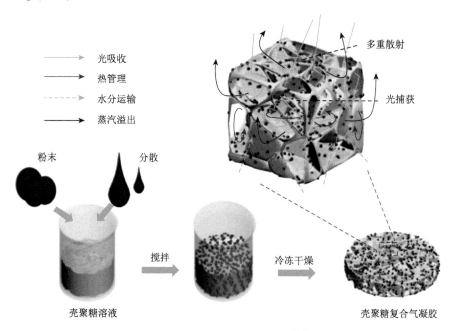

图 10.8　壳聚糖复合气凝胶[56]

　　综上所述，研究人员通过高分子气凝胶与其他材料复合得到了不同的储能材料，包括相变材料、超级电容器材料和光热转换材料等。高分子气凝胶具有独特的孔结构，并且材料种类丰富，是理想的载体材料，在克服其生产工艺复杂、循环性能较差等缺点的基础上，有望得到大规模应用。

10.7 电磁屏蔽

随着各种电子设备和通信系统的飞速发展，电磁污染成为一个越来越严重的环境问题。电磁干扰问题不仅严重威胁着人类的健康，而且影响着电子器件和系统的可靠性与寿命。因此，需要开发出轻质的电磁波吸收屏蔽材料。目前，常见的屏蔽材料有金属材料、磁性材料及碳材料等高电导率、高磁导率的材料，主要通过对电磁波的反射和吸收来达到衰减和屏蔽的目的。

如图 10.9 所示，入射的电磁波会在导体和空气的界面处发生反射，在导体内多重反射吸收，从而衰减电磁波，达到电磁屏蔽的效果。通常采用屏蔽系数或屏蔽衰减来表示屏蔽效能（shielding effectiveness，SE），有屏蔽体时的场强（E_0）与无屏蔽体时的场强（E）之比称为屏蔽系数（E_0/E），而屏蔽衰减是 $20 \lg|E/E_0|$，单位为分贝（dB）。按照衰减的方式来分，屏蔽衰减也可以分为三种之和：反射损耗（SE_R）、吸收损耗（SE_A）、多重反射损耗（SE_M）。屏蔽系数越小，屏蔽衰减越大，材料的电磁屏蔽效果越好。

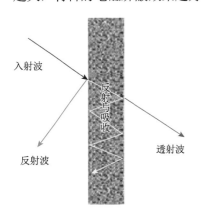

图 10.9   电磁屏蔽原理

传统的金属材料和磁性材料由于密度高、加工困难及易腐蚀等缺点的限制，难以满足电磁屏蔽材料的要求。为了克服以上问题，研究人员以高孔隙率、高比表面积的气凝胶作为电磁屏蔽材料载体，将电磁屏蔽材料与气凝胶结合，进一步提高电磁屏蔽效果。例如，Pai 等[58]通过原位聚合和冷冻干燥过程来合成由聚苯胺修饰的纤维素纳米纤维气凝胶。所得导电气凝胶 X 波段（8.2～12.4 GHz）屏蔽值最大为 32 dB。多孔屏蔽层气凝胶具有较强的微波吸收性能（95%）和较小反射（5%），并且电磁干扰屏蔽效率达到 1667 dB·cm³/g。

近些年来，轻质、易成型、耐腐蚀的导电聚合物复合材料受到人们的广泛关注。Huang 等[59]通过控制氢氧化钠/尿素溶液中的纤维素纳米纤维和碳纳米管的含量，得到不同的导电复合纤维素纳米纤维气凝胶。最优样在 8.2～12.4 GHz 波段电磁干扰屏蔽效能约 20.8 dB，而密度仅 0.095 g/cm³。之后，研究人员还研究了各向异性的复合气凝胶。Yu 等[60]采用单向冷冻法制备了各向异性聚酰亚胺/石墨烯复合气凝胶。冰晶的单向生长使复合气凝胶具有高度取向的管状孔隙。该低密度（0.076 g/cm³）复合气凝胶的屏蔽效能为 26.1～28.8 dB，比电磁干扰屏蔽效率超过 1370 dB·cm³/g，主要通过孔隙对波的吸收实现屏蔽效果。

　　在导电聚合物复合材料的基础上，Chen 等[61]通过共沉淀法制备了具有强电磁波吸收性能的纤维素/还原氧化石墨烯/四氧化三铁（cellulose/rGO/Fe₃O₄）复合气凝胶，进一步提高电磁屏蔽效果。当还原氧化石墨烯的负载量为 8%，四氧化三铁的含量约为 15% 时，在 8.2～12.4 GHz 波段，厚度为 0.5 mm 的复合气凝胶的电磁干扰屏蔽效能达到 32.4～40.1 dB。如图 10.10 所示，该复合气凝胶电磁屏蔽效果主要来源于电磁波的多重反射，具有用作电磁屏蔽材料的潜力。

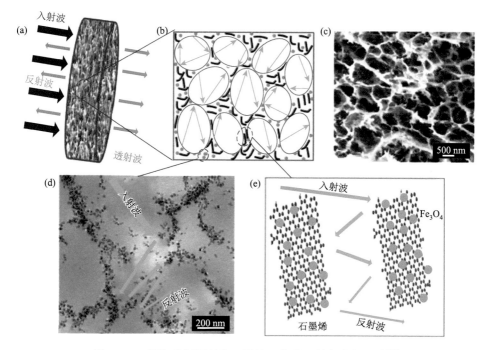

图 10.10　纤维素/还原氧化石墨烯/四氧化三铁复合气凝胶[61]

　　除此以外，研究者还通过构建分层结构来实现更优异的电磁屏蔽性能。Duan 等[62]通过特殊的密度诱导填料分离结合定向冷冻干燥的方法，组装了一种具有独特的不对称导电网络和定向多孔结构的水性聚氨酯复合泡沫。高导电性的银包裹聚合物珠（EBAg）颗粒作为导电层聚集在泡沫顶部，而低导电性的石墨烯负载铁钴（FeCo@rGO）磁性纳米颗粒作为阻抗匹配层沉积在底部构成不对称导电网络。该复合泡沫材料在 X 波段表现出近 90 dB（平均 84.8 dB）的电磁屏蔽效能，平均反射效率仅为 0.3 dB，反射率低至 0.08，这是有史以来报道的 EMI 屏蔽材料的最低值。

10.8　高分子气凝胶的前景与展望 <<<

气凝胶从诞生开始，因低密度、高孔隙率、高比表面积等优点受到人们广泛关注。在 SiO_2 气凝胶之后，逐渐发展出性能各异的新型气凝胶，包括碳气凝胶、金属和金属氧化物气凝胶、有机气凝胶中的高分子气凝胶和生物质气凝胶等。

高分子气凝胶分子结构多样性、分子结构可设计性、孔结构可控构筑及优异的力学性能，在航空航天、建筑隔热、吸附分离、储能和电磁防护等方面具有重要研究价值。但是高分子在高温环境中易分解，成品材料中含有大量低分子量易挥发添加助剂和未反应单体等缺点，限制了其应用推广。以后的研究应致力于：一方面，减少高分子气凝胶在生产和使用过程中产生的污染；另一方面，通过其他材料对其改性，降低生产成本，提高使用性能和耐老化性能等。

总体来讲，高分子气凝胶具有良好的应用前景，但仍需解决以下问题：

（1）对于不同的制备方法，气凝胶的结构性能有所不同，但目前还缺乏相应的理论对其进行解释，无法从分子原子等微观层面对气凝胶的形成作出合理的解释和模拟计算，也就无法由此对气凝胶的性能作出进一步优化调控。

（2）气凝胶功能化的研究还有待深化。尤其是在电学、磁学和光学等方面，气凝胶的应用还不完善，不能揭示宏观性能与微观结构之间的密切关系。在未来科技生活进一步发展的背景下，气凝胶材料需要开发出更多高性能、多功能的先进材料。

（3）气凝胶目前还难以大规模生产。由于生产工艺中干燥方法成本较高、成型周期长等缺点，气凝胶工业化进程受阻。今后需要开发新型干燥工艺和设备，在此基础上匹配成本低廉和易干燥的前驱体，才有望使气凝胶真正成为改变时代发展的先进材料。

参 考 文 献

[1] Cui Y，Gong H，Wang Y，Li D，Bai H. A thermally insulating textile inspired by polar bear hair[J]. Advanced Materials，2018，30（14）：e1706807.

[2] Fan W，Zhang X，Zhang Y，Zhang Y，Liu T. Lightweight，strong，and super-thermal insulating polyimide composite aerogels under high temperature[J]. Composites Science and Technology，2019，173：47-52.

[3] 樊玮，刘天西. 聚酰亚胺基复合气凝胶的隔热及阻燃性能研究[C]. 中国化学会高分子学科委员会，中国化学会 2017 全国高分子学术论文报告会摘要集——主题 M：高分子共混与复合体系，2017.

[4] Zhang X，Zhao X，Xue T，Yang F，Fan W，Liu T. Bidirectional anisotropic polyimide/bacterial cellulose aerogels by freeze-drying for super-thermal insulation[J]. Chemical Engineering Journal，2020，385：123963.

[5] Peng Q，Qin Y，Zhao X，Sun X，Chen Q，Xu F，Lin Z，Yuan Y，Li Y，Li J，Yin W，Gao C，Zhang F，He X，Li Y. Superlight，mechanically flexible，thermally superinsulating，and antifrosting anisotropic

nanocomposite foam based on hierarchical graphene oxide assembly[J]. ACS Applied Materials & Interfaces，2017，9（50）：44010-44017.

[6]　Biesmans G，Mertens A，Duffours L，Woignier T，Phalippou J. Polyurethane based organic aerogels and their transformation into carbon aerogels[J]. Journal of Non-Crystalline Solids，1998，225（1）：64-68.

[7]　Lee J K，Gould G L，Rhine W. Polyurea based aerogel for a high performance thermal insulation material[J]. Journal of Sol-Gel Science and Technology，2008，49（2）：209-220.

[8]　Guo H，Meador M A，Mccorkle L，Quade D J，Guo J，Hamilton B，Cakmak M. Tailoring properties of cross-linked polyimide aerogels for better moisture resistance, flexibility, and strength[J]. ACS Applied Materials & Interfaces，2012，4（10）：5422-5429.

[9]　Shi J，Lu L，Guo W，Sun Y，Cao Y. An environment-friendly thermal insulation material from cellulose and plasma modification[J]. Journal of Applied Polymer Science，2013，130（5）：3652-3658.

[10]　Yang F，Zhao X，Xue T，Yuan S，Huang Y，Fan W，Liu T. Superhydrophobic polyvinylidene fluoride/polyimide nanofiber composite aerogels for thermal insulation under extremely humid and hot environment[J]. Science China Materials，2021，64：1267-1277.

[11]　Ahankari S，Paliwal P，Subhedar A，Kargarzadeh H. Recent developments in nanocellulose-based aerogels in thermal applications：a review[J]. ACS Nano，2021，15（3）：3849-3874.

[12]　Yan Y，Ge F，Qin Y，Ruan M，Guo Z，He C，Wang Z. Ultralight and robust aerogels based on nanochitin towards water-resistant thermal insulators[J]. Carbohydrate Polymers，2020，248：116755.

[13]　Guerrero-Alburquerque N，Zhao S，Adilien N，Koebel M M，Lattuada M，Malfait W J. Strong, machinable, and insulating chitosan-urea aerogels：toward ambient pressure drying of biopolymer aerogel monoliths[J]. ACS Applied Materials & Interfaces，2020，12（19）：22037-22049.

[14]　Lyu W，Li J，Zheng L，Liu H，Chen J，Zhang W，Liao Y. Fabrication of 3D compressible polyaniline/cellulose nanofiber aerogel for highly efficient removal of organic pollutants and its environmental-friendly regeneration by peroxydisulfate process[J]. Chemical Engineering Journal，2021，414：128931.

[15]　Zhao D，Tian Y，Jing X，Lu Y，Zhu G. PAF-1@cellulose nanofibril composite aerogel for highly-efficient removal of bisphenol a[J]. Journal of Materials Chemistry A，2019，7（1）：157-164.

[16]　Zhou S，Liu P，Wang M，Zhao H，Yang J，Xu F. Sustainable, reusable, and superhydrophobic aerogels from microfibrillated cellulose for highly effective oil/water separation[J]. ACS Sustainable Chemistry & Engineering，2016，4（12）：6409-6416.

[17]　Daniel C，Sannino D，Guerra G. Syndiotactic polystyrene aerogels：adsorption in amorphous pores and absorption in crystalline nanocavities[J]. Chemistry of Materials，2008，20（2）：577-582.

[18]　Daniel C，Giudice S，Guerra G. Syndiotatic polystyrene aerogels with β，γ，and ε crystalline phases[J]. Chemistry of Materials，2009，21（6）：1028-1034.

[19]　Song X，Yang S，He L，Yan S，Liao F. Ultra-flyweight hydrophobic poly(m-phenylenediamine)aerogel with micro-spherical shell structures as a high-performance selective adsorbent for oil contamination[J]. RSC Advance，2014，4（90）：49000-49005.

[20]　Zhao J，Zhang X，He X，Xiao M，Zhang W，Lu C. A super biosorbent from dendrimer poly(amidoamine)-grafted cellulose nanofibril aerogels for effective removal of Cr(Ⅵ)[J]. Journal of Materials Chemistry A，2015，3（28）：14703-14711.

[21]　Li Z，Shao L，Ruan Z，Hu W，Lu L，Chen Y. Converting untreated waste office paper and chitosan into aerogel adsorbent for the removal of heavy metal ions[J]. Carbohydrate Polymers，2018，193：221-227.

[22] Li D，Tian X，Wang Z，Guan Z，Li X，Qiao H，Ke H，Luo L，Wei Q. Multifunctional adsorbent based on metal-organic framework modified bacterial cellulose/chitosan composite aerogel for high efficient removal of heavy metal ion and organic pollutant[J]. Chemical Engineering Journal，2020，383：123127.

[23] Chaisuwan T，Komalwanich T，Luangsukrerk S，Wongkasemjit S. Removal of heavy metals from model wastewater by using polybenzoxazine aerogel[J]. Desalination，2010，256（1）：108-114.

[24] Keshavarz L，Ghaani M R，Macelroy J M D，English N J. A comprehensive review on the application of aerogels in CO_2-adsorption：materials and characterisation[J]. Chemical Engineering Journal，2021，412：128604.

[25] Yang L，Chang G，Wang D. High and selective carbon dioxide capture in nitrogen-containing aerogels via synergistic effects of electrostatic in-plane and dispersive π-π-stacking interactions[J]. ACS Applied Materials & Interfaces，2017，9（18）：15213-15218.

[26] Liu S，Zhang Y，Jiang H，Wang X，Zhang T，Yao Y. High CO_2 adsorption by amino-modified bio-spherical cellulose nanofibres aerogels[J]. Environmental Chemistry Letters，2018，16（2）：605-614.

[27] Chen Y，Shao G，Kong Y，Shen X，Cui S. Facile preparation of cross-linked polyimide aerogels with carboxylic functionalization for CO_2 capture[J]. Chemical Engineering Journal，2017，322：1-9.

[28] Zeng Z，Ma X Y D，Zhang Y，Wang Z，Ng B F，Wan M P，Lu X. Robust lignin-based aerogel filters：high-efficiency capture of ultrafine airborne particulates and the mechanism[J]. ACS Sustainable Chemistry & Engineering，2019，7（7）：6959-6968.

[29] Wang W，Fang Y，Ni X，Wu K，Wang Y，Jiang F，Riffat S B. Fabrication and characterization of a novel konjac glucomannan-based air filtration aerogels strengthened by wheat straw and okara[J]. Carbohydrate Polymers，2019，224：115129.

[30] Li D，Liu H，Shen Y，Wu H，Liu F，Wang L，Liu Q，Deng B. Preparation of PI/PtFE-PAI composite nanofiber aerogels with hierarchical structure and high-filtration efficiency[J]. Nanomaterials，2020，10（9）：1806.

[31] Wang G，Yuan P，Ma B，Yuan W，Luo J. Hierarchically structured M13 phage aerogel for enhanced sound-absorption[J]. Macromolecular Materials and Engineering，2020，305（11）：2000452.

[32] Cao L，Si Y，Wu Y，Wang X，Yu J，Ding B. Ultralight，superelastic and bendable lashing-structured nanofibrous aerogels for effective sound absorption[J]. Nanoscale，2019，11（5）：2289-2298.

[33] Simón-Herrero C，Peco N，Romero A，Valverde J L，Sánchez-Silva L. PVA/nanoclay/graphene oxide aerogels with enhanced sound absorption properties[J]. Applied Acoustics，2019，156：40-45.

[34] Oh J H，Kim J，Lee H，Kang Y，Oh I K. Directionally antagonistic graphene oxide-polyurethane hybrid aerogel as a sound absorber[J]. ACS Applied Materials & Interfaces，2018，10（26）：22650-22660.

[35] Takeshita S，Akasaka S，Yoda S. Structural and acoustic properties of transparent chitosan aerogel[J]. Materials Letters，2019，254：258-261.

[36] He C，Huang J，Li S，Meng K，Zhang L，Chen Z，Lai Y. Mechanically resistant and sustainable cellulose-based composite aerogels with excellent flame retardant，sound-absorption，and superantiwetting ability for advanced engineering materials[J]. ACS Sustainable Chemistry & Engineering，2018，6（1）：927-936.

[37] Mehling T，Smirnova I，Guenther U，Neubert R H H. Polysaccharide-based aerogels as drug carriers[J]. Journal of Non-Crystalline Solids，2009，355（50）：2472-2479.

[38] Veronovski A，Tkalec G，Knez Ž，Novak Z. Characterisation of biodegradable pectin aerogels and their potential use as drug carriers[J]. Carbohydrate Polymers，2014，113：272-278.

[39] Marin M A，Mallepally R R，Mchugh M A. Silk fibroin aerogels for drug delivery applications[J]. Journal of Supercritical Fluids，2014，91：84-89.

[40]　Radwan-Pragłowska J，Piątkowski M，Janus Ł，Bogdał D，Matysek D. Biodegradable，pH-responsive chitosan aerogels for biomedical applications[J]. RSC Advances，2017，7（52）：32960-32965.

[41]　Ye S，He S，Su C，Jiang L，Wen Y，Zhu Z，Shao W. Morphological，release and antibacterial performances of amoxicillin-loaded cellulose aerogels[J]. Molecules，2018，23（8）：2082.

[42]　Zhao J，Lu C，He X，Zhang X，Zhang W，Zhang X. Polyethylenimine-grafted cellulose nanofibril aerogels as versatile vehicles for drug delivery[J]. ACS Applied Materials & Interfaces，2015，7（4）：2607-2615.

[43]　施楠彬，张东. 新型气凝胶基复合相变材料研究进展[J]. 现代化工，2020，40（8）：39-43，48.

[44]　Hong H，Pan Y，Sun H，Zhu Z，Ma C，Wang B，Liang W，Yang B，Li A. Superwetting polypropylene aerogel supported form-stable phase change materials with extremely high organics loading and enhanced thermal conductivity[J]. Solar Energy Materials and Solar Cells，2018，174：307-313.

[45]　Yang L，Yang J，Tang L S，Feng C P，Bai L，Bao R Y，Liu Z Y，Yang M B，Yang W. Hierarchically porous PVA aerogel for leakage-proof phase change materials with superior energy storage capacity[J]. Energy & Fuels，2020，34（2）：2471-2479.

[46]　Tang L，Zhao X，Feng C，Bai L，Yang J，Bao R，Liu Z，Yang M，Yang W. Bacterial cellulose/MXene hybrid aerogels for photodriven shape-stabilized composite phase change materials[J]. Solar Energy Materials and Solar Cells，2019，203：110174.

[47]　Zhang Q，Chen B，Wu K，Nan B，Lu M，Lu M. PEG-filled kapok fiber/sodium alginate aerogel loaded phase change composite material with high thermal conductivity and excellent shape stability[J]. Composites Part A：Applied Science and Manufacturing，2021，143：106279.

[48]　Xu J，Tan Y，Du X，Du Z，Cheng X，Wang H. Cellulose nanofibril/polypyrrole hybrid aerogel supported form-stable phase change composites with superior energy storage density and improved photothermal conversion efficiency[J]. Cellulose，2020，27（16）：9547-9558.

[49]　An H，Wang Y，Wang X，Zheng L，Wang X，Yi L，Bai L，Zhang X. Polypyrrole/carbon aerogel composite materials for supercapacitor[J]. Journal of Power Sources，2010，195（19）：6964-6969.

[50]　Zhao H B，Yuan L，Fu Z B，Wang C Y，Yang X，Zhu J Y，Qu J，Chen H B，Schiraldi D A. Biomass-based mechanically strong and electrically conductive polymer aerogels and their application for supercapacitors[J]. ACS Applied Materials & Interfaces，2016，8（15）：9917-9924.

[51]　Zhang Y，Shang Z，Shen M，Chowdhury S P，Ignaszak A，Sun S，Ni Y. Cellulose nanofibers/reduced graphene oxide/polypyrrole aerogel electrodes for high-capacitance flexible all-solid-state supercapacitors[J]. ACS Sustainable Chemistry & Engineering，2019，7（13）：11175-11185.

[52]　章潇慧，于浩然. 光热转换材料的研究现状与发展趋势[J]. 新材料产业，2019，304（3）：64-75.

[53]　Mei T，Chen J，Zhao Q，Wang D. Nanofibrous aerogels with vertically aligned microchannels for efficient solar steam generation[J]. ACS Applied Materials & Interfaces，2020，12（38）：42686-42695.

[54]　Kong Y，Dan H，Kong W，Gao Y，Shang Y，Ji K，Yue Q，Gao B. Self-floating maize straw/graphene aerogel synthesis based on microbubble and ice crystal templates for efficient solar-driven interfacial water evaporation[J]. Journal of Materials Chemistry A，2020，8（46）：24734-24742.

[55]　Storer D P，Phelps J L，Wu X，Owens G，Khan N I，Xu H. Graphene and rice-straw-fiber-based 3D photothermal aerogels for highly efficient solar evaporation[J]. ACS Applied Materials & Interfaces，2020，12（13）：15279-15287.

[56]　Gu Y，Mu X，Wang P，Wang X，Liu J，Shi J，Wei A，Tian Y，Zhu G，Xu H，Zhou J，Miao L. Integrated photothermal aerogels with ultrahigh-performance solar steam generation[J]. Nano Energy，2020，74：104857.

[57] Li S，He Y，Guan Y，Liu X，Liu H，Xie M，Zhou L，Wei C，Yu C，Chen Y. Cellulose nanofibril-stabilized pickering emulsion and *in situ* polymerization lead to hybrid aerogel for high-efficiency solar steam generation[J]. ACS Applied Polymer Materials，2020，2（11）：4581-4591.

[58] Pai A R，Binumol T，Gopakumar D A，Pasquini D，Seantier B，Kalarikkal N，Thomas S. Ultra-fast heat dissipating aerogels derived from polyaniline anchored cellulose nanofibers as sustainable microwave absorbers[J]. Carbohydrate Polymers，2020，246：116663.

[59] Huang H D，Liu C Y，Zhou D，Jiang X，Zhong G J，Yan D X，Li Z M. Cellulose composite aerogel for highly efficient electromagnetic interference shielding[J]. Journal of Materials Chemistry A，2015，3（9）：4983-4991.

[60] Yu Z，Dai T，Yuan S，Zou H，Liu P. Electromagnetic interference shielding performance of anisotropic polyimide/graphene composite aerogels[J]. ACS Applied Materials & Interfaces，2020，12（27）：30990-31001.

[61] Chen Y，Pötschke P，Pionteck J，Voit B，Qi H. Multifunctional cellulose/rGO/Fe_3O_4 composite aerogels for electromagnetic interference shielding[J]. ACS Applied Materials & Interfaces，2020，12（19）：22088-22098.

[62] Duan H，Zhu H，Gao J，Yan D X，Dai K，Yang Y，Zhao G，Liu Y，Li Z M. Asymmetric conductive polymer composite foam for absorption dominated ultra-efficient electromagnetic interference shielding with extremely low reflection characteristics[J]. Journal of Materials Chemistry A，2020，8（18）：9146-9159.